NF文庫
ノンフィクション

空戦に青春を賭けた男たち

秘術をこらして戦う精鋭たちの空戦法と撃墜の極意！

野村了介ほか

潮書房光人新社

空戦に青春を賭けた男たち——目次

写真提供／各関係者・遺家族・吉田一・「丸」編集部・米国立公文書館

空戦に青春を賭けた男たち

——秘術をこらして戦う精鋭たちの空戦法と撃墜の極意！

不動の正攻法に殉じた零戦空戦法一代

抜群の旋回性能による格闘戦を身上とした海軍戦闘機隊の興亡

元十一航空艦隊参謀・海軍中佐　野村了介

飛行機の活躍がめだちはじめたのは、第一次大戦の後半期からだった。そのころの飛行機にあたえられた主任務は、偵察と弾着観測であった。そしてこれが、軍の作戦に寄与することが大きくなるにつれ、味方飛行機の行動を容易にし、敵飛行機の行動を制約、もしくは停止させる必要が大きくなるのは、当然のなりゆきである。

それまでは、敵味方の飛行機が戦場の上空でゆきあうと、搭乗員はたがいに手をふり、敬礼などをかわしながら任務につくといった調子で、ちょうど中世の騎士同士のエチケットを真似(まね)ていたようである。それがある日、敬礼のかわりにレンガが投げつけられ、次の日にはピストルが乱射され、歩兵銃が撃ちこまれ、騎兵隊のライフルが使われだすまでにエスカレートしたのは、ほんの束の間のことだった。

野村了介中佐

やがて、偵察機の後席には旋回銃架がもうけられ、機銃がもちこまれて、飛行機同士の空中戦は本格化した。それから間もなく、機銃の命中率をあげるために、飛行機の翼端や胴体に機銃を固定することが考えだされ、戦闘機あるいは駆逐機といわれる機種が出現した。

そして、撃墜した敵パイロットの葬儀には、低空から花束を投げるといったような、空中戦騎士道の華やかなりし時代が、その後しばらくつづいたのである。

第一次大戦末期の空中戦闘は、敵味方の編隊同士で戦ってはいるが、会敵するとたがいに編隊をといて、それぞれが適当な相手を見つけて単機の空戦（一騎打ち）に入ったのである。有名なドイツのリヒトホーフェンなどは、搭乗機を真っ赤にぬって名乗りを上げていたように、まだまだ中世の騎士道がまかりとおっていた。

操縦術そのものも、どうやらやっとスピンの回復法がわかったばかりだったから、インメルマンが宙返り反転（インメルマンターン）を発明して、連合軍パイロットたちを煙にまいたのも、この頃である。

戦闘機隊の任務は、味方飛行機隊の援護とか、敵飛行機隊の迎撃といっても、いずれも制空権の獲得がそのすべてであったし、空中戦闘法の原則も、いまもって変わることはない。

それは、つぎの三項目に要約できる。
一、敵より先に見つけること
したがって接敵は太陽を背にするとか、雲にかくれて近寄るとか、被発見を少なくするようにつとめる。

二、敵より一メートルでも高度を高くとること
高度、すなわちポテンシャル・エネルギーはいつでも速度に変換できるので、高度一メートルは血の一滴と思えと教えられていた。
三、つねに僚機との連係をたもつこと（とくにロッテ編制のときはしかり）

以上で、空中戦の沿革を大いそぎで記したことになるが、彼我の飛行機の性能および特性、搭載兵器の性能、搭乗員の技量、作戦目的などによって変遷するものであることを、わかっていただきたかったからである。

開戦劈頭にみせた二戦法

太平洋戦争の開戦劈頭（へきとう）における海軍戦闘機隊主力の任務は、二つあった。ひとつは真珠湾の奇襲であり、もうひとつはフィリピン基地の強襲である。

真珠湾の戦闘機隊は、味方の攻撃隊の援護が主任務であって、母艦への帰投のこともあり、徹底的な空戦または徹底的な地上掃射は命ぜられていなかった。これに反して、フィリピン基地攻撃隊の方は、攻撃機隊の援護とともに、航空撃滅戦の一方法としての地上掃射を、任務のひとつにくわえられていた。

真珠湾攻撃の目的は米太平洋艦隊の撃滅にあり、フィリピン基地攻撃の目的は米極東空軍の撃滅にあったから、戦闘機隊の戦闘方針も、それぞれの任務にしたがって決められていた

敵地攻撃に向かう零戦二二型

がっちりと編隊を組んで僚機との連係をたもち、積乱雲わきたつソロモン上空を

のである。

それまで戦闘機隊は、攻撃機隊を援護してその攻撃を成功させることにより、間接的に作戦に寄与するものと考えられていた。ところが、零戦が制式兵器に採用された直後に中国戦線で、地上掃射によって、爆撃だけでは達成できなかった徹底的な航空撃滅戦に成功した。

それ以来、二〇ミリ機銃を活用する地上焼打ち戦法は零戦隊のお家芸となり、第一段作戦（ジャワ攻略まで）では、空中戦による敵機撃墜数よりも、地上掃射による撃滅数の方がはるかに多かったのである。このころの敵の飛行機は、戦闘機がカーチスP40で、爆撃機はボーイングB17だった。したがって零戦にとっては、相手としてとくに問題はなく、搭乗員も練習生卒業後、半年くらいのものでも十分だった。

開戦のころは、戦闘機隊の任務の七〇パーセント以上が援護作戦で、三〇パーセントが航空撃滅戦（地上銃撃）だったが、ジャワ攻略の直前ごろになると、援護は二の次とされ、攻撃機隊は一種の餌として、敵の在地機のつり上げだけに使われ、航空撃滅戦の主力は零戦隊にうつってしまった。

ジャワ作戦の終わりころには、攻撃機隊をともなわない零戦だけの掃射撃滅戦がおこなわれ、ジャワの基地を虱つぶしに潰していくことになった。これはもはや空中戦ではなかった。そのころの零戦隊は、世界最強と敵もおそれ、零戦隊自身も誇り以上のものを感じていた。

ソロモンに消えた名機の神話

ニューギニア戦線では、零戦一機にたいして戦闘機が二機一組になってかかってきた。この相手は、いままでのように簡単に追い払うことはできなかった。これがロッテ戦法（二機の相互支援戦法）であることをあとで知ったが、これが零戦の王座がゆるぎはじめた最初の兆候でもあった。

その次は、ガダルカナル基地上空の空戦で、零戦隊から大量撃墜の報告があるにもかかわらず、敵機はすこしも減っていない。それは、米軍戦闘機の防弾装備がすぐれていて、機体の強度が大きいので、ダイブに入れば零戦から逃げられることが知られてしまったのだ。敵はその後、攻撃機隊のみをおそって、零戦隊がやってくると、黒煙をはいてダイブで離脱してしまうのである。

零戦隊がその欠点を暴露して、弱体化するのを加速したものに、敵のレーダーがあった。ガダルカナルの連合軍航空部隊は、レーダー網を完備するとともに、防空戦闘機隊を地上指揮（GCI）していた。大兵力で進攻していくと、敵機は空地とも退避してしまい、小兵力で攻撃隊をともなっていようものなら、寄ってたかって攻撃してくるので、いつも先手をとられ不利な空戦を強いられるわけだが、これはすべてGCIの効果だった。

海軍の母艦航空部隊の大部をうしなったのがミッドウェーの敗北であり、基地航空部隊が転落したのがガダルカナル攻防戦だった。

ガダルカナルを放棄したのち、ラバウル上空での防空戦で事実上、海軍戦闘機隊の主力がつぶされるまで、約半年、何とか頽勢を挽回しようとこころみられたことは、次のようなものだった。

敵の飛行機の防弾装備はますます増強され、零戦をもってしても、なかなか撃墜できなくなってきた。機銃いがいの何か強力な兵器はないかということから、空中で爆発する〝三号爆弾〟を使ってみることになった。この爆弾は開戦前からあったし、威力も大きいのだが、なにしろ練習の方法がなくて馴染(なじ)みがうすく、ブーゲンビルで使ってみたがうまくいかなかった。

敵の夜間空襲を迎撃するため、夜間戦闘機の胴体に軸線と斜め方向に固定した機銃をとりつけ、敵の後下方より接敵しようという考えが実行され、おなじブイン上空で数回成功したことがある。考案者は小園安名大佐で、日本の戦闘機全機にこの機銃を装備すべきとまで極論されたが、そのていどの改造くらいでは、老化した第一線機の若返りはできなかった。

米空軍では、つぎつぎと新型機が使われていくのに、わが方は開戦当初の使用機種がいまだに使われている。航空本部では、ドイツのメッサーシュミットMe163ロケット・インターセプターとか、ジェット爆撃機などの技術を導入して、なんとか連合軍よりすぐれた飛行機をもちたいと努力したが、これらはいずれも実用には間にあわなかった。

そのうち、米空軍はボーイングB29を第一線に投入しはじめた。B29はスーパーチャージ・エンジンの偉力を発揮して、日本の戦闘機の上昇限度以上の高空を飛ぶようになり、その速度も戦闘機の大部分よりもはやかった。サイパンが攻略されてからは、B29の攻撃回数も多くなり、さらに敵の機動部隊の攻撃も日本本土上陸のちかいことをしめして、頻繁になってきた。

そのころ、海軍戦闘機隊は日本全土を北部、中部、南部の三空域にわけ、それぞれの空域に一個飛行戦隊を配備していたが、これでは運のよいときにB29の迎撃ができるのがやっとで、敵の機動部隊には対応できなかった。

そこで当時、零戦よりすこしは性能のよかった紫電改をかきあつめ、搭乗員もなるべく練度の高いものをよりすぐって、ひとつの航空隊をつくり上げた。そして源田実大佐を司令とした。

この部隊は、敵の機動部隊だけをねらっていたが、なにしろ機動部隊は神出鬼没でなかなかつかまらない。うまく会敵したときは、そうとうの戦果をあげていたが、機動部隊の行動を制約するにはほど遠かった。

十分な説明はできなかったが、いままで書いてきたように、海軍戦闘機隊としては、できるかぎりの手段をつくしたつもりであったが、航空攻撃はもとより、防空にかんしても、特攻以外に手はなさそうなところまで追いつめられていたのが事実だった。

私が編み出した必墜「旋転戦法」事始め

必勝空戦法の創始秘話

当時 横須賀航空隊分隊長・元海軍大佐　柴田武雄

原宿駅のそばの「南国酒家」の大ホールで、零戦搭乗員会がひらかれたときのことだった。私の乾杯の音頭で懇親会がはじまった直後、小林己代次元大尉（操練九期、戦闘機操縦歴は零戦搭乗員会員中の最古参）が、最短距離のコースで私のところへやってきた。

戦後はじめての、三十数年ぶりのなつかしい対面である。私は「やあ」と声をかけ、たがいに手をにぎり合った。そのとき小林氏は、開口一番、「ロール戦法――あれはかなり有効だった」と言った。私は大変うれしかった。なぜなら、この一言は「旋転戦法」（別名「ロール戦法」。以下同断）と、その創始者である私との深い関係を証言するにあたいする、重要な言葉であるからだ。

柴田武雄大佐

ところで、このたび、この原稿を書こうとしたとき、右のことをふっと思い出した。そこで、小林氏に電話してみた。

私の知らないことを、あるいは同氏が知っているかもしれない、と思ったからである。その結果、思いがけない、きわめて重大な歴史的事実を知ることができた。

それは次のような内容のものだった。

――昭和四年、私（小林）が三空曹で霞空の教員をしていたとき、天覧に供するため、一○式艦戦で小池定雄さん（海兵五一期、当時中尉、のち大佐）と空戦をやったことがある。

空戦は私が逃げ、小池さんが追いかける態勢からはじまった。追いつ追われつの場面を演出したあと、私は宙返りに入った。

ところが、宙返りの頂点付近で失速してしまった。そして、落ち入った錐揉み（きりもみ）を立てなおしてみたら、なんと自機は、小池機の後下方で追尾の態勢になっているではないか。

着陸してから小池さんは、「やられた」と言った。……この空戦場面は、霞空で映画におさめられた。私はその映画を、昭和二十年に霞空に立ち寄ったときも見ている。……この空戦の途中で失速したことが、ケガの功名的によい結果をもたらしたのだが、その後、私はこの体験にもとづき、失速しないでうまい空戦ができないものか、と研究をかさねた。

そして、宙返りの頂点付近から相手機にたいして、うまく喰いこむことのできる操法が、しだいに熟練の度を増していった（柴田注＝これは小林氏のかくれた天才的才能および努力による、すばらしい創研である）。

私は昭和八年十一月一日から同九年四月二十八日まで、第一期特修科練習生として、横空で戦闘機専修のワザを習練した。このとき、教員の間瀬平一郎（操練八期）や操練同期の望月勇などと空戦をやったが、「自分がずーっと前からやっていることと似たようなことをやっているわい」と思った。

特練卒業後、私は横空に勤務し、昭和十年十一月一日に空曹長に任官した。そして同十一月下旬、柴田さんが「ロール戦法」を編み出したのを知った。

しかし、岡村基春さん（海兵五〇期、元大佐）や間瀬や望月などは「ロール戦法」に反対だった。反対の理由は、一ぺんはかわせるが、二回目からはかわされない、というようなものだった。

横空戦闘機指揮所内で、岡村さんや間瀬や望月などが、そのように言っているのを私は見聞した。私は心の中で、むしろその一ぺんこそ、実戦では生死や勝敗の分かれ道となることがあろう重大なことなのに、なぜそのような理由だけで反対するのか、と思った……。

また、小林氏は私の質問にたいして、

「〝ひねり〟という言葉は、そのころは（昭和十年十一月下旬の時点においては）まだなかった」と答えた。

失速操縦

ここで、「ひねり」と「旋転戦法」との複雑な関係を、簡単にまとめておく。

まず、「ひねり」（または「ひねり込み」。以下同断）というものを、ここに仮に、「宙返りまたは斜め宙返りの頂点付近から、エルロンと方向舵のたくみな操作により、戦闘機同士の格闘戦における旋回圏を小さくして相手機に喰いこむ空戦操縦法である」と規定しておく。

この「ひねり」のめばえは、前述したとおり、昭和四年の小林氏の天覧空戦に端を発している、と断定してさしつかえない。

それに前記の間瀬氏や望月氏なども、昭和八〜九年ごろから「ひねり」に似たような空戦操作をやりはじめている可能性がある、と考えてよい。

なお、「ひねり」という呼称は、昭和十一年五月ごろ、私が「旋転戦法」をおりこんだ『改正・空中戦闘教範草案（案）』を、横空で作成して各航空部隊などに配布したさい、それを読んだ岡村基春氏が、

「それは〝ひねり〟というものだ。そんなものは俺の方がずーっと前からやっている」などと、わけのわからぬことを感情的に口走ったとき聞いたのが、そもそも初耳だった。

岡村氏は昭和九年六月十八日、三菱七試艦戦の特殊飛行性能研究の目的をもって、二重横転を実施中に水平錐揉みに入り、落下傘降下した。そのさい、左手の中指と薬指の先端（食指と小指とを結ぶ線よりさきの部分）をプロペラで挫断したが、同年七月四日には軽快して出勤し、その後、ときおり戦闘機を操縦していた。

私は昭和八年十一月から同九年七月までの第四期高等科学生時代、横空で岡村氏の空戦ぶ

りをときどき見て、そのうまさ、強さに感心したことはあったが、同氏の「ひねり」、またはこれに類するものを見たことはなかった。

また、私が考え出した実戦時の防禦的空戦戦法に関して、教官たる岡村氏に意見具申し、しばしば論戦はした（機を横にすべらすことだけは認められたが、クイックロールを打つことは拒否された）が、高等科学生中に岡村教官から空戦を習ったことは一度もなかった。

ただし、昭和十一年当時、横空第五分隊の搭乗員だった間瀬空曹長や望月空曹らが、同年五月ごろ以降、「旋転戦法」が前記の『改正・空中戦闘教範草案』に記載されたことに刺激され、岡村氏がつけた「ひねり」という名称を採用し、その操法をひそかに戦法としてかためていったかも知れない可能性は、なきにしもあらずである。

それにしても、支那事変前においては、これが「ひねり」であると言って、その操法を教えた人や教わった人たちを、私は寡聞（かぶん）にして知らない。

しかし、坂井三郎氏はその著者『続・大空のサムライ』の「ある神技を得んとして」の小見出しの中で、右の事情を的確に物語っている。


——二月（昭和十三年）に入ると、待ちにまった戦闘機同士の単機空戦の課程に入った。私の第一回目の空戦の相手は、日本海軍きってのベテラン黒岩一空曹であった。

黒岩（利雄。操練一三期）一空曹がいった。〝あの手、この手、と研究して、はじめて飛行機が手に入ってくる（マスターする）のだ。どこでどうする、ということはなかなか教え

急旋回して降下にはいる零戦二一型

ることができん、盗むんだよ！　俺たち古参の者の技を盗みとるんだよ！〟と。
三十分ほど休憩して、こんどは望月空曹長に格闘戦をならった。望月空曹長の旋回半径は、私よりずっと小さかった。その夜、私はふたつの模型飛行機を、両手に一機ずつ持って、どうしたら飛行機があのような動きかたをするのか、ということを頭をひねりながら研究したが、ついにわからなかった。
宙返りの頂点あたりからの不思議な操縦法……その技を身につけている古い先輩たちに、私は熱心にたずねてみたが、教えてくれなかった。
あとで気がついたことだが、そのころの古参搭乗員は、名人気質の人が多く、苦心をかさねてあみだした俺の流儀を、そう簡単に教えてたまるか、おぼえたかったら空中でよく目を見ひらいて盗め、こんな態度であった。

「教えてやってもよいが、この技は失速一歩前のきわどい技だから、まだはやい。くり返してやっているうちに、いつのまにか体得するものなのだ」機嫌のよいときには、こんな言葉で（望月空曹長は）私たちをからかっては話をそらすのだった。……

私は「旋転戦法」を確立したあと、部下の横空第四分隊搭乗員たちを相手に、ひととおりやってみせた。しかし、赤松貞明一空曹（操練一七期）のように、

「それは実戦ではいいかも知れんが、平素の訓練においては危険だと思います」と言う者がいたので、次善の策がないものかと考えていた。

ある日、赤松から、

「高橋や稲葉ら（名は憲一と武雄、ともに操練一九期）が面白い空戦をやっている」という話を聞き、さっそく、その二人を相手に、九〇式艦戦三型（主翼に上反角をつけたもの）で空戦をやってみた。

最初、高橋憲一とやったときは、私は加賀乗組時代（昭和五年）、岡村小隊の二番機として約十ヵ月間、各種の編隊運動をやっていらいの自信を思い出した。高橋機と距離をひらいた編隊運動をするような気持で、一回目も二回目も、だいたいうまく高橋機の真似をすることができたので、ちょっと変わった型だが大したことはない、と思った。

つぎに稲葉武雄とやってみた。

ところが稲葉機は、右旋回からの斜め宙返りの頂点付近で、翼を急に右にかたむけた直後、かなりはやく機首をねじこんできた。

「なるほど、これはおもしろい」と、私はそのような型になるように、右斜め宙返りの頂点のちょっとまえの背面状態で、まず操縦桿を左に倒した。翼は右にかたむいた。しかし、つぎに踏んだ右フットバーの量が足らなかったため、機首が思うように下がらず、「宙返り反転」のデキそこないのような型となってしまった。

手足のアンバランスのため、すごい横風が飛びこんできた。その瞬間、これはいかん、とバランスを直して機首を下げるため、エンジンをしぼると同時に、右フットバーをぐんと踏んだ。とたんに、くるりと錐揉みに入った。

すぐエンジンを全開して、錐揉みを止めたら、稲葉機の後下方に食いこんでいた。そして二回目以後も、手足の操作のバランスがあまりうまくゆかず、多少の横風を浴びたが、エンジンをしぼったりふかしたり、操縦桿を押したり倒したりしながら、失速することなく、だいたい稲葉機の航跡をたどることができた。

そして着陸してから、赤松二空曹らに、

「稲葉がやっているのは、なかなかいい空戦操縦法だ。しかし、今日の稲葉との一回目の空戦で、俺の機が失速して錐揉みに入ったことが、かえって回転を早めた」と話し、その経験から、失速操縦に近い操法で、合理的にもっと旋回圏を短縮できる余地がないか研究してみたらどうか、と話した。

なお、私はこれ以後、以前から好きだった「錐揉み」や「クイックロール」などを「失速操縦」と名づけた。

ところが、その後、高橋と稲葉の二人が私に、

「空戦をやらせてください」と言っては、さかんに空戦をやり出した。その空戦は「ひねり」でなく「旋転戦法」だった。そしてある日、私に、

「分隊長、二型（主翼に上反角のない九〇戦）のほうが、三型より『旋転戦法』に断然強いですよ」と、自信たっぷりの熱っぽい顔つきで報告した。私にはその理由がすぐわかった。九〇戦二型は安定性は悪いが、クイックロールの操縦性がよかったからだ。

第四分隊の他の搭乗員がやってみた感想も同様だった。ちなみに、「ひねり」をふくむ旋回戦だけなら、岡村基春氏や源田実氏らが改良した三型のほうが、二型より強かった。

昭和十二年、支那事変の勃発にともない、上海の公大(クンダ)基地に進出した第二連合航空隊の十二空と十三空、および加賀の戦闘機隊搭乗員らによって、「ひねり」は「旋転戦法」とともに、その普及の度がかなり進んでいった。

ちなみに、支那事変の初期に九五式水偵が大いに活躍したが、中国戦闘機との空戦において、機を横にすべらせる戦法を用いて大いに功を奏したことは、実戦における空戦の様相というものを考えるとき、私が昭和九年の空戦戦技において、みずから目標機となり、防禦的戦法の一つとして機を横にすべらせることをやって見せたこととの関連において、特筆にあたいする。

しかし、「旋転戦法」は太平洋戦争においても、全体的に「ひねり」より多く用いられ、大いに効果をあげているにもかかわらず、「旋転戦法」という名称およびその有効性などは、私から直接教伝を受けたか、私の書いたものを読んだ人たちをのぞき、戦前からこんにちまで、大部分は、権力者が謀略的に作為した「ひねり」という名の靄(もや)でおおわれているようなありさまになっている。

したがって、零戦搭乗員会員のなかでも、「ひねり」と「旋転戦法」の区別がハッキリわからないか、あるいは「旋転戦法」を「ひねり」という名において理解(じっさいは誤解)している人が、かなり多いように見受けられる。

不敗の戦法

昭和十一年、前述の横空第四分隊搭乗員の高橋と稲葉らが、九〇式艦戦二型と三型で「旋転戦法」の空戦をやって発見した貴重な体験が、後日、十二試艦戦にたいし、私が「旋転戦法」に適する操縦性を付与させる第一のきっかけとなったのである。

すなわち、「旋転戦法」に適する操縦性とは、同戦法の主体であるクイックロール（一種の失速操縦法）を軽く敏速におこなうことができる操縦性をいう。

そして、その第二のきっかけは、私が昭和十三年、空技廠飛行実験部において、わが国がドイツから購入したハインケル戦闘機Ｈｅ112の空戦性能を検討中に、同機は「翼端ひねり」が六度もあったため、安定性が良すぎてなかなか失速せず、錐揉みやクイックロールに入りにくかったことである。

ちなみに、このことが主因ではないが、同機の空戦性能は、はなはだ劣悪だった。

私はこれらの体験にもとづき、昭和十三年のある日、空技廠の道路上で堀越二郎技師と折りよく出会ったさい、肩をならべて歩きながら、

「十二試艦戦の翼端ひねりは何度になっていますか」とたずねた。堀越氏は、

「四度にしてある」と答えたので、

「それは多すぎるから、四度と二度の中間ぐらいで、どちらかといえば二度に近いようにしてください。ただし、このことは、他のパイロットたちにできるだけ内密にしておいてください」と、私は個人的にひそかに、ただし力をこめて要求した。

ひそかに要求したわけは、もちろん「旋転戦法」に反対な連中にわかると、妨害されるおそれのあることを考慮してのことだった。

結局、翼端ひねりは二・七度におさまり、安定性をひどく害することなく、しかも「旋転戦法」に適する零戦が誕生したのであった。

「旋転戦法」は、私が昭和十年十一月上旬、横空に赴任してから二週間ぐらいのあいだに、横空第四分隊先任下士官兼先任搭乗員の河野新市一空曹（操練九期）を相手に、研究創始して確立したものである。

ただし、そのうち、もっとも基本的なことは、最初の一回で成功した。その基本的操縦法というのは、上昇角度ゼロ度から七十度ぐらいのあいだで、まずクイックロールを打つこと

脚を引き込むいとまもあらばこそ、離陸して急上昇にうつる零戦二一型

からはじまる。

ただし、スタントのような一回転オンリーでなく、相手機との態勢に応じ、半回転ぐらいから四分の三回転ぐらいまでのものまで、多種多様である。

この戦法の最大の特徴は、これを用いた場合、戦闘機同士の格闘戦において、これを用いない者より断然たる強味を発揮できることだ。なぜなら、相手機に追尾されても、一旋転で態勢を逆転することができるからである。

この戦法を創始する前、空戦で、部下の赤松や、高橋や稲葉に簡単にやられた私が、この戦法を用いはじめたときから、逆に彼らに簡単に勝つことができるようになった。

これを柔道や剣道の段級の概念で表現すると、当時、赤松が四段、高橋と稲葉が三段ていどであったのにたいし、横空に着任直後の私の空戦技量は一級ていどであった。

だが、この戦法を用いるようになってからは、実力七段ぐらいとなったわけである。

また、特修練習生として横空に入隊した当初の古賀清登一空曹（操練一六期）の空戦技量は、せいぜい三級ていど（艦攻出身者ではなかろうかと私が誤解したほど低劣）だったが、私じきじきの教育指導訓練により「旋転戦法」を身につけ、特練卒業時は実力五段ていどになっていた。

その後、大村空において猛訓練によりこの戦法にみがきをかけ、さらに支那事変において実戦の経験をつんだことにより、実力十段以上の名人の域に到達したように思われる。

源田実氏がその著書『海軍航空隊始末記』（発進篇）のなかで、古賀氏を「超人」と絶賛しているが、うべなるかな！　つまり、「旋転戦法」は、名実ともに画期的戦法である、と言って差しつかえなかろう。

ただし、人には体質、性質などの個性や好悪の感情などがあるとおり、零戦搭乗員のなかでも、あまりこの戦法を用いなかった人や、この戦法を用いないでも格闘戦にきわめて強かった特殊な人などもいたように思う。

私が訓練において対戦した相手としては、赤松貞明氏などはそのひとりであった。

このように「旋転戦法」は、防禦的には不敗の戦法ということができる。なぜなら、敵機の奇襲攻撃をうけた場合でも、瞬時にクイックロールをうって、これをかわすことができるからである。

戦例から

つぎに、いくつかの戦例をみてみよう。

昭和十二年八月十六日、加賀乗組の豊田光雄空曹長（操練一二期）搭乗の九〇式艦戦が、攻撃機隊を掩護して進撃中、上海上空付近で突如、中国戦闘機の奇襲射撃をうけ胴体に被弾した。

そのさい、瞬間的にクイックロールを打って、その後の敵機の射弾を回避した。しかし、胴体タンクに穴があき、ガソリンが漏洩（ろうえい）しはじめたので、空戦を断念して帰艦した。加賀戦闘機隊が発進する前、「敵機の射撃をうけたら、いきなりクイックロールを打て」と私は予感的に念を押したこととの関連において、いまでもハッキリおぼえている。

つぎは昭和十八年十二月上旬、山口慶造氏（乙飛一三期）らが、ラバウル東飛行場の私の統一指揮下の二〇四空と二〇一空に着任してから一週間ほどたったころのことである。

もうよかろうと、迎撃戦に参加させることにしたが、そのさい、私は山口氏ほか初陣の若者たちにたいして、念のため、最後の注意をあたえた。

「今日は空戦をしないでいい。遠くはなれて彼我空戦の模様を見学するだけでいい。ただし見張りだけは十分にやれ。それでも奇襲をくらったら、いきなりクイックロールを打て、そしてそのまま錐揉みに入れ」と。

ところで、山口氏は『二〇一空戦記』の中で、つぎのように回想している。

——ふと眼を右上方に転じたとき、高度差六、七百メートル上空を、F4U二機が飛んでいる。私の機はちょうどその腹の下、死角の位置になっていた。

新米の私には、それがどんな任務を持った機かわからない。自分の立場から「ホホウ敵にも高見の見物組がおるわい」と思ってしまったのだから、初陣とはいえ、そうとう冷静な判断力を失っていたのだろう。

「新米なら、ひとつからかってやろうか」と考えてしまったのだ。

だいぶ高度差もつまったとき、ふと敵機を見失った。と、次の瞬間、私の機の右翼上方を、後方から前方へ、数条の光の筋が走った。曳光弾！　私にはその光条が、ピュンピューンと音をたてているように聞こえた。

F4Uは、私に追尾して射撃してきたのだ。左フットバーを強く踏んで軸線をそらし、左下方に急反転（柴田注＝左クイックロールの操作を背面状態で止め、降下反転）、さらに真下にむかってロールしながら避退した。……

山口氏は私が注意したとおり、うまくやってのけたわけである。

つぎは、圧倒的多数の敵戦闘機にかこまれて、苦境におちいった場合の例である。昭和十八年十二月二十六日、ニューブリテン島ツルブ湾上空における空戦で、味方機は小高機をふくむ二〇四空と二〇一空の零戦計十五機であった。

敵機はF6F、F4U、P40、P38などからなる計一〇〇機である。小高登貫氏はその著書『あゝ青春零戦隊』のなかで、次のように記している。(ただし敵機種と機数は戦史資料による)

――われわれはそのドマン中に突っ込んだ。敵も大挙してわれわれに向かって来た。ここに壮絶な大空中戦闘が展開された。

ところで敵は機数において圧倒的に優勢なので、初めは、われわれとしては、お互いロールをうって、敵機の射線をかわすのに忙しいありさまだった。だが、ロールをうちながら突き進んで行くうち、チャンスをとらえて、一機また一機と、敵機を撃墜した。私もグラマン一機を撃墜した。

今日の空戦は、初めから終わりまで、ロールのやりっぱなしだった。……

もう一つあげよう。ふたたび坂井三郎(操練三八期)氏の例で、昭和十九年六月二十四日、硫黄島上空における一対十五の激闘である。

――わたくしはこの十五機のグラマンの大きな円陣の真ん中にとじこめられていた。四機のグラマンが、円陣からとびだしてつぎつぎと垂直に突っ込んできた。これは敵の勇み足だった。急旋転で体をかわした。敵は横すべりで、それていった。

「旋転戦法」と「ひねり」との相違一覧表

要項＼種別	旋転戦法	ひねり
① 発生	突然（昭和十年十一月）	自然（ただし、そのめばえは昭和四年）
② 創始者	柴田武雄元大佐	小林己代次元大尉
③ 特殊の操作を始めるところ	機首の角度〇度（水平）付近から上昇角度七十度付近までの間	斜め宙返りの頂点のまえ、上昇角度九十度を過ぎてから一八〇度までの間（背面状態の前半）
④ 特殊操作の内容	まずクイックロールを打つ。別名「ロール戦法」と呼称したゆえん。応用的にはエルロンも操作する。	クイックロールなし。エルロンと方向舵をゆるやかに操作する。
⑤ 空戦の外観	クラックラッと、あるいはヒラリヒラリと、態勢が急激に変転する。二機で交互に行なえば、縄をなうがごとし。	緩徐にくいこむ。
⑥ 必要とする操縦性	適度に失速しやすく、クイックロール（旋転操作）に適すること。「九〇式艦戦二型（主翼に上反角なし）のごとし」	失速しにくく、旋回戦に強いこと。この意味において「ひねり」は旋回戦の部類にはいる。「九〇式艦戦三型（主翼に上反角あり）のごとし」
⑦ 操縦の難易	クイックロール的操作そのものは容易。ただし、上昇角度が大きくなるに従い、その後の操作がむずかしくなる。	背面状態での操作なので、エルロンと方向舵のバランスがむずかしい。上達には相当長期間の習練を必要とする。

⑧実戦における攻撃的一般用法	不利な態勢から瞬時に有利な射撃態勢に転換できる。	一対一の格闘戦において、旧旋回戦オンリーより有利。
⑨実戦における防禦的一般用法	敵に追尾射撃される直前、または射撃されたとき、瞬時に回避するにはこれしかない。時には、横に辷らせることと併用。	旧旋回戦オンリーより適。ただし「旋転戦法」より劣る。
⑩多数の敵機に囲まれた時の利、不利	断然有利。	旧旋回戦オンリーより有利。ただし、「旋転戦法」より劣る。
⑪空戦の強弱	「ひねり」より強い。なお、戦闘機固有の旋回性能の劣弱（翼面荷重大等）を補うことができる。	旧旋回戦オンリーより強いが、「旋転戦法」に簡単にやられる。
⑫疲労度	肉体的にも精神的にも疲労度は比較的少ない。特にGに弱い者に適する。	精神的疲労は「旋転戦法」より大。
⑬訓練時の危険度	比較的大。	比較的小。
⑭教育普及の難易	容易。	かなりむずかしい。
⑮説明の難易	容易。	かなり困難。

「備考」⑮の「旋転戦法」の欄の補足。
五十一年七月三十一日、山王ホテルで、米元空軍大佐レイモンド・F・トリバーさんの質問に応じ、私が説明したときも、一昨年元海軍中佐五十嵐周正氏（兵五六期）と、土浦市の同氏宅で私が会談したときも、トリバーさんも五十嵐氏も、手首をクルッと回転させ、〝これですか〟と、簡単に、了解の意を表明した。まことに印象的だった。
また、五十四年七月二十七日午後八時からの、NHKテレビ『紫電改』に出演した小高登貫氏が、手首をクルッと回わすゼスチュアーをしながら、〝ロールを打って〟というふうに、空戦の話をしていた。このように簡単に説明でき、あるいはすぐ了解できるのも「旋転戦法」の一つの特徴である。

だが、この旋転で、わたくしは攻撃されやすい位置にうつってしまった。つぎの四機が円陣からとびだして追尾してきた。わたくしはエンジンを全開にして、最後の力をふりしぼって、ようやく射程外に逃げおおせた。

最初の四機が、横すべりの姿勢から、また上昇し、攻撃姿勢で突進してきた。わたくしは、ぐっと右足をふんだ。機体は左にすべる。操縦桿を左に倒す。とたんに、右翼の下に閃光がはしってヘルキャットが流れた。

わたくしは急旋転をきった。敵の二番機は、後方六〇〇メートルを追尾していたが、その主翼はもう、六梃の機銃の黄色い炎でつつまれている。やつは新米のヘタクソだ。

この二番機は、曳光弾を噴水のようにまきちらしながら距離をつめてきた。三〇〇メートルまで迫った。その瞬間をとらえて、わたくしは左に急旋転した。ヘルキャットは下をかすめて去った。まだ機銃は火をふいていた。

わたくしは、腹がたってきた。なんでこんなヘタクソな敵から逃げるんだ。わたくしは反転してこの敵を追った。五十メートル。二〇ミリ機関砲をぶっぱなした。当たらない。急旋転ですべった機のたてなおしができていなかったのだ。

そのとき、すでに後方には、あらたな敵がいた。正確な射撃である。ふたたび左急旋転、この動きで失敗することはない。ヘルキャットは飛びすぎてゆく、この編隊の三番機も、四番機も。

他の四機が、わたくしの真上からねらっていた。三機が右翼から突っこんでくる。もう一度、急旋転、かろうじてその曳光弾をさける。

敵機は、また円陣にもどった。わたくしが避退行動をおこすと、すかさず切りこんでくる。なんど敵が攻撃してきたか、どれくらい、わたしが急旋転でさけたか、おぼえていない。わたくしにとっては、かわるがわる突っこんでくる敵の攻撃を、なんとか、かわすことだけが必要だった。急旋転の強行か、死か、わたくしにはこれしか道は残されていなかった。

左の目が、刺すようにいたい。汗が流れおちる。それをぬぐうこともできない。気をつけろ！　操縦桿を倒す。カジ棒をける。曳光弾がとぶ。またはずれた。高度計はゼロにちかくなっていた。海がすぐ目の下だ。

もう退避だけしていては駄目だ。突破しなければならない！　わたくしは左急旋回から、カジ棒をけって操縦桿を左にふる。全砲火をひらいて敵に突っこんだ。わたくしは円陣を突破した。

わたくしは操縦桿をグイッと、胃につくまでひいた。零戦は機体をきしませて、宙返りをして上昇した。……捨て身の宙返りが、功を奏したようだった。敵機は、混乱し隊形がくずれている。

わたくしは、もう一度、急上昇で離脱をはかった。ヘルキャットは、ピタリと追尾してくる。曳光弾が、横をかすめる。わたくしは、必死になって旋転する。突然、下に硫黄島が見えた。……

これはマーチン・ケイディン著『Zero Fighter』よりの引用であるが、文中、坂井氏のいう「旋転戦法」とは、私が創始した「基本的旋転戦法」にたいして、同氏が実戦の体験を加味して会得した「応用的旋転戦法」ということができるであろう。

なお、坂井氏の承諾を得て、原和訳文中の「旋回」を適宜、「旋転」と書きあらためてある。

敵陣を唖然たらしめた敵中着陸の放れ業

南昌飛行場にくりひろげられた大胆不敵の襲撃行

当時 十五空搭乗員・海軍二等航空兵曹　小野　了

支那事変はじめのころの航空隊は、文字どおり一騎当千のツワモノ揃いだった。もちろん飛行機の数が少なかったせいもあろうが、搭乗員は少数精鋭主義だった。

私たちのときは全海軍何十万のなかから選ばれた六千人くらいが志願し、いくどかの試験にふるいおとされて残った一二〇人が、ようやく憧れの操縦学校(操練二三期)へ入り、しかも卒業できたのはわずか十九人だった。この一事をもってしても、いかに練度が高かったか想像がつくこととおもう。

小野了二空曹

昭和八年、霞ヶ浦海軍航空隊操縦教程を卒業して、まず最初に乗った飛行機は三式初練だった。私の専門機種ははじめが艦攻、その後、艦爆となり、最後は夜間戦闘機で終戦をむかえることになるのだが、そのつど新しい戦闘法、新しい機種のテストパイロットのような役割をさせられた。

昭和九年四月、空母龍驤乗組を命ぜられた。当時、空母は加賀、赤城、鳳翔をいれて四隻だった。はじめての艦隊勤務である。艦首の御紋章、汐風にはためく軍艦旗、基地航空隊とはちがった艦隊生活にようやくなれてきたころ、新しい隊が編成された。

当時ドイツ空軍のユンカー爆撃機による急降下爆撃が、ようやく世界の注目をあび、日本海軍でもはじめての急降下爆撃隊がもうけられた。これまでの水平爆撃より、動的目標にたいしては急降下爆撃が適切であるとみとめられたからだ。龍驤では和田少佐の指揮する九四艦爆である。私もその一員にくわえられた。

明くる昭和十年四月、私は加賀に転勤となり、さらに一年ほど研鑽をつみ、昭和十一年四月には下士官にすすみ、霞ヶ浦航空隊の教官を命ぜられた。支那事変勃発の前年で、訓練はいよいよ激しさをくわえ、大陸の空にはあわただしい雲がながれはじめていた。

いよいよ征途につく

昭和十二年七月七日、盧溝橋におきた戦火は、不拡大方針に反してしだいに中国全土に飛び火してゆき、霞ヶ浦航空隊勤務の教官にも動員令がくだった。教官百名余のうち新参の私には、なかなか順番がまわってきそうもなく、内心おおいにあせっていたとき、加賀の分隊長高橋大尉が迎えにきてくれた。

さあ征くぞ、赤い血汐がからだの中をかけめぐるような喜びだ。新参教官の私が真っ先に出ることになった。横須賀航空隊で兵装をととのえ、いよいよ古巣の加賀に乗り組んで呉淞（ウースン）にむかった。

昭和十二年七月下旬、中支作戦である。

陸軍の杭州湾敵前上陸の援護のため、後席浜野兵曹長と組んで連日のように加賀より出撃した。上陸に成功した陸軍は、南京をめざして進撃する。それにつれてわれわれも航程をのばす。広徳飛行場を爆撃した日、地上砲火をうけた指宿中尉は愛機に敵弾をうけ、火は噴かなかったが敵格納庫におちていった。これが最初の犠牲者だった。

戦線が進むにしたがい、われわれは母艦から公大（クンダ）、安慶へと基地をかえていった。その間の何十回におよぶ爆撃行にはさまざまの思い出があるが、もっとも印象の強烈な南昌空襲をふりかえってみよう。

昭和十三年の七月十三日だった。この日は、戦、爆、攻それぞれ十八機、すべて四十余機の大編成がくまれた。艦爆隊は飛行隊長松本少佐が編隊の総指揮官を兼ねてひきい、戦闘機隊は南郷茂章少佐の九六戦、艦攻は渡辺少佐がそれぞれ指揮した。

暁闇の朝雲をついて戦闘機隊が出撃する。翼灯が明けの明星のように美しい。飛行場の上空で編隊をくみ、ごうごうと地軸（ちじく）をゆるがさんばかりの爆音をとどろかせながら、南郷隊は南昌の空めがけてその鵬翼（ほうよく）を消していった。

やがてわれわれ艦爆隊の出撃である。しばし静寂だった地上は、ふたたび戦場のようなあわただしい気配にみたされた。私は隊長機の護衛が任務の二番機だ。指揮官機につづいて車輪止めをはずす。

安慶の飛行場がだんだん小さくなるころ、艦爆艦攻の大編隊は高度を四千メートルにとり、堂々の進撃をつづける。やがて集合地点の湖口（鄱陽湖の入口）に達したが、戦闘機隊のすがたが見えない。おかしいなと思ったが、そのまま南昌上空に突っこむ。

無念、オトリ機に爆弾を

南昌は江西省の首府で、江西省を南北につらぬく贛江（かんこう）の下流東岸にあり、そのむかし漢の高帝が灌嬰（かんえい）に命じて城をきずかせた古都である。水路が四方八方にひらけ、物資の集散地として、また軍事上きわめて重要な地点であり、飛行場は郊外の東にある。

古都につきものの名所旧蹟が多く、百花州や西山、また城門のそばに唐詩で名高い勝王閣などがある。政都、軍都であるとともに商都として市街のにぎわいはさかんで、人口は四十万ぐらいといわれていた。

私の南昌にかんする知識は、おぼろげながらこのくらいのものだった。ようやく左前方に飛行場が見えだした。四千メートルの高度から見おろす市街は、朝靄のなかに眠っているようだ。

いつ爆撃開始の合図があるかと思って、指揮官機と飛行場とを交互に見つめるが、攻撃はじめのバンクはない。

そのうち反応は下界からおこった。飛行場の滑走路のあたりから地上砲火にまじって、パッパッと線香のような土煙りがたちはじめた。敵戦闘機が離陸をはじめたのだ。

またよく見ると、一五〇〇メートル下方に、こちらに向かってくる敵飛行機がある。じっと見つめると、あっイ16だ、こいつはまずい、と思ったが、隊長機は敵戦闘機の邀撃を知るや知らずや、依然としてノンビリ旋回している。

同高度となったら戦闘機には太刀打ちできない。えい、独断専行も命あってのことだ。高度差のある今なら勝てる。私はいきなりエンジンをふかして、敵機の方へ突っこんでいった。これは、いままで真一文字に敵に機首をむけると、かならずといってよいほど敵機が逃げだすのを考慮に入れての戦法である。

たちまちあちこちで艦爆とイ16との間に空戦がはじまった。わが編隊はだいぶ混乱し、指揮系統もハッキリしない。そこで私は、はじめの目的たる飛行場爆撃を敢行するため、敵戦闘機の間隙をぬって急降下にうつった。

そのころ南昌に入れてあったスパイの報告によると、飛行場の北と南に置いてあるのは偽物で、本物の飛行機は東側に置いてあるということだった。そこで東側を見ると、いるいる、戦闘機がずらりと並んでいる。よーし、いままで大事にもってきた六〇キロ四発を叩きつけてやれ。狙いさだめて五百メートルで把柄をひいた。

歴戦の腕に狂いなく、見事命中！　しかし不思議なことに、ただコロンとひっくり返るだけだ。アンペラ製のオトリ機なのだ。これにはまんまと引っかかってしまった。敵は格納庫の前の指揮所みたいなところから、さかんに機銃を射ってくる。

騙されたくやしさが先にたって、むこうの機銃はこわくない。こちらも低空射撃をしてやれとよく見ると、格納庫の後ろに双発のソ連製SB爆撃機が一機おいてあるのが、パッと目に入った。

よし、目標はこいつだ！　五十メートルくらいの低空から、なめるように固定機銃を射ったが、無念、弾丸が二、三発出ただけで故障してしまった。そのとき私の飛行機は、滑走路を着陸コースに入っていた。

前代未聞の敵中着陸

飛行場が近づいてきた。機銃は故障だし、爆弾は落としてしまった。目の前には獲物がいる。瞬間、日露戦争で金鵄勲章をもらった親爺が「コイコイ」と呼んでいるような気がする。これでハラがきまった。同時に着陸の態勢をととのえていた。

西側から入って、うまく着陸してしまった。それこそアッというまの出来事である。敵の飛行場へ着陸するなんて、いままで聞いたこともない。格納庫の前まで、地上滑走で飛行機をころがしてきたが、上空から見たときは近いように感じていたのに、地上におりてみると遠い。今さらのように飛行場の大きさにおどろく。

格納庫のあいだに入ってしまったら逃げ道がない。ふたたびグルッとまわって滑走路へ出た。すると別のSB爆撃機が目に入った。敵の機銃は鳴りをひそめてしまった。敵兵のすがたも見えない。飛行場ぜんたいが、ぶきみに静まりかえっている。

まだプロペラは廻っている。二列にならんでいる格納庫のあいだに敵兵がいるかもしれない。油断は禁物だ。エンジンをスローにすると止まってしまうし、ふかすとコロコロ走りだす。そこで同乗の山路に、

「おまえは乗っていろ、敵の兵隊が出てきたら後席の旋回機銃で射て」と命じて、私は機をおりた。

地上におりてしまうと気持がすっかり落ちついてきた。私はいつも爆撃から帰ると、緊張をほぐすためにもタバコをのむくせがある。そこで一服つけたが、半分ぐらいすったとき、しまった！ ここは敵の飛行場だったと気づき、あわてて捨てた。習慣とは恐ろしいものである。

そのとき見張りに残してきた山路が、飛行機から半身をのりだして大声で叫んだ。スワ敵兵があらわれたかと、ピストルをかまえた私の頭上二十メートルくらいのところを、燃料タンクを射ぬかれたイ16が一機、つむじ風のように真っ黒い尾をひいて通りすぎた。

着陸しようと思って帰ってきたところ、滑走路に私たちの飛行機がいるので、降りるにおりられず飛び去ったものとおもう。

あとで聞いたところによると、このイ16はわが艦爆の僚機がおいかけてゆくと、高度をとることができず、南昌の西方の川原につっこみ自爆してしまったそうである。

さて私はSB爆撃機に近づき、ピストルを射ちこんだ。うまく火がつき、メラメラと燃えだした。やっと本望を達したので、帰ろうとおもって機に乗りこんだとき、艦爆が一機また

着陸してきた。よく見ると仲のよい徳永兵曹機である。

三たび降りて火を放つ

徳永は私がやられて不時着したと思って、助けにきたらしい。風防をあけて、「早くこっちにきて乗れ」という。

「俺は大丈夫なんだ」と言って、徳永機の方を見ると、すぐそばにイ16が一機、隠してあるのに気がついた。そこで「そいつを射て」と指示すると、エンジンめがけてパラパラッと射った。だが火がつかない。「もっと下の方を射て」というと、その通り射つのだが、燃えない。弾丸はみごとに命中している。

これだけ射ちこめば使いものになるまい。このへんが潮時と編隊離陸して、滑走路のはしで五十メートルぐらい高度をとった。そして何気なく下を見ると、また一機いる。複葉のイ15戦闘機だ。どうせついでに、もう一機いただこう。すぐ編隊を解散して、燃料の残りすくない徳永機とわかれ、さっきと反対側からまた着陸した。

ふたたび敵機の真ん前へ、飛行機をころがしていった。そして私の飛行機のシリを敵機にむけ、後席の旋回機銃で射つ。一連射、二連射をあびせると、ガソリンがだらだら流れだした。これも使いものにはなるまい。あまり長居は無用と、東へむけて離陸した。

三十メートルぐらい上がったとき、またまた一機が目に入った。こうなったら行きがけの駄賃だ。また降りてしまった。こんどは南側から敵機の正面にむかって、ゆっくり地上滑走

華中戦線の九六艦爆。九四艦爆を改良した複葉機で、爆撃精度は高かった

する。

降りてみると五〇キロか六〇キロの爆弾がずらりと並べてある。その上に作業着をきちんと四角にたたんでおいてある。中国の兵隊さんもなかなか几帳面（きちょうめん）だな、と思った。それからその戦闘機の下から燃料タンクめがけて、ピストルを射ちこんだが、燃えない。ガソリンはシャーシャー音をたてて流れる。

マッチをすってガソリンに直接火をつけるのが一番てっとり早いが、爆発のおそろしさはよく知っている。そのときポケットに航空図が入れてあるのに気がついた。帰り道には用はない。こいつを燃やしてやれ。

航空図に火をつけて、ガソリンの垂れている下に放った。パッとガソリンに火がつき、機体の下にまでスルスルと火がつたわっていったのはおぼえている。そのとき物すごい音響と火焰が目の前にひろがった。山路の話によると、私は四、五メートルふっとばされ、一時失神したらしい。

その前、敵機のなかに入りこんだとき、もし山路が操縦できたら艦爆は山路にまかせて、私がこの敵機をぶん捕り、なんとか操縦してかえって生きたおみやげにするんだがなと思ったが、山路は偵察員だから出来ない相談だ。

ようやく気がついた。幸いからだに異状はない。いよいよこれを終わりとして離陸をきめる。敵兵はまだそこらにいるかも知れないのだ。もう上空には味方は一機もいない。今日も灼熱の一日をおもわせる太陽が、東の空からのぼりつつあった。

敵戦闘機の編隊に突っこむ

空にも地にも、私たちだけだと思っていたら、格納庫前のエプロンのコンクリート上に一機いる。よく見ると私とおなじ艦爆である。その味方機は、格納庫のなかを旋回機銃でさかんに射っている。私は先に上がって警戒をしながら、早く離陸してこないかと見守っているうち、ようやく上がってきた。

馬鹿なやつだ、いまごろまでウロウロしやがってと、自分のことは棚にあげて、早く後ろについてこいと合図のバンクをした。やがて近づいてくる機を見ると、なんと小隊長小川中尉機ではないか。これは失礼、私は二番機となった。実戦では上だが、むこうは中尉、こちらは下士官である。

二機編隊で南昌飛行場をあとに一路、帰還の途につく。いい気持だった。ところが鄱陽湖の近くまできたとき、その気持はふっとばされた。敵戦闘機の出現である。しかも十四、五機の編隊だ。

あとでわかったことだが、この戦闘機隊は味方の艦爆を安慶の基地ちかくまで追ってゆき、福永兵曹機がこの送り狼たちに墜とされている。

とにかく敵機にあったとき、当時の中国空軍はまともにぶつかってゆけば、ただただ逃げるものが多かった。こちらは固定銃は故障だし、旋回銃では処置なしだ。これは年貢のおさめ時かなとおもったが、イチかバチか、私なりの戦法をとることにした。

私はいきなりエンジンをふかして、小川中尉機の先にでた。そしておもいきり敵編隊に突っこんでいった。そうしたら敵機も弾丸がなかったのだろう。いきなり蜘蛛の子を散らすように逃げだした。むしろこちらが唖然とした逃げっぷりである。これでどうやら虎口を脱し、まずまず安堵の胸をなでおろした。

軍法会議で対決しよう

さて基地にかえり、敵機撃破の報告をすると、司令三木森彦大佐は大きくうなずき、「御苦労」とねぎらいの言葉をかえしてくれた。ところが飛行隊長松本少佐の御機嫌はすこぶるななめである。聞くところによると、どうも私のとった行動が、独断専行であるということらしい。

松本少佐は私にはひとことも言わないが、若い搭乗員をあつめて「小野の行動は悪い。軍法会議にまわす」と言っている。

ところで、私は反対に、松本少佐の行動を、そのとき後席だった浜野兵曹長からくわしくきいて知っていた。血の気の多い私は、いつでも軍法会議に行こうと張りきっていた。

当時、九六艦爆は爆弾の発射把柄と、浮泛(ふへん)装置の把柄とがならんでついていた。艦上機には海面に不時着したとき、機を水面にうかせるための浮泛装置がついている。把柄をひっぱると炭酸ガスが送りこまれて、大きな風船が機の胴体の両側にひろがり、飛行機の沈没をさえるのである。

あわてた指揮官松本少佐は、爆弾の投下把柄とこれを間違って引いたからたまらない。物すごいスピードの出ている飛行機だ。ブワーッと大きな音がしたかとおもうと、その風船が胴体を叩く。やられたと思って急いで帰ってしまったのである。爆弾はもって帰るわけにはいかないので、途中ですてている。

自分は指揮官にあるまじきエラーをしていて、こちらは戦果を上げているのに、独断専行とはなにごとぞ、というのが私の言い分だ。

小川中尉もさんざん油をしぼられたらしく、なんべんも愚痴(ぐち)をこぼしにきた。小川中尉も部下が降りているから、着陸したんだろうに——当時は私も興奮していたが、あとでよく考えると、もし地上に勇敢なやつがいたら一巻の終わりだとおもうと、まったく無茶なことをやったものである。

軍法会議さわぎも、数日後、支那方面艦隊の草鹿任一少将から、九六艦爆を型どった銀製の模型をいただき、自然解消してしまった。

その後一週間ぐらいして、ふたたび南昌をおそったとき、滑走路をわずか残しただけで、飛行場一面は二メートルおきくらいに碁盤の目のように掘りかえされていた。短時日の作業であるから大変な労働力を動員したものである。

まさか戦闘中の敵飛行場へ着陸して、飛行機に火をつけるなどとは、夢にもおもわなかったことであろう。いかに日本機の敵中着陸をおそれたかは、この一事をもってしても十分にうかがわれた。

我々はマッチ一本で中国空軍を潰滅させた

昭和十五年十月四日／成都上空の空中戦

当時 十二空分隊長・海軍大尉　横山　保

横山保大尉

昭和十五年七月二十一日に、私が最初に実用実験中の十二試艦上戦闘機を漢口の基地に前進させてから、基地の空気は一変した。

長距離進撃用の戦闘機の出現に、基地をあげての期待がかけられたのである。そして前線基地における悪条件のもとにパイロット、技術者、整備員らが、熱心に難題の解決に取り組み、七月末には、名機「零戦」が誕生したのである。

のち重慶上空の航空撃滅戦においては、進藤三郎大尉のひきいる零戦隊が、九月十三日に大戦果をあげることができたが、私としては、敵の巧妙な避退戦法にあって、これを捕捉することはできなかったのである。

われわれに与えられたつぎの任務は、四川奥地に引き込んで、再建をはかりつつある成都空軍の撃滅にあった。四川の天候は、秋をすぎると雲層のあつい日が多い。われわれは敵空軍の動静にたいする偵察を続行するとともに、天候の良い日を待った。

第一次攻撃の日が十月四日と決定された。私は前日の三日に、パイロットたちを集めて秘密の作戦会議をひらいた。

敵情としては、重慶において手痛い打撃をうけた敵空軍は四川の奥地、成都にさがって、空軍の立てなおしをはかり、当時ようやく約三十機の戦闘機を主体とした再建が、完成しつつあるとの報をえていた。

われわれは今までの戦訓をいかし、まず、いかにして敵機を捕捉するかを研究した。そして空中において捕捉できない場合、地上攻撃にいかなる戦法をとるかを討議した。勇敢にして戦場経験のある部下たちの意見は、一致した。そして、私の指揮官としての決心が表明された。

それは次の戦法であった。

燃料ぎりぎりまでねばって陽動、進出をくりかえし、敵の意表をついて極力、空中において捕捉すること。そしてそれでも空中にあがってこない場合は、低空銃撃により一機ずつ銃撃し炎上させる。それでもなお残敵ある場合は、一部を強行着陸させ、地上において焼打ち戦法にうつる。

強行着陸の場合は、私のひきいる第一編隊は支援、東山空曹長のひきいる第二編隊を着陸部隊とし、マッチ、ぼろきれ、拳銃などが用意された。

大尉、羽切一空曹、東山空曹長、進藤三郎大尉、右に大石二空曹の横顔が見える

中国奥地攻撃に際し、嶋田長官より訓示をうける十二空搭乗員。前列左より横山

囮機と見やぶったエースの貫禄

十月四日、いよいよ決戦敢行の日である。揚子江の上流、宜昌の「ストリップ」が最前線の中継基地である。

零戦八機、陸攻二十七機は、密雲たれこめる四川の山々を越えて、成都へむかって進撃した。さいわいにも成都付近の上空は、雲がきれていた。陸攻隊の猛爆が終わると、いよいよわれわれの活動がはじまる。

まず空中に発見したイ16数機を攻撃、たちまちこれを撃墜。なおも索敵を続行したが、視界内に敵を見ることができなかった。そして果敢な低空銃撃に突入した。

単縦陣の各編隊がつぎつぎと攻撃に入る。炎上また炎上、われわれの経験は囮機と実用機を識別する技能を身につけている。囮の機には眼もくれず、実用機のみを攻撃してゆく。決して無駄な攻撃はしなかった。

そのうちに第二編隊（東山空曹長、羽切一空曹、大石二空曹、中瀬一空曹）の四機が着陸姿勢に入った。四機は予定の行動にうつったが地上銃火の猛射にあい、応戦したがやむなくふたたび飛びあがって銃撃作戦を続行した。

戦闘を終えて引きあげると、なにを血まよったか、ＳＢ一機（中型爆撃機）が、ゆうゆうと飛行場の「パターン」に入ってくるのを見つけた。ここでふたたび戦闘開始。ＳＢ一機は両翼の付け根付近から火を吹きながら、機首を大きく上げると、つぎの瞬間には地上に落ちてゆく。接地と同時に大爆発を起こして炎上した。

そしてわれわれはこの戦闘において、つぎのような大戦果をおさめたのである。

撃墜＝イ16五機、ＳＢ中爆一機。

銃撃炎上＝十九機。

その他、損害をあたえたもの四機。

『海鷲の奮闘のなかでも、ひときわ血をわかせた阿修羅(あしゅら)戦法は十月四日、わが戦闘機隊が世界の遠距離記録をつくって、長翔成都を奇襲し、豪胆にも敵飛行場に着陸、唖然たる敵兵を尻目に、マッチをもって敵機を潰滅した、破天荒の壮挙である……』

これは、その日の戦闘を報じた、当時の某新聞の一節である。

大胆不敵な放れ業

つぎに、当時、着陸した四エースの話を紹介する。
▽東山市郎空曹長（長野県出身、乙飛二期出身）
――太平寺は、じつにりっぱな飛行場だった。広さは千二百メートル四方ぐらいあり、一面きわめてなめらかな芝生(しばふ)だ。

この飛行場には格納庫はなく、引込線に草などでカムフラージュして並べてあった。芝生の上を、のこのこ歩いて見たが、囮(おとり)機のプロペラまでが金属性のものをつけ、実用機と同様に真っ黒にぬって、きわめて精巧に作ってあった。

私はこの日、マッチ、ぼろきれ、ピストルの三つの道具を用意して、最初から敵中着陸の覚悟で行ったのだ。着陸すると、猛烈に地上部隊が乱射してくるので、ピストルで応戦しながら予定の行動にうつろうとした。初陣のとき南郷茂章少佐からいただいた「お守り」は、いまも肌身はなさず大切にしている。

▽羽切松雄一空曹（静岡県出身、操練二八期卒）

——あの日、あんな悪天候をおかして飛び込んだからこそ、奇襲に成功したのだ。敵もまさか成都まで、戦闘機がやってくるとは考えていなかったにちがいない。

離陸したら真上に三機編隊が飛んでいるので、友軍機だと信じきって集合しようと近づいたところ、意外にこれがぜんぶ敵機だった。

くそっと、夢中でこの三機に喰いさがった。上になり下になり懸命に揉み合ったあげく、とうとうぜんぶを仕とめてしまった。

僚機をさがしたが、見当たらないので単機で帰ったが、あの悪天候を、ひとりぼっちで飛ぶ不安と心ぼそさ、これは実際に経験したものでなければわからないだろう。

雲上飛行をつづけているうちに、やっと揚子江が見つかったときの嬉しさ、思わず母の名を呼んだものだった。

▽大石英男二空曹（静岡市出身、操縦練習生卒）

——私が先頭を切って飛行場にすべりこんだ。地上滑走をやりながら、ずっと飛行場の様子を偵察した。猛射のなかにありながら、案外、気持が落ちついていて、あの飛行場の真ん中に日の丸でも立ててやりたい衝動にかられた。

ピストルが故障したので、つづいて降りてきた中瀬一空曹と二人でゆうゆうと修理し、弾丸の装塡をやりなおし、敵の乱射してくるなかを這いながら敵機に近づいた。日本の飛行場に、こんなに敵が降りてきたら、生かして帰さないのだが——と、思わず逆説的に考えた。

二十メートルぐらいの堤のかげから三、四十名のものが、銃口をそろえて射ってくるが、一発も命中しなかった。

▽中瀬正幸一空曹（徳島県出身、乙飛五期卒）

——実戦は、あれが初めてであった。大石二空曹機が着陸の姿勢をとったので、すぐその後につづいた。

低空銃撃を何度もくりかえしても、引込線の敵機が燃えないので、腹が立ってしかたがなかったところだから、降りるなり、大石二空曹と一緒に走っていった。

途中で大石二空曹がマッチをポケットから出そうとしたら、とたんに木蔭から猛射をくわえてきたので、二人とも地上に伏せて応戦した。

敵の射撃がはげしいので愛機にかけもどり、上空に舞い上がってから、敵のSB機が猛火を吐きながら、自分の機とすれすれに地上に墜ちてゆくのを見て、思わず機から体を乗り出し快哉を叫んだ。しかしつぎの瞬間、下から射ってきた機銃のため右のタンクを討ちぬかれた。

味方の飛行機をさがしたが、すでに見当たらず、しだいに速力が減じてゆくので、自爆のほかなしと覚悟をきめ、父から送ってもらった郷里の氏神様の「お守り」を首からはずしたとたん、横の方にひょっこり大石機が近づいて、

「がんばれ、がんばれ」

と翼をふって激励してくれたので、これに力をえて雲の上側にやっとぬけ出し、難航をつづけて、ようやく夕闇のせまるころ基地に生還することができた。

初陣にしては、まさに未曽有の大戦果といえよう。

私は敗戦の日スピットファイアを撃墜した

敵機撃墜の果てに不時着、生還しえたゼロファイターの本土防空戦

当時 二五二空戦闘三〇四飛行隊・海軍中尉　阿部三郎

昭和二十年八月十五日は、零戦搭乗員にとってとくに忘れられない日であろう。各自それぞれ、負けた悔しさ、自分が生き残ったのに死んでいった戦友にたいする後ろめたさと、それと相反する、もう死ななくていいんだという密かな開放感など、局外者には理解してもらえない感情が胸の底からこみ上げてきたのを、今でもはっきり思い出すことだろう。

私は昭和十六年十二月一日、海軍兵学校の第七十三期生として入校した。海のない栃木県の足尾銅山の町に生まれ、群馬県の前橋中学に学び、父の転勤で東京の中野中学に転じ、漠然とした海にたいする憧れから海軍兵学校を志願した。先輩にも親戚にも近所にも、だれひとり海軍関係の人はいなか

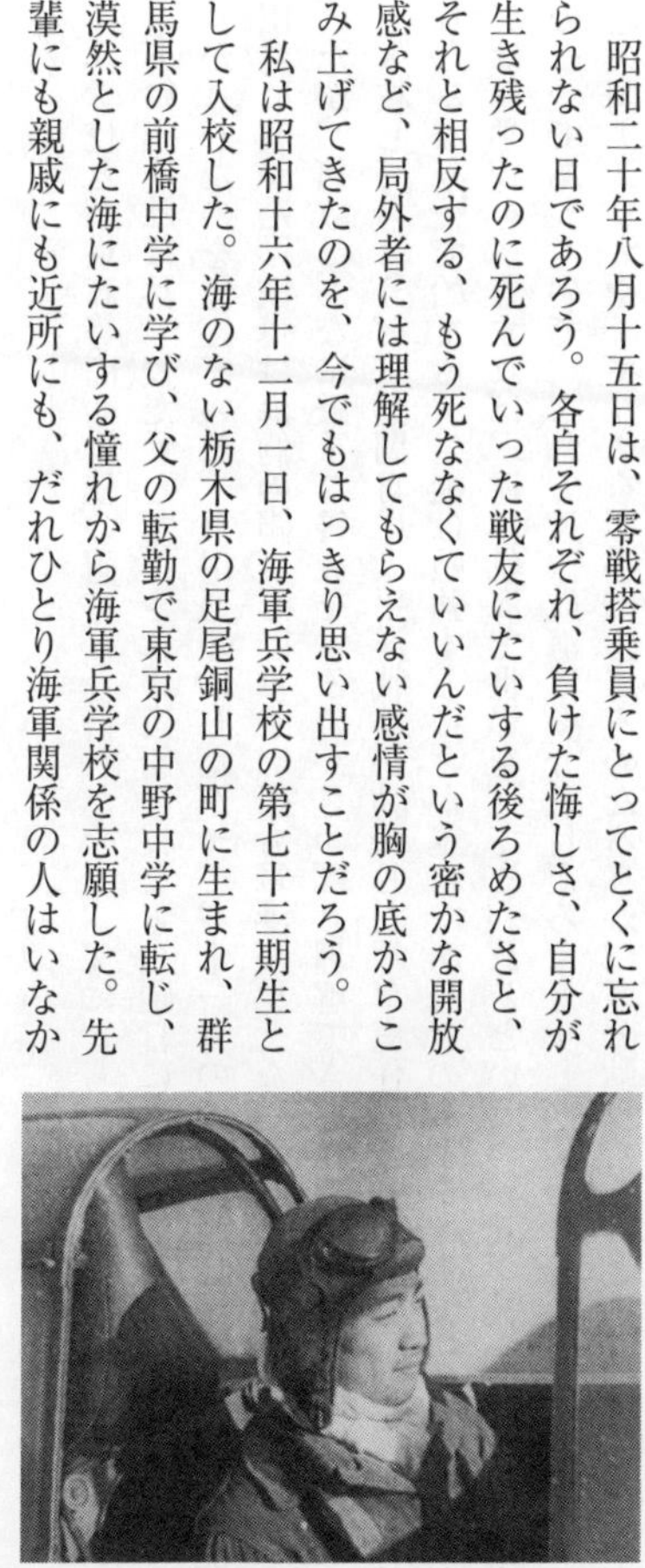

零戦の操縦席におさまる阿部三郎中尉

った。

兵学校と東京高等商船学校の両方に合格したので、父にどちらにしようと相談したところ、言下に「それは兵学校だ」と断言され、商船学校なら日曜日には家に帰れるのに、と少しがっかりしたのを覚えている。採用通知にしたがって、十一月の下旬に広島から呉にいき、江田島に渡った。汽車は海側の鎧戸を降ろし、船も軍港が見えないようにカンバスを降ろしていたが、何故こんなに厳重な警戒をするのかさっぱり理解できなかった。

入校してちょうど一週間目に太平洋戦争が勃発した。草鹿任一校長が「矢はまさに弦を放れたるなり」で始まる、生徒は勉強することが本務であるとの訓示を、青天の霹靂と聞いた。実は兵学校を卒業すれば、遠洋航海で世界を見てまわれるというのが兵学校を志望する理由の一つであったので、これで遠洋航海は多分駄目だろうと少しがっかりした。日本は世界の超大国アメリカやイギリスを相手に勝てるのだろうか、多分駄目だろうというのが、偽らざる心境だった。

新入の三号生徒（一年生）にとって、ラジオはおろか新聞を見ることもできない入校教育中に、一号生徒（三年生）から二〜三百発の鉄拳制裁を頂戴し、戦局の様子も娑婆の模様も何もわからない無我夢中の三号生活だった。

七十一期の一号生徒は昭和十七年十一月に卒業したが、七十二期の二号生徒は昭和十八年の八月に三ヵ月繰上げ卒業となった。そして我々七十三期は昭和十九年の一月に突如三月卒業といわれ、八ヵ月も繰り上げられた。草鹿任一校長の後任の井上成美中将が校長となり、海軍省に「稲は季節がこなければ米に実りません」と力説してくれたが、その意見を聞く耳を持つほど戦局は悠長なものではなくなっていた。

卒業の数日前に、艦船に配属のもの、飛行機の専攻に配置されるものとが発表され、岩国の航空実習で酔って地上に降りるなり嘔吐したものが飛行機にまわされたり、飛行機を熱望したのに艦船配属になったものも出たりして、悲喜こもごもであった。

昭和十九年の三月というと、もうソロモンも取られラバウルは孤立し、アッツ島は玉砕しイタリア軍は降伏し、ソ連軍は反撃に転じ、タラワ、マキンは玉砕、マーシャル群島のルオット、クェゼリンも占領されて、戦局は神風でも吹かなければ挽回のしようもない状況になっていた。戦地から呉に帰投した先輩が、寸暇をぬって江田島の兵学校を訪れ、新聞に載らない戦局を後輩の我々に語ってくれた事実も重苦しく胸の底に沈んでいたが、我々が第一線で活躍すれば少しは戦局を挽回できるのではないかとの気負いもあった。

卒業式後、香取、香椎の練習巡洋艦に乗艦、夜間航行で大阪に上陸して伊勢神宮に参拝。一週間の休暇の後、宮中に参内、天皇の拝謁を二組に分かれて受けた。なにかお言葉でもあるかと期待したが、勅任官でもない候補生に声を掛けてくださるわけもなかった。終わって「賢所(かしこどころ)」に参拝。一人一人が順々に参拝するので、おそらく一時間半以上も直立不動の姿勢であったろう。参拝がすんで「かわらけ」に注いでもらった御神酒のうまかったこと。喉も渇いていたが、生まれて初めて口にした酒が一生離れられないものとなった。

海軍大臣と軍令部総長を兼務する嶋田繁太郎大将を海軍省に訪問、申告をする。同一人物が二度目には参謀肩章をつって軍令部総長として現われたのは、いかにも形式的で鼻白む思いだった。東條のカバン持ちという渾名(あだな)もすでに耳に入っていた。

教官関大尉の重い一言

宮城から退出して皇居前広場で解散したが、これが今生の別れとなったものが多い。とくに艦船勤務となったものは、ほとんどこの時が最後となった。五月の初めには早くもバターン沖で轟沈して戦死するものも出たが、戦後まで個々の消息は全くわからなかった。

飛行機組は霞ヶ浦の航空隊で訓練をうけた。七十期が教官であったが、彼らは本来七十三期の一号として我々をしごく役目であったのに、繰上げ卒業でそれができなかったので、兵学校の入校教育をやり直すつもりで我々をしごいた。まず着任した晩、総員集合をかけてなにやらお達しをいったと思うと、「間隔を開け」と号令をかけ、五〜六人の教官が我々約百名をぽかすかと鉄拳修正する。

我々も一号時代に三号をしごいた経験があるので、明くる日の朝食のときに「昨晩はお疲れさんでした。手が痛くありませんか」とからかうと、「お前ら、殴られるより殴る方が辛いんだぞ、飛行機はぼやぼやすると墜落して死ぬぞ。お前らのお粗末で後席の俺たちが道連れにされてはたまらんからな」と笑っている。

事実、数ヵ月後の夜間飛行で、前席の練習生が交代のとき、間違って翼の前方に降り、プロペラで頭を叩かれて即死する事故が起きた。俗称ペラコンと言った。昼間ならプロペラが遊転しているのは見えるが、夜間は暗くてプロペラが回転しているのがまったく見えない。

交代は、降りるものが翼の後ろから降りて、それから次に乗るものが搭乗するのがきまりであったのに、初めての夜間飛行で気持が動転していたのだろう。その晩のお通夜はさすがに皆、「明日は我が身」という感じで、しゅんとしていた。

事故は毎日のように起きた。練習機は二枚羽根のため、前上方も前下方も見えない死角がある。

着陸して地上滑走をもたもたしている飛行機に後ろからオーバーめに着陸した飛行機がのしかかったり、編隊の三機が飛行場のエンドの上空で解散した途端に接触して三機がもつれ合って墜落し、落下傘がつぎつぎに開いたが、三番機の教官のは開いた瞬間に松林に消えて、我々をひやりとさせた。

背面飛行をした飛行機の燃料タンクの蓋がはずれて空中火災となり、練習生の吉田多摩夫は先にパラシュートで飛び降りて顔面にかなりの火傷（やけど）をしたが、教官は練習生の脱出を確認してから飛び降りたため、教官の磯辺利彦大尉は二目と見られない顔となり、ふたたび我々の前に現われなかったりした。確かに教官も命がけであった。

いちばん悲惨だったのは、水平錐揉みに入った飛行機からやっと脱出した岸野義雄で、パラシュートが開かず、地面に激突して即死した。外傷はどこもなく眠ったような死に顔だったが、パラシュートが固縛されていた。パラシュートはパイロットが脱出して十五メートル離れると、自動的に開くようになっていたが、整備員が落下傘を飛行機から十五メートル以上持ち出して、落下傘が開いてしまい、叱られるのを怖れて紐で縛ってしまったのが原因であった。

あとで全部の飛行機のパラシュートを総点検したが、他のパラシュートは全部正常であった。彼は土佐訛りのおとなしい好青年であった。運が悪いとしかいいようがなかった。最近のスカイダイビングを見ていると、かなりの間、空中でアクロバットなどをやっているので、彼も地上に激突するまで意識はあったのだろう。かわいそうであった。

昭和十九年の六月、あ号作戦（サイパン沖海戦）が惨敗した翌々日、昼食のときに前に座っていた関行男大尉（七〇期）が突然箸をおいて、「あ号作戦の敗北は知っているだろう。もうこうなったら爆弾をだいて体当たりしかない。お前らにそれができるか」と鋭い目をして、じろりと我々を睨んだ。

私は思わず、飲み込んだ食べ物が胃袋にずしんと落ち込むのを感じた。関大尉はそれから四ヵ月後に特攻第一号としてフィリピンで体当たりして戦死した。報道班員に「俺はＫＡ（女房のこと）をアメ公から守るために死ぬんだ」と呟いたという。

筑波空での実用機教程でラバウル帰りの金丸健男上飛曹（操練四四期）と捻り込みをやり、縄ない運動となって勝負がつかなくなるほどの腕前になって得意になっていたが、実施部隊で岩本徹三少尉（操練三四期）に簡単にひねられてしまい、上には上があると恐れ入った。

実用機教程が終了間際に、敵の機動部隊が関東一円を空襲した。硫黄島攻略の牽制作戦であった。味方のレーダー情報が遅れて、空中退避をしようとした教官、教員の練戦（練習用戦闘機）が我々の見ている前でばたばたと落とされ、二月末の卒業式にはほとんど教官のいない寂しい式典となった。

同期の目加田節雄と中村秀正が特攻隊の隊長となって、教員などと九州に出撃していった。

歴戦の岩本徹三少尉

昭和二十年三月の初め、名古屋の明治基地に配属され錬成教育をはじめたが、わずか二週間で九州の国分にいる五航艦の二〇三空戦闘三一一飛行隊に転属命令がきた。名古屋の大空襲の翌日、名古屋駅から汽車に乗ったが、焼け出された人たちの第一種軍装を見る目は冷たく、かつての海軍さんにたいする信頼感はもうどこにもなかった。

汽車を乗り継いで国分の駅から差し回しの車で飛行場に着き、指揮所で着任の挨拶をしたところ、「いよー、珍しい格好のやつが現われたな、そんな格好で飛行機に乗れるか、すぐ飛行服に着替えてこい。これから制空だ」と怒鳴るような発破をかけられた。

幸か不幸か制空は取り止めになり、二日前の邀撃で戦死した搭乗員の士官の遺品整理をやらされた。着任早々遺品整理をやらせるのが、新参搭乗員にたいする何よりの精神教育になるらしかった。

国分の村長さんのお宅の十畳と八畳をぶち抜いた部屋にベッドが十ほど置いてあり、壁にはライカやコンタックスが無造作に掛けられていて、毛布と枕のない裸のベッドの壁に掛けられているのが戦死者の持ち物であった。遺品を柳行李に詰め込みはじめたところ、岩本徹

三少尉が一升瓶を二本もって現われ、

「分隊士、そんなことは従兵にやらせればいいんですよ、まあ一杯やりやしょう」とアルミのコップになみなみと酒をついで、ベッドの通路に座り込んだ。彼はどういうわけで私が気に入ったのか、かわいそうに思ったのか知らないが、私にもコップと一升瓶をつきだした。

差しつ差されつさせないで、一人で一升ずつ肴もないのに飲み干すと岩本少尉は、「分隊士、サイドカーで繰り出しやしょう」と自分は座席に座り込み、私に運転をさせて近所の温泉に繰り込んだ。そして適当な女性をえらんで登楼する。

私はまだバージン（童貞）であったので、最初の女性とはもっとロマンチックなドッキングをしたいとの思いがあり、やりて婆さんとすごく臭いアルコールを呑みながら待っていた。後でそれが芋焼酎と知った。

岩本少尉は毎晩一升瓶を二本もってあらわれ、私を運転手にして温泉に繰り込む。朝はみなが飛行場に着く前に、私を空戦訓練に連れ出す。追蹤攻撃などは八十メートル離れて、彼がバンクを振って戦闘を開始するが、地球が一回、頭の上にくると、岩本少尉の飛行機が私の後ろにぴたりとついていて、彼はにやにや笑っている。こんな筈ではないと何度やり直しても駄目で、ラバウル帰りの金丸上飛曹に仕込まれて得意になっていた腕とは全然違うのにがっかりする。

地上では、こんど来た分隊士は大したことはないな、と皆がにやにやしているだろうと気が気でない。夜になると、一升瓶を持ってあらわれて今朝の訓練の講評がある。それでもよくわからない。こんなことが三〜四日も続いて、どうやら仮免許をもらえるようになった。

その間に支那事変からの岩本少尉の空戦の体験談をぽつぽつと聞かされて、大いに参考になった。彼の撃墜機数は二〇二機という信じがたい数であったが、岩本少尉をよく知っている操練出身の先輩のなかには、あれは彼の隊の戦果で、岩本少尉自身の数字ではないという人もいた。

また、私の視力は視力表の一番下の二・〇だか二・五を規定の距離より一メートル以上もさがっても見えたのに、岩本少尉のはやっと一・〇くらいしかなかった。しかし、実戦になると私の二番機である彼が、全編隊のなかで最初に敵を発見し、エンジンをふかして隊長機のところまで出て行き、敵の所在を教えてエンジンを絞ってさがってくる。

実戦では私が岩本少尉の二番機になる。彼が機銃を発射したときに初めて前方をみると、敵機が目の前にいる。彼の戦法は、空戦に入る前にいち早く高度をとって空戦の様子を見て、編隊からはなれた敵を見つけると急降下し、一撃して有効弾を浴びせかけ、すぐ急上昇してまた様子を窺うという戦法をよくとっていたようだ。

なぜ視力が私よりも悪いのに、五十名の搭乗員のなかで真っ先に敵飛行機を見つけるのか聞いたところ、「敵機は目で見るもんじゃありゃあせん、感じるもんです」という返答が返ってきた。

敵はどのあたりで待ち伏せしているかを考え、敵機の待ち伏せしているあたりまで来ると、太陽の方向、雲高、雲量などを考えてその方向を重点的に見ていると、一瞬きらりと機体が反射するときがある。それを捉えて隊長機まで行きながら、さらにその上空や付近に眼を配るのだそうだ。歴戦の経験からくる勘は見事なものであった。

十三日間の特訓で三～四組が二十五番を抱いて離陸していった。彼らに飛行場のエンドに咲いている桜の小枝を手折って、飛行服と落下傘バンドの間に挿してやりながら、「ぶつかる瞬間まで眼をつぶるんじゃないぞ、俺も後から行く」と肩を叩いて送り出したが、自分のときに本当にぶつかる瞬間まで眼を見開いていられるだろうかと自問自答した。

大和ノ上空直衛ヲトリヤム

昭和二十年も三月の末に、国分から出水に基地移動した。四月六日の菊水一号作戦までには、銀河部隊が毎日のように特攻出撃していった。盲腸が痛くなった偵察員がいた。まだ十六歳くらいの幼さの残っている彼が、傷みに堪えて指揮所で待機している。軍医がいま切らないと生命が危ないといくら言い聞かせても、どうせ死ぬなら三人で一緒に突っ込むのだと頑張っていたのが印象的であった。

私の隊は四月六日の菊水一号作戦のときは何もお呼びがなく、七日の午後、戦艦大和が特攻出撃するので上空直衛をやれ、との命令が六日の午後に出た。搭乗員である私は、いまさら大和が沖縄に突っ込んでも辿り着けるはずもなく、十に一つ辿り着けても、のしあげたときの艦の傾斜が十五度以上傾けば大砲は発射できず、電源が破壊されても戦闘能力はなくなるので、無駄な特攻であると思い、その道連れはごめんという感じが深かった。

それでも整備員は大和の直衛だというので大いに張り切って、徹夜でいつもよりも入念に飛行機の整備をやってくれていた。

七日午後一時ごろ搭乗員整列がかかり、全員が整列した。志賀正美上飛曹（操練五〇期）は今日も落下傘バンドをしないで整列している。制空のときはいつも落下傘バンドをしないので、沖縄なら万一のときには近くの島に降下できるのではないかというと、「落とされるくらいなら、差し違えますよ」と平然としている。

飛行長だか司令だかが、壇上にあがろうとしたときに電報が届いた。「大和ノ上空直衛ヲトリヤムニ」もう一通は傍受したもので、「指揮官ハ生存者ヲ救助シ、佐世保ニ帰投スベシ」であった。大和には悪いが、我々戦闘機隊は本来の制空、直掩、邀撃の任務につくことができた。

数日後、指揮所で待機していると、九六陸攻が突然着陸してきた。指揮所に届けにきた機長から受け取った紙片には、私と後から転勤してきたクラスの池谷秀雄への転勤命令であった。

わずか十五分くらいで荷物をまとめ、飛行場に引き返したところ、銃撃特攻の命令が来ていた。私の番だった。つぎの者に「おい悪かったな、どうせ俺もそのうちにゆくよ、頑張れよ」と握手して、九六陸攻の機長席におさまった。空襲をさけるために、低空を這うようにして四国、大阪、名古屋、箱根、東京と飛び、千葉県の茂原についた。大阪では大阪城だけがぽつんと焼け跡に建っていた。

日本中が焦土と化していた。我々はどうせ近いうちに死ぬのだから仕方がないが、母や兄弟や日本の人たちはどうなるのだろう、という感じが強く胸を打った。我々にできることは、我々が死ぬことによって、日本の負けることが一日でも延びることだけが生き甲斐であり、死に甲斐でもあった。

茂原に着陸しようとして見ると、真新しい零戦が滑走路をはさんで四十機ほど整然と向かい合って並んでいる。関東は長閑（のどか）だなと感じながら指揮所に届けにいった。そこに霞空時代の隊長の柳沢八郎隊長（海兵六四期）がいた。これから鹿屋に進出するという。

「私を連れていって下さい」と頼むと、「お前ら二人は留守部隊で、後から転属してくる者を訓練して、後詰めとしてやってこい」と言う。

そばで新郷英城飛行長が難しい顔をしていたのには気がつかなかった。新郷飛行長（海兵五九期）のことは、ほとんどの零戦乗りが知っているので多くを語る必要はないと思うが、実に立派な武人であった。柳沢八郎隊長は神雷部隊の隊長として、率先、桜花を操縦して突っ込もうとしたが、希望を入れられず、転属を希望して三航艦の二五二空の戦闘三〇四飛行隊の隊長となり、沖縄戦に部下を率いて出撃する寸前であった。

同期の富岡崇吉もいたはずだが、二人とも気がつかずに、全機編隊を組んで西の空に消えていくのを見送った。柳沢隊長は四月十六日に喜界島方面で、富岡は十七日に沖縄特攻で戦死している。

戦闘三〇四飛行隊三十二機の編隊訓練

二五二空には戦闘三〇四飛行隊と戦闘三一六飛行隊の二つがあり、我々三〇四の後詰めの搭乗員が揃ったところで、福島県の郡山で錬成に入り、入れ違いに三一六が錬成を終わって茂原に進出していった。三一六には同期の清水晃と壺倉辰夫がいた。指揮所でほんの五〜六分、ややあと兵学校以来の久闊を叙して別れたが、清水は六月十七日、壺倉は六月二十三日、敵機と交戦し戦死した。

清水は隊長以下の全員が操練や甲飛出身の戦闘機隊の中で、ただ二人の兵学校卒業の士官であったので、それなりに苦労もしたようだが、数度の会敵で戦果を上げられず、最後の離陸のときには今日は落とすまで追いかけると言い残して出ていったという。おそらく深追いしすぎて、電話が自由につかえる敵戦闘機に後ろにまわり込まれてしまったのかもしれない。彼は中学四年在学中に兵学校に入り、十九歳と六ヵ月の生涯だった。

霞空の教官であった森田中尉の従兄弟で都立高校（中目黒）に住んでいた富田晴彦の娘の「とみよ」さんが、白皙（はくせき）でどことなく哀愁の漂うハンサムな清水にぞっこん参っていたが、戦後、彼の戦死を八王子の先の浅川（現在の高尾）の疎開先に報告にいって泣かれて困った。彼女はその後アメリカ人のパイロットと結婚したが、そのパイロットは朝鮮戦争で戦死してしまい、その後に再婚して現在はアメリカで五人の子供を育てて暮らしているという。女性とは、男性にとって理解しがたいところのある存在である。

壺倉の実家は島根県の太田の大きな神社の神官であるが、私が昭和二十九年、墓参をかねて報告にいったところ、父母は他界し兄が神官として後を継いでいた。油ゼミが絶え間なく鳴く真夏の昼下がりであったが、壺倉に似て寡黙なお兄さんが黙って聞いていたその目から大粒の涙がこぼれ落ちるのを見て、もし私が死んでいたら、お袋はどんな顔で小生の最期を聞くことだったろうと思うと、戦さの無情さが身に沁みた。

郡山で訓練中、三番機の引き起こしが遅れたため、四番機が機首は起きているのに沈下が止まらず、地面に激突して殉職した。激突の衝撃で火災を起こし、地面に数メートルも潜り込み、水がわいて手を着けるのが躊躇されるような惨状であった。

顔はそれほど痛んでいなかったので、綺麗に遺体を清めたが、棺桶の中の遺体は下着だけであった。理由を聞くと、衣類は支給品であるので着せられないと主計はいう。怒鳴りつけて、真新しい白の軍装を着せて遺族に対面させた。焼けただれた遺体の臭いが手について、その晩は食事が喉を通らなかった。

仙台が昼間爆撃され、私が指揮官で郡山から離陸して仙台に邀撃にむかった。仙台の上空にたどり着いてあたりを見回したが、敵機の姿は見えず、仙台の市街が炎上しているのを見て、帰ってきて報告した。後で八番機が斜め上空を南下するB29の編隊を見つけて追いかけ、下方から撃ち上げたが、とても届く距離ではなかったという。見張り不十分な、お粗末な指揮官であった。

錬成中に、三号爆弾の攻撃訓練を命じられた。隊長からも具体的な指示がなく、どうやって良いのかいろいろ考えてみた。

高度差と相対速力の差と両者の距離の三つの要素が揃わないと、三号爆弾は命中しない。そこで先ず、降下角度を決めるために各人の座高による目の高さを測定し、前部の風防に水平飛行のときの目の高さに水平の線を引き、その線の長さをB29の翼の長さが六百メートルになったときの幅とした。そして降下角度六十度のときに、水平線がどこになるかを風防に水平線を入れさせた。それでも相対速力までは入力のしようがない。

飛行場のエンドにB29の翼の長さの板を置いてもらい、高度二千メートルから六十度の急降下をして、板の長さが風防の水平の線の長さに合ったときに引き起こすようにした。しかし六十度の降下角度は垂直に突っ込むような感覚で、しかも機速で機体は浮いてきて、操縦桿を押さえてもオーバーしがちになってしまう。これではなかなか、命中はおぼつかないと自信が持てなかった。

錬成がある程度の練度までいった最後に、三十二機の編隊戦闘運動をやった。四機編隊の八つの集団が隊長の左旋回、右旋回、上昇反転にあわせて行動する。

左旋回のときは内側の編隊はいくらエンジンを絞っても前につんのめってしまうし、失速して墜落する危険性も出てくるので、エンジンをふかして右上方に上がってきて隊長の右後方に占位しようとする。反対に右側の編隊はいくらエンジンをふかしても追いつけないので、左側に斜めに降りてこようとする。

四機編隊が三個なら二番目の編隊と三番目の編隊がすれ違うだけでよいが、四機編隊は全部で八つもあるので、編隊同士が右左にすれ違い、同一編隊の中の四機もそれぞれすれ違う場面もあるので、自分の翼の上方の飛行機には全責任を持って行動する。やっと右上の編隊をかわしたと思った瞬間に、右下から自分の翼すれすれを左上方にすれ違っていく編隊が視野に入ると、思わず脇の下にべっとりと脂汗が出てくる。

やっとの思いで着陸すると、全員が手袋からも飛行帽からもびっしょり冷や汗をかいている。この訓練はたった一回やっただけだったが、二度とやりたくない訓練だった。いま考えてみても、実戦にどの程度、役に立ったのだろう。

三一六飛行隊が九州に展開したのを受けて、三〇四飛行隊は茂原に戻ってきた。飛行機で郡山にいき、飛行機で茂原に帰ってきたので、茂原も郡山も町の様子も駅がどこにあるのかも、戦後まで全く知らなかった。

茂原基地でのスクランブル

茂原に戻ってしばらくすると、B25が九十九里海岸を毎日のように超低空で偵察に来るようになった。おそらく上陸地点の一つとして防備の状況を写真偵察していたのだろう。小型機の邀撃を禁止されていた我々は、これを落としに待機している四機が発進する。いまでいうスクランブルである。

そんなある日、私の当直のとき、敵の搭乗員がゴムボートで漂流中との沿岸見張所からの通報が入った。すぐ撃ち殺してこいとの命令で、私を指揮官にして四機が九十九里浜上空にすぐ飛び出した。着色塗料を海に流して潜水艦か飛行艇の救助を待っているゴムボートが、すぐに目に入った。

　操縦桿を切り返して、照準をつけようとすると、彼は慌てて海中に飛び込んで、必死に潜っている。上から見れば丸見えで、潜ったところで何の足しにもならない。機銃掃射は弾痕がよく見えるので、ほとんど百発百中だ。

　しかし、私の銃口はなぜか、無抵抗のパイロットには向けられなかった。彼を助ければ数日後の彼はまた、飛行機に乗って日本人を殺しにやってくるのがわかっているのに。かわりに無人になったゴムボートに向かってほんの数発の機銃弾を射ちこんだ。二番機も三番機も同じことをした。ゴムボートはたちまち粉みじんになって沈んでしまった。

　最近着任したばかりの若い飛長が、泳いでいるパイロットを射った。パイロットは胸を射ち抜かれ、両手を高く上げたとおもうと、鮮血で海水を赤く染めながら、つぶてのようにまっすぐに海中にその姿を没した。帰って任務終了を届けたが、三人ともお互いに顔をそむけてそれぞれの待機場所に戻った。ひとり四番機だけがばつのわるそうな顔をして、私にもの言いたげにしていたのが印象的であった。

　八月五日、定期便のようにやってきたB25の邀撃に上がった分隊長の斉藤義夫大尉（海兵七一期）が戦死した。

　茂原は海に向かって離陸すると、脚が入りきらないうちに海岸線に出る。その海岸線を高度二十メートルくらいの低空で、B25が銚子の方に飛び去る。斉藤大尉と私は前の晩、二人で繰り出し、割烹旅館で一杯やって引き上げてきたので、その晩の話を指揮所でのんびり語

ルに短縮。最大速度565キロ時。さらに武装強化した甲乙丙型も出現した

豊橋基地 381 空の零戦五二型の列線。五二型は翼端折り畳みを廃し翼幅11メート

り合っている最中に、

「電探情報、敵中型機一機、勝浦海岸を北上中！」とスピーカーが叫んだ。待機中の斉藤分隊長は、

「オー、俺の番だ、ちょっと行って来るよ」

そう私にいって隊長にちょっと軽く敬礼して、待機している零戦の五二型丙に乗り込んで、エンジンをふかして離陸していった。編隊を組む暇もないほどのほんの一〜二分くらいして、列機から「分隊長機被弾、墜落」という緊急電話が入った。指揮所ではすぐ墜落地点の上空を旋回させ、分隊長が浮上するかどうかを確認させたが、海岸からほんの百メートルあるかないかの地点にもかかわらず、とうとう分隊長は生還しなかった。

おそらく、松林を過ぎて出会い頭の会敵で、こちらはスピードもついておらず、急激な旋回もできない状況で、撃たれてしまったのだろう。敵は海面すれすれに飛んでくるので、前下方からの銃撃も前上方や後上方からの射撃もやりにくい状態での会敵であったようだ。

七月の下旬には、珍しい戦果があった。例によって偵察にきた飛行機を追い払いにいったが、命中はさせたようだが、戦果不明で引き返してきた。しばらくたって「敵潜水艦、九十九里沖に浮上中」との見張所からの連絡で、待機していた四機が飛び上がった。

ほんの数分で弾んだ声で、「潜水艦が沈んだ、真っ二つになって沈んだ」と叫ぶ声が入ってきた。

もうこの頃は電話もある程度、雑音対策もでき、撃墜したB29の部品のなかに押さえてい

る時だけオンになり、手を離すとオフになるスイッチを見つけて、全機の操縦桿の頭に着けておいたので、スイッチを付けっぱなしにするうっかり者もいなくなり、実用にできるようになっていた。それまでは一人がオンにしてオフにするのを忘れると、搬送波が流れて通信ができなくなる欠点があった。

待機中の四人のうち三人はベテランの上飛曹であったが、一人だけ飛長で着任したばかりの十七歳くらいの少年のような搭乗員がいた。若い彼が真っ先に飛行機に飛び乗り、エンジンをふかして離陸したので、あとの三人は知らずに彼の列機の位置についた。

海上にでた途端、目の前に敵の潜水艦が浮いているのを見て、その飛長がやにわに機銃を撃った。二〇ミリ二梃、一三ミリ三梃からの機銃弾は司令塔に吸い込まれ、司令塔の後部にあった応急弾火薬庫に命中したらしい。

潜水艦は爆発して、真っ二つとなり、文字どおり轟沈したという。あとで三人の上飛曹が、「なんだ、お前が一番機だったのか、この野郎」と笑って頭をこづき、飛長はすみません、すみませんと謝って、皆を爆笑させた。

司令から、お前はまだ未成年だからと、酒の代わりに虎屋の羊羹(ようかん)をもらって、彼は大喜びをしていた。

来襲敵機とオトリ機作戦

茂原から郡山に移動する前に、船団の上空直衛を命じられた。四機で房総半島の上空に来てみると、小さな機帆船が数隻、海岸線に近いところを北東にのろのろと動いている。これが船団なのか、他に船がいないので多分そうだろうと思うが、半信半疑で張り合いがない。娑婆(しゃば)の歌にあった「ああ堂々の輸送船」を無意識に考えていた私が悪かったのか。

どんな態勢で上空直衛をしていたらよいのか、指示もなく見当もつかないので、急降下爆撃をするだろう敵機を上空から一撃かけやすい三千メートルくらいの高度に占位して、ゆっくりと旋回していた。天気はいいし、上空や同高度には全く敵の機影がない。

そろそろ哨戒時間が終わりそうになった頃、ふと下を見ると船団が一斉に海岸に向かってのし上げる態勢を取っている。びっくりしてよく見ると、船団のわきに二つ三つの波紋が立っている。

しまった、と南方の海面を見渡しても、敵の飛行機はまったく見当たらない。船団はやがてまた針路を北東に転じて動き出した。おそらく敵は低空から進入し、パラシュートつきの爆弾を落として、遁走してしまったのだろう。それにしても当方の読みがまったく甘く、船団にたいして非常に申し訳のないことだった。

時間がきたので早々に引き上げて、指揮所の飛行長に届けたが、鬼の新郷さんも呆れたのか、何もいわず手を左右に振って下がれの合図をされてしまった。全くお粗末な直衛であった。戦局は機帆船しか海上輸送に使えないほど逼迫(ひっぱく)していたのである。

郡山から茂原に進出して困ったことは、本土決戦に備えて小型機の邀撃を禁止されてしまったことであった。上述のB25の邀撃は毎日ほどでないし、戦爆連合で飛行場や軍需工場、物資の集積所などを毎日のように空襲に来るのを、搭乗員を掩体壕に避難させて、私が掩体壕の入り口で彼らの攻撃を観察している。

まず、戦闘機が二機でバリカン運動をして地上を制圧しながらやって来る。そのすぐ後ろに戦闘機の集団が戦闘隊形に開いてつづく。その後下方を艦爆が十数機でやってきて、戦闘機の機銃掃射のあとを爆弾を緩降下しながら落としていく。

毎日みていると、爆弾は地上二十メートルくらいで爆発する。おそらく地上の人員や機材を殺傷破壊するように考案された爆弾であろうと思い、隊長に、

「敵は電波の発受信装置をつけた爆弾を使用しているようです」と届けたら、「いくらアメ公でもそんなに銭のかかる爆弾を使うはずがない」と一笑に付されてしまった。戦後、VT信管の砲弾の存在を知って、アメリカの技術水準の高さと、日本人の敵にたいする考えの甘さに、これだから勝てないんだと思い知らされた。

そのうちに敵の攻撃のパターンが見えてきた。飛行場の片隅にオトリの飛行機をつくって、竹や小枝でいかにも本物の飛行機のように見せかけておくと、二〜三日は銃撃をするが、やがてオトリと気づいて銃撃をしなくなる。そこに目をつけて、本物の零戦を四機、オトリに見せかけて置いてみた。これは誘導路のなかの掩体壕に隠しておくと、飛行機を飛行場まで引き出すのに時間がかかって、咄嗟の間に合わない。飛行場にオトリのようにして置いておくと、すぐ送り狼として敵が退避する後ろから攻撃できる。

早速やってみた。敵が退避した後、数分たってエンジンをまわして追いかける。初日と二

日目は敵に損害を与えることに成功した。三日目に、敵はオトリとして置いてある本物の零戦を銃撃し、これを炎上させてしまった。

これに懲りず、今度は格納庫の中にオトリを置いてみた。やはり二〜三日は銃撃するが、燃えないと分かると、銃撃を止めてしまう。数日たって、また本物をオトリのように偽装して置いてみた。敵はのぞいただけで飛び去ってしまった。しめたと、また送り狼をやってみた。それなりの効果はあったが、三日目にはもとのオトリに戻しておいた。敵は何度も銃撃をしたが、反応がないのでまた飛び去ってしまった。

彼らは結構、反省会をしっかりやっているようだった。

飛行場の周囲に陸軍の七・七ミリ機銃をもらったか譲ってもらったのか、十数梃が備え付けられた。敵がやって来ると、飛行機めがけて撃ちまくるが、少しも当たらない。よく見ると応召でやってきた兵隊が臨時に配置につけられて撃っているが、なかには頭を下げて飛行機を見もしないで撃っている。これでは当たるわけがない。

「だれか蛸壺(たこつぼ)の銃座で敵機を撃つ奴はいないか」と聞いたところ、全員が「やります！」との返事。

さっそく翌日、搭乗員を配置につけ、「俺が撃てと言うまで絶対に撃つな」と命令し、十四期の予備学生出身で英語のよくできる少尉を指揮所において、彼らの飛行機用の無線電話を傍受させた。彼らはピクニックに来るような陽気な調子で喋べくって来る。やがて機影が見えてくる。

「東から北に回り込んで突っ込んで来るぞ、まだ撃つな」とスピーカーで注意する。そのうち敵の指揮官が「This is OHARA, This is OHARA」と叫び、つづいて「One Two Three!」と叫ぶと同時に切り返して突っ込んでこようとした。

その瞬間に、私が「撃て！」と大声を上げると同時に、全機銃が火を噴いた。途端に、一番機と二番機がもんどり打って地べたに叩きつけられた。とっさに残りの敵機は、一斉に爆弾を放り出すようにして投下し、雲を霞と逃げ去ってしまった。

敵も勝ちに驕っているときは強いが、いざ指揮官機と二番機が目の前で同時に撃墜されると、一度に泡をくって逃げ去ってしまう。案外に意気地のない連中だった。おそらく相当な人数が恐怖で失禁しながら逃げ去ったのだろう。

搭乗員の誰かが十六文くらい（ジャイアント馬場の履きそうな）も大きい死んだ搭乗員の片方の靴をひろってきて、便所の中に捨てた。それを誰かが小便をするときに「ジョン二等兵の馬鹿の大足」とあだ名して皆の笑いをかっていた。やはり搭乗員が機銃につくと、敵の飛行機への見越しがうまいため、わずか七・七ミリ機銃でも、敵の機体ばかりでなくパイロット自身にも命中したのだろう。

艦船の機銃員も写真銃などをつかって、対空砲火の訓練をやっていたら、もう少し敵機への命中率がよくなっていたのではないか。予算がないといいながら、少ない予算でもっと効率をあげる方法を上級指揮官は考えるべきであったろう。

翌日はオトリ飛行機の先例にならって、蛸壺から機銃を全部撤去しておいたところ、昨日の倍くらいの飛行機がやってきて爆弾や機銃掃射をやったが、こちらには被害全くなしであった。それから、彼らは当飛行場を訪問しなくなった。

八月の初めから、敵の小型機の邀撃を許可されたようで、搭乗員はみな張り切っていた。ただし、ガダルや比島の死闘を経験してきた古い操練出身のパイロットは、いつもと変わらない落ちついた様子で黙々と任務をこなしているのが印象的であった。

郡山のころ、具合の悪くなった飛行機をテストして下さいと、整備の分隊士が小平好直少尉（操練四三期）に頼みに来た。彼は落ち着いてマフラーの上から毛糸の襟巻を鼻の上、目の下までおおい、地上から酸素マスクをつけて飛行眼鏡をきっちりとかけ、静かにチョークを外させて穏やかに離陸していった。

高度千メートルくらいに上昇したとき、突然エンジンが真っ黒な煙を出しはじめた。小平少尉はすぐにエンジンを切って、プロペラを空転させながら飛行場のエンドで左右に激しい切り返しをしながら高度を落とし、二〜三十メートルの高度で引き起こすと同時にフラップと脚を出し、脚が出きった瞬間にふわりと接地した。

救急用のトラックが駆けつけると、助手席に乗り込んで指揮所にむかい、エンジン不調の原因を克明に報告して静かに椅子に腰をおろし、何事もなかったように毛糸のマフラーを首からはずした。

私が近づいて、「エンジンを掛けたままの着陸の方が安全でしょうに」と聞くと、「エンジンをすぐ切らないと、エンジンを痛めますから」との返事が返ってきた。私ではとても咄嗟の間にあれだけの冷静な着陸はできないと、ベテランの技量の奥の深さに感じ入ったことであった。

一瞬の白昼夢のごとき敵機撃墜

八月七日ごろ、夜八時過ぎに突然、「敵大艦隊、小笠原列島を北上中」との緊急連絡が入った。

さあ、いよいよ本土上陸かと、搭乗員を宿舎から飛行場に集合させ待機に入ったが、一時間ほどして、ただいまのは夜光虫の誤りとの通報が入り、本土も「水鳥の羽音に怯えて逃げ去った平家の軍隊のように成り下がったか」とほっとしたり、がっかりしたりもした。

八月十四日の午後、敵の機動部隊が銚子の沖六十浬に数群遊弋（ゆうよく）中との電報が入り、明朝黎明を期して、制空をかけることになった。整備員は徹夜でエンジン、兵器、電話とそれぞれベストを尽くして整備にあたってくれた。

早朝三時に搭乗員を起こしてトラックに乗せ、飛行場に向かう。飛行場には各小隊、各中隊の順に整然と列線をとって飛行機が並べられている。薄明るくなるころにはミストが飛行場をおおい、指揮所のZ旗が見えない。私は暖気試運転を終わった愛機から翼に降りて、電話で指揮所からの指示を聞いていた。

数日前に早稲田出身の本間忠彦中尉が、二晩つづけて敵の飛行機に撃墜され落下傘降下をした夢を見たと、私に話しかけた。私はそれは逆夢（さかゆめ）だよ、きっと敵の飛行機を撃墜する前兆だよと元気づけていたことを思い出していた。

彼の夢はその後、一時間もたたぬうちに正夢となった。

応召の年取った整備兵が燃料車の上に乗り、私の飛行機に燃料を補給しはじめた。整備の下士官が「ゴーヘイ」という声にあわせて、ホースをコックの穴に入れ、燃料を補給しはじめた。つと一人の整備の下士官がエンジンの調子を見ようとしたのだろう、翼の上に駆け上がって、スロットルレバーを二、三度前後に動かした。その瞬間に二〇ミリ二梃、一三ミリ三梃の機銃が一斉に咆哮した。

彼は私がメインスイッチをオンにして電話を聞いていたのに、気づかなかったのと、スロットルレバーと一緒にレバーの上に付いている機銃の発射レバーを同時に引いてしまったのだった。ちょうど燃料補給をしている応召の年輩の整備兵の真ん前に二〇ミリ機銃があったから、ほんの一・五メートルくらいの距離で機銃弾はまともに整備兵の腹部に数発が吸い込まれていった。

整備兵は何が起こったのか理解しかねるような、しかも経験したこともない痛みに堪えながら、私の目をじっと見ながらくずおれていった。不思議なことに傷口からは一滴の血も出ず、体の後方から弾丸が飛び出した形跡もなかった。レバーを引いた下士官は脱兎(だっと)のように駆け去ってしまい、燃料が倒れた整備兵の手元から流れ落ちていた。

私はとっさに右隣りにいた森田一飛曹の飛行機に駆け寄り、「おい降りろ、俺が乗る」と叫んだ。森田一飛曹はその剣幕に驚いたのか、素直に飛行機を譲ってくれた。半旗だったZ

零戦五二型丙。翼内側（右）に20ミリ2梃、翼外側と機首に13ミリ3梃

旗が引き上げられて、さっと降ろされた。出撃だ。隊長の区隊からエンジンを噴かして、一斉に海岸の方角に離陸をはじめた。私は離陸直前のアクシデントで飛行機を代えたため離陸が遅くなり、最後の離陸となったようだ。

落下増槽までつけた燃弾満載の零戦五二型丙は予想より遙かに重かった。目の前に松林が立ちふさがってくる。駄目だ、離陸は無理だと一瞬スロットルレバーを引きたくなる気持にうち勝つように、「回せ引け」という赤ブーストを一杯に引きながら、操縦桿をぐいと引いた。

同時に脚入れ操作をおこなった。目の前の松の梢が翼をかすめた。途端にミスト（あさもや）に突入した。しばらくは霧中をじっとスピードメーターとコンパスを見つめて高度をとるしかない。ほんの十数秒だったと思うが、前を上昇しているであろう味方の飛行機に接触すれば、両方とも命はない。じっと針路を保つ以外にない。

ぽっと、本当にぽっと雲海の上に出た。真っ赤な太陽が水平線から上がりはじめたばかりだった。見渡すと、隊長機を先頭に編隊を組みはじめながら、東の方向に高度を取りつつある。私は突然、飛行機を乗り換えたので出発が遅れ、自分の小隊に追いつこうとしても、なかなか追いつけない。とりあえず、鴨小隊の鴨番機の位置まで追いつこうとエンジンを噴かした。

突然、冒険ダン吉という漫画に出てくる愉快なキャラクターに似ている、カリ公という渾名の田中宏中尉が、

「隊長、隊長、敵の編隊、右前方から近づきます」とよく通る甲高い声で叫んでいるのが聞こえた。隊長もすでに敵を発見していたらしく、右上方から回り込んで左にバンクを取りながら、絶好の射点から突っ込みはじめた。

「何だ、隊長は最後尾の飛行機に降って行くではないか。なぜ一番機をやらないんだ。これでは後の飛行機が降って行けないではないか?」

私は思わず叫んでいた。隊長とすれば、一番機に降ってゆけば、後ろの敵機が腹の下から撃ち上げて来る。そこで最後尾から撃墜しようという考えがあったのだろう。たちまち乱戦となった。周囲は味方と敵の飛行機が飛び交い、私はどの敵を狙えばよいのか、判断に迷った。

突然、目の前を一機の敵機が右横から左下方に逃げてゆく。岩本徹三少尉に教わったことが頭にひらめいた。すぐに左にバンクを取りながら、エンジンを全開して追いつめる。

私は陸上での射撃はうまかったが、飛行機での吹き流し射撃は一発も当たらなかったので、

相手の顔ではなく、相手の表情が見えるまでは発射レバーを引かないことにしていた。このときも本当に至近距離まで近づいた。

敵は気配を察したのか、左後方を振り返って一瞬、私と視線が合った。彼の表情に絶望が走った。その瞬間、私の機銃が火を噴いた。照準器を見る必要もなかった。おそらく距離は二十メートルも離れていなかったろう。発射レバーを引いた途端、彼の頭が半分ほど吹き飛んだ。風防が真っ赤になった。

敵の飛行機はのけぞるように虚空に舞い上がり、私の飛行機は危うくその真下を駆け抜けた。ほんの一瞬の白昼夢のようだった。

英機との対決のはて不時着

私は列機を探した。はるか右方向、太陽を背にして二機がやって来る。低翼単葉だ、列機だ。だが少し翼が長いようだ。でも太陽を背にしてよく見えないし、今までアメリカはすべて中翼だった。尾翼の番号をよく見せてやろうと、しばらく近づくのを待った。自分が飛行機を乗り換えたことはすっかり忘れていた。やはり動転していたのだ。

約二百メートルくらいに近づいたので、「おい、俺だ俺だ」というつもりで、バンクを振ろうとした。そのとき、ふいに死んだ斉藤大尉の顔が左横に現われ、「馬鹿、逃げろ」と叫んだ。その瞬間に二機の翼の前縁が火を噴いた。その火箭（かせん）を見たのと、斉藤大尉の注意にはっとしたのとどちらが早かったか分からないが、反射的に左に一杯バンクを取って、避弾操作をしていた。

　真っ青に澄んだ青空になぜ斉藤大尉の顔がはっきり見えたのか、私は斉藤大尉を兄貴のように思っていたし、斉藤大尉も私をなんとなく親身に感じていてくれたらしい。斉藤大尉のあっという間の戦死の後、夜よく夢を見た。二人で酒を飲みながら馬鹿話をしているたわいのない夢だった。

　しかし、すさまじい音と、鉄パイプで思い切り右足をぶん殴られたような痛みで我にかえった。

「この野郎、俺を敵と間違えるやつは誰だ。降りたらぶん殴ってやる」と思って左頭上を過ぎてゆく二機の機体を見た。「日の丸ではない、アメリカのマークでもない。あれ、イギリスだ。何でイギリスがこんな所にやって来るのだ。よーし、反航戦でやっつけてやる」

　すぐにバンクをとって反航戦に入った。何も見えない。しかし、潤滑油パイプも射抜かれているためか、風防の前が油でべっとりと汚れて、何も見えない。仕方がないので風防を開けて顔を左に出して見る。途端に飛行眼鏡がべっとりと油がついて見えなくなった。仕方がないので風防を閉め、眼鏡をはずして敵が撃ってくるのを待つ。

　待つ間もなく真っ赤な火箭が目の前を切り裂いてゆく。すかさず私も発射レバーを引く。敵の弾丸が当たるなら、私の五梃の弾丸も命中するだろうとの計算だ。頭上すれすれを二機のスピットファイアが矢のように飛び去る。すかさず左横にいっぱいスティックを倒しながら、垂直旋回に入る。

横は見える、敵もこちらの動きを見ながら必死にスティックを引いているのが分かる。風防の前方の油で見えないところで舵を戻し、敵の撃って来るのを待つ。

また火箭が私を包む、私も応戦する。どちらも命中しない。また頭上を二機が飛び去る。左に垂直旋回をしながら敵を見る。

ふと計器板に目を走らせる。しまった、油圧が下がっている。このままではエンジンが焼き付く。もう駄目だ、脱出だ。垂直旋回をさらにハーフロールにして、真っ逆様に雲海に飛び込んだ。そのときに黄色い落下傘が二つ、白い落下傘が五つ空に浮いているのが視野の片隅にはいった。一人は頭を垂れて絶命しているようだった。

逃げるとなると無性に怖い。エンジンを絞る。エンジンは全開のままで引き起こす。スピード計を見ると、針はわずか一二〇ノットしか指していない。どうしたのだ。それにしても、引き起こした時のGの強さはなんだ。エンジンを絞る、スピードメーターは音もなく下がってくる。百ノット、八十ノット、六十ノット、失速速力だ。それでもさらにゼロに近づく。

このままでは失速だ。下は地面なのか海面なのかも分からない。とうとう、針はゼロを指してしまった。スピードゼロで飛んでいるとはどういうことだ。舵の利きはすごく敏感だ。そのうちに針はマイナスを指しはじめた。私の頭は混乱の極に達した。マイナスのスピードでなぜ飛行機が飛ぶんだ。そのうちに、針はどんどん真下から右下方に逆回転しだした。

（分かった！　飛行機は制限速度を超えてハーフロールをやったのだ）よく制限速度をオーバーして、空中分解しなかったものだ。下の方に地面が見えてきた。どこだかわからない。

エンジンが息をつきだした。油圧がゼロに近づいてくる。どこかに不時着しなければと思うが、平らな所は見当たらない。やっと少し平らな所を見つけて近づいたが、穴がたくさん掘ってある。機銃陣地らしい。こんな所には降りられない。落下傘降下をするには、高度が低すぎる。

機首を右にまわして十数秒飛んだら、川が見えた。しめた、この河原に不時着しよう。右に旋回しながら状況を見る。真正面は油で見えないので、横方向で確認して大体の方向を決めてフラップを出す。潤滑油のタンクをやられているので、他の部分もやられているに相違ない。無事にフラップが出るのか。

ややあって、飛行機に浮きが感じられた。どうやらフラップは開いたらしい。やれやれと思った途端、目の前に電線が数条飛び込んできた。スティックを夢中で押して危うくかわす。高圧線を引っかけ損なったのだ。

機速がこの操作で予想以上についてしまい、鉄橋が目の前に迫ってきた。鉄橋をくぐり抜けるほどの馬力はもうない。しかし、機速はまだ十分すぎるほどある。仕方がないので翼を左に傾け、地面を軽くこするようにして滑り込んだ。トウモロコシの茎を何十本と切り落としたようだ。両足は計器板の上にかけ、右の肩口まである一三ミリ機銃に肩を抜かれないように操縦桿を力いっぱい手元に引き、エンジンを切った左手は計器板を必死に支えながらの接地だった。

接地の瞬間のスピードはなんと一三〇ノット（秒速六十五メートル）だった。すごいショックで飛行機がもんどり打って一回転して宙吊りになったような気がして、もう駄目だと思った瞬間に飛行機は止まった。

自分が水平状態で着地していることに気がついた。とっさに座席の後ろの無線電話の水晶発振器を抜きとった。どこか怪我はないか、頭に傷はないか、飛行眼鏡は割れていないか、血は流れていないか、あちこち触ってみるが、どこもなんともない。

飛行機を一機駄目にして、涼しい顔で隊に帰ったら、どんな風に皆に見られるのだろう。少し恥ずかしい気がする。飛行機の外に降りて、右足が痛むのに気がついた。飛行靴の上部に一ヵ所、飛行靴に二ヵ所の穴がある。そこから血が出たのがすでに乾いている。飛行靴を脱いで飛行服の上からそろそろと触ってみる。骨には異常はないようだ。少し力を入れて押してみる。筋肉の中に弾丸は刺さっていないようだ。擦過傷だ。やれやれよかった。

鉄橋の傍らの交番の巡査がおそるおそる近づいてくる。大声で、左の二の腕の軍艦旗のマークを示しながら、日本海軍のパイロットだ、と叫ぶと安心したようにそばに寄ってきて、「どうしました、怪我はありませんか」と聞く。

大丈夫だ、ここはどこですかと聞くと、千葉県の市川と東京都の小岩の境の鉄橋だという。銚子から相当沖合に出たのにこんなに西の方にまで、戦闘が移動していたのか、敵も逃げないで向かってきたのかと思う。

巡査がおそるおそる、先ほど鉄橋に銃弾が飛んできましたがと聞く。エンジンを絞ったときに発射レバーも一緒に引いてしまったことを思い出す。エンジンをやられて電気系統がいかれて、弾丸が出たのでしょうとごまかす。やはりあがっていたのだろう、少々うしろめたい。飛行機を見ると、三枚のペラはこれ以上密着できないほどカウリングに押しついている。弾丸の痕はエンジンの部分から尾翼の付け根まで、見事に等間隔に当たっている。全部で二十以上もあった。左右三梃ずつの一三ミリ機銃が二機合計で十二梃あり、これがわずか二百メートルで発射すれば、これくらいは命中されても仕方がない。

不可解なる時の流れ

戦後の資料を読むと、沖縄戦のときすでにイギリスは極東に空母一隻を派遣していたとのこと。我々第一線のパイロットにはそのような情報は少しも伝わってこなかった。だいいち私が撃墜した飛行機も後で考えれば、スピットファイアで二重の赤褐色の丸が胴体に書いてあったのを見ていたのに、全く失念し、その編隊が私を撃墜しにやってきたのに、こちらは列機とばかり思っていたというお粗末さだった。

巡査が通りかかったトラックを止めて、私を乗せてくれた。荷台に腰を下ろして時計を見ると、朝の六時だった。私は何度も時計を振って止まっているのではないかと耳に当てた。時計は正確に時を刻んでいた。

おかしい。私の感覚ではもう昼はとうに過ぎている筈だ。なんでこんなに時間が違うのだ。後で考えると早朝の四時前から、色々のことがあった。

ミストが深く指揮所がよく見えないので、翼の上に出てメインスイッチを入れて電話で出撃の命令を待っていたこと。燃料車がやってきて、その上乗りの応召の整備兵が私の飛行機の二〇ミリ機銃弾をうけて、私を恨めしそうに見つめながら絶命したこと。エンジンレバーを引いた下士官はいち早く遁走してしまい、誰であったかも分からなかったこと。縁起の悪い自分の飛行機を捨てて、二番機に乗り換えたこと。そのために三番機以下はこの変更を知らぬまま離陸してしまい、私の発進が遅れ、追いつく前に敵と戦闘になってしまったこと。隊長が敵の一番機を攻撃せず、全くの混戦になってしまったこと。

いきなり私の飛行機の前面を遁走してきた敵機を至近距離から撃ち、パイロットの頭の半分がざくろが砕け散るように風防を真っ赤に染めて、飛行機ははるか虚空に舞い上がっていったこと、私はこれを間一髪で避けたこと。

太陽を背にして低翼単葉の飛行機が二機、やってきたこと、私はこれを列機と勘違いしたこと、発砲される寸前に、青空にいきなり死んだ斉藤大尉が現われて私を叱咤したこと。

その列機と勘違いした飛行機に撃たれたこと。ものすごいショックを機体に感じるとともに、右足を鉄パイプで思い切りぶん殴られたように感じたこと。避弾操作をしながらもまだ、列機と思い尾翼の番号を読みとろうとしたら、それが列機でなく、アメリカでもない、イギリスのスピットファイアであったこと。

反航戦を二度やったが、前方が見えず、効果は不明であったこと。そのうえ油圧が下がり、エンジンの調子が悪くなり、戦闘を中止して戦場を離脱したこと。そのときに黄色い落下傘が二つと白い落下傘が五つ、青い空を背景にのどかに浮いていたこと。そのうちの一人は頭をたれて絶命しているように見えたこと。

あとで知ったことだが、その頭をたれて絶命していたようなパイロットは、二晩もつづけて撃墜され落下傘降下の夢を見た本間中尉だった。彼はグラマンが機首を向けるのを見て、死んだふりをして危うく機銃掃射を免れることができたという。

普段なら目の前が真っ暗になるほどのGを掛けながら背面ダイブをやったのに、すこしも体に応えなかったこと。スピードが段々ゼロに近づきゼロになり、やがてマイナスになり、やっと制限速力を超えるほどのスピードであったことに気がついてほっとしたこと。不時着地点を探し、高圧線を引っかけるような危険な滑り込みをどうやらこなしたこと。

——これらをつぶさに思い出してみても、朝の六時は納得できなかった。それほど緊張していたのだろう。

国敗れて山河あり

ふと見ると、荷台に一人の中年の男性が国民服を着て座っている。彼が「今日、天皇陛下の玉音放送がありますが、知っていますか」と聞く。

「知っています」「どんな内容の放送か知っていますか」

「多分、ソ連も参戦したので、国民は頑張れということでしょう」「いや、そうではないのです。戦争を止めるのです。日本は負けたのです」

「そんな馬鹿な！」

私の剣幕に彼は顔色を変えて荷台の一番遠くに逃げながら、手を左右に振って、「落ち着いてください。本当です。私は朝日新聞のものですが、間違いありません」

私の頭は混乱した。「まさか、まさか」それ以上に脳細胞は何も考えることが出来なかった。

トラックは幸い茂原の近くの本能というところまで、私を乗せてくれた。ちょうど玉音放送が始まっていた。聞いたことのない声で少しオクターブもアクセントも違う声が、「万世のもと太平をひらかん」と言っていた。これは間違いなく天皇の声だと直感できた。そうか、あの新聞社の人の言っていたことは本当だったんだ。

とにかく急いで隊にもどらなければと、民家の人に自転車を借りて、指揮所に駆けつけた。指揮所では新郷飛行長が黙ってキャンバスの椅子に体を埋めて、アナウンサーの解説をじっと聞いていた。私が、

「届けます！　銚子東方海上で敵戦爆約六十機と遭遇、空戦の結果、敵スピットファイア一機を撃墜。その後、敵スピットファイア二機と交戦し被弾。市川付近の河原に不時着。トラックに便乗して帰って参りました。戦場離脱の際、落下傘七個、うち黄色が二個降下しているのを望見しました」

飛行長は黙ってうなずいただけであった。ややあって、「信号兵、警戒警報解除」と命令した。信号兵は一瞬びっくりしたように飛行長の顔を見たが、

「はい、警戒警報解除」と復唱して、指揮所に吊してある長いカラの酸素ボンベを、カ〜ンカ〜ンと鳴らしはじめた。警戒警報はもう何年もだされっぱなしで、空襲警報が出されてはまた警戒警報にもどっていた状況だった。

陽炎がゆらゆらと立ち上る、ぎらぎらした飛行場にその音は静かに静かに吸い込まれていった。飛行長の目から大粒の涙が静かに頬を流れていった。それを見て私も思わず涙がほとばしるように流れはじめた。涙はいつまでも流れつづけた。そして張りつめていた緊張が涙のなかに解け去ってゆくのを感じていた。

軍医長が「阿部中尉、すぐ医務室にいって応急手当をしないと破傷風になります」と親切に忠告してくれたが、私にはそんなアドバイスも耳に入らなかった。ただ、悔しい、情けないという思いの中に、これで死なずに済んだという恥ずかしいような思いもこみ上げてくるのを押さえられなかった。

当日の戦果は撃墜十七機、我が方の未帰還機七機と報告された。私の撃墜したスピットファイアは、追いかけていた味方の零戦も撃墜と思ったであろうから、おそらく二機と計算されていたのだろう。

甲高い声の田中中尉は未帰還であった。正夢の本間中尉は何ヵ所か包帯をした姿で飛行場に帰ってきた。私は田中中尉が負傷しながらも生き残ったのを戦後四十年以上たって、有賀中尉から知らされた。その有賀中尉は特攻戦没者名簿の完成に尽瘁(じんすい)して数年前に死亡した。癌だった。

黄色い落下傘はイギリスのものと聞いた。数年たって知ったことだが、当日イギリスのスピットファイアは八機がアメリカの空母に乗ってやってきたそうだ。八機のうち一機は私が落とし、あと二機が落下傘降下をしているので、少なくとも三機は撃墜されたことになる。

戦後四十年たって、イギリスのロンドン郊外のロイヤル・エアフォース・ミュージアムを訪れて、スピットファィアと対面した。あの時の精悍さはなく、ただの金属製の物体が置いてあるだけに感じられたが、頭が半分飛び散った彼の冥福をそこで祈ってきた。戦後に見た「頭上の敵機」に似た風景の飛行場の跡地に、この博物館はあった。

敵はこの日の正午の戦闘停止を知っていて、最後の空襲をしかけてきたに相違ない。当方は今日で敗戦とも知らず、今日から本格的な反攻をはじめる初日と張り切って出撃した。

後で知ったことだが、隊の通信士は敗戦のことを知っていたが、うっかり言ってどやされてはと思い、黙っていたとの説もあった。新郷飛行長とは戦後四〜五年たって、お会いしたが、「もし敗戦を知っていたら、出撃はさせなかった。そうすれば何人ものパイロットを殺さずに済んだ」と残念がっていた。

その晩は灯火管制の暗幕も取り払って、沈痛な思いで黙々と呑んだ。死ななければとの思いが強く、どうせ死ぬなら飛行機の翼の上でと、飛行場に置かれている零戦の翼の上にあぐらをかき、使ったこともない日本刀を抜いて腹を少しついてみたが、チクリとして痛い。もっと呑んでから死のうと宿舎にもどって呑みつづけ、そのうちに寝てしまった。

翌日、敗戦のショックと二日酔いのガンガンする頭をかかえて飛行場に出てみたら、昨日と全く同じ太陽が東の松林からまばゆい光とともに上がってきた。あれほどの大変なことが昨日、日本にも私の身にも起こったのに、天地は少しも変わったところがない。このときほど「国敗れて山河あり」を強く感じたことはなかった。

復員前後の人間模様

厚木の航空隊から戦闘機が低空で飛来し、「海軍航空隊は降伏せず。君側の奸を葬れ」とのアジビラを飛行場に撒いていった。

新郷飛行長はさっそく、われわれ士官をあつめ軽挙妄動をいましめると同時に、隊内の軍紀風紀を厳重に取り締まらせる一方、復員する兵には持ち帰らせる物資の明細を知らせ、それ以上を持ち出すものは厳重に処罰する旨を通告した。同時に我々士官を見張りに立たせ、なかには持ち出して自分の家に隠匿した者の家まで人をやって、取り戻させるような徹底的な処置をとった。

私は、ここ旬日で戦死したものの遺骨を横須賀鎮守府まで届けることになった。全部で九柱の白木の箱をもって、陸戦服に長剣をつって初めて茂原の駅から横須賀までいった。

夕暮れに横須賀の駅に着いた。アナウンスが大阪、九州方面に復員するものは○番線の無蓋貨車に乗れと放送すると、手や背中に荷物を持った復員兵がワーッと線路に駆け下りて、われ先にとよじ登る。雨はかなり降っているが、誰もそんなことには無関心のように乗り込む。

我々が白木の箱を抱いて二列縦隊で歩くと、さすがに道を空けてくれる。やっと横鎮にたどり着いて、担当の主計少佐に委細を告げると、

「あした米軍が進駐してくるのに、こんな余計なものを持ち込んで来て」と、けんもほろろ。かっと来た私が、「余計なものとは何だ！　英霊に対して何ということを言うんだ。事と次第では唯ではおかんぞ」

思わず日本刀をギラリと抜いて胸元に突きつけた。少佐は慌てて、

「悪かった悪かった。こちらも取りこんでいて、つい無礼なことを言ってしまった。すまんすまん」と平謝り。結局、山上にあるお寺に届けて安置してもらうことにした。私は咄嗟に、

「安置して帰ってきたら、この兵隊にちゃんとした食事を出してくれ。彼らはこれから千葉県の茂原まで帰らなければならないんだ。できれば今生の思い出に士官食を出してくれ」

少佐は「分かった分かった、言うとおりにするから早く安置してきてくれ」。山上のお寺は、すぐに事情を呑み込んで、親切に本堂に安置してくれた。斉藤大尉の遺骨ならぬ遺品の入った白木の箱も、私の目の前で二〇ミリ機銃弾を受けて死んだ応召の中年の兵隊の遺骨も、その中に含まれていた。私は懇ろに頭を下げて黙礼して、また横鎮にもどった。

やっと食事にありついて、駅まで帰ってきたが、今度は白木の箱がない。もう一般の復員兵と変わるところがない。やっとの思いで満員の車輛に乗り込み、どうやら両国の駅まではたどり着いたが、それから先の電車もない。両国の水交社も焼けてしまって、泊まるところもない。下士官兵に謝って駅のベンチでごろ寝をしてもらい、翌日の昼ごろ、空きっ腹をか

かえて航空隊にもどってきた。

我々が横鎮に出発した後、新郷飛行長は総員を集めて、軍艦旗を焼き「我々は大石内蔵助の心境で再起をはからねばならぬ」と訓示したという。がらんとした士官宿舎にも兵舎にも人影はまばらで、復員を禁止された現役将校は、マッカーサーの何分の沙汰があるまで、筑波海軍航空隊に退避して蟄居することになった。

朝鮮の元山から飛行機で脱出し、最寄りの飛行場でガソリンや食事を補給しながら着陸してきたクラスの寺崎宗宏が「おい、お前こんなところで何やってるんだ、俺は帰るぞ、あばよ」と座席の後ろに詰め込んだ数人の部下と落下傘バッグになにやら詰め込んだ荷物を持って、消えていったりした。

新郷飛行長はすべての敗戦処理を完璧にこなした後、自室にこもることが多く、われわれ若手士官は飛行長が自決でもされてはと、密かに飛行長の部屋の様子を窺ったりしていた。飛行長は九月になって復員のとき、踵のない兵員用の靴下一足に米をつめて、あとは何も持たず、九州まで飄然と帰っていった。

私は復員してみると、疎開先の家は敗戦の日の未明、B29の焼夷弾で丸焼けになり、畳もない茣蓙をしいただけの臨時に借りた部屋で、母と八人の兄弟がやっと顔を揃えることができた。母は代用食の夕食後、「三郎が無事に帰ったので、今夜からお茶断ちをやめて、お茶を飲ませてもらいます」とやっと持ち出した父の位牌に報告して、本当にほっとしたようにお茶を飲んだ。私は女親の執念にも似た愛情に、胸を突かれる思いだった。

これが俺の十八番「垂直攻撃法」の極意

昭和十七年二月二日〜三日／ポートモレスビー爆撃行

当時 千歳空先任分隊長・海軍大尉　岡本晴年

太平洋戦争開戦を目前にした昭和十六年十一月二十七日、千歳（ちとせ）海軍航空隊の第一派遣隊は五洲丸に乗って、遠くトラック島にむかった。

広漠たる大陸の空で、自慢の腕に、よりいっそう磨きをかけた私にとって、北方の護りはいささかモノたりない気持で、不遇をなげいていた矢先に〝フンドシ一本もって南へ行け〟との命令は、まさに千載一遇のチャンス到来として、武者ぶるいを禁じえなかった。

フクチャンの愛称をもつ茶目（ちゃめ）っ気たっぷりの福本二飛曹、隊内随一の美青年と自慢する石川清治飛行兵曹長など、歴戦の猛者たちも、このトラック行きが単なる配置替えではなく、目前になにか重大なことが起こるのを暗示して、緊張感がひしひしと感じられていた。

しかしトラックに着いて、その期待はもののみごとに裏切られた。宿舎の設営、滑走路の

岡本晴年大尉

整備など、まったく意に反した作業ばかりであった。

その合い間にやるキャッチボールや相撲などでも、どうみても、やる気などさらさらないというありさまだった。

そんな味気のない数日がすぎて、やがて運命の日——十二月八日を迎えたのである。基地内は異様な空気につつまれた。初攻撃の目標、それに気の早いやつは、おたがいの戦果を予想し合っているものもいる。

じつに頼もしいかぎりであった。

しかし、肝心の飛行機がない。真珠湾で戦友たちが奮戦しているというのに、一機の飛行機も持たないわれわれは、ただ切歯扼腕するのみであった。

それでも翌九日には輸送船が入港して、機材の陸揚げがおこなわれた。パイロットたちの喜びようは大変なものだった。

ただちに組立作業にかかった。整備員は徹夜の突貫作業である。すでに戦いの幕は切って落とされているのだ。一日でも、いや一時間でも早く飛行機を飛ばさなければならない。

高揚しつつあるパイロットの士気をそこなわないためにも、また付近の住民に不安を感じさせないためにも、一刻も無駄にはできないのだ。最初の一機が完成して、試験飛行をかねて私が飛び上がったのは、十一日の午後であった。喜びの喚声あがる基地を眼下にしたとき、私はふたたび数日前の武者ぶるいを身体に感じた。

温情あつき鬼隊長

その後、われわれはトラック基地において、来たるべき決戦にそなえて日夜、はげしい訓練に明け暮れたのである。

訓練といえば、いまでも思い出してはひとり苦笑するデキゴトがある。私をこれほどまでの腕達者（自称？）に仕込んでくれたのは、当時、海軍のパイロットたちから〝鬼隊長〟とまでいわれた五十嵐周正少佐であった。

この鬼隊長はその体格からしても、名にしおう豪放型のパイロットで、その操縦の腕は抜群であった。その反面、部下にたいする思いやりは人後におちず、温厚な人柄は海軍の全パイロットたちからも尊敬をあつめていた。

地上における事務的な失敗は、たとえそれが明らかに本人のミスと知っていても、これをとがめることはせず、本人の反省を無言でうながすという、いわば〝泣くまで待とうホトトギス〟の徳川家康のような人であった。しかし、ひとたび大空に舞い上がるや、まったく鬼隊長そのものの、恐ろしいオヤジさんであった。

私が新婚ホヤホヤのある日、突然、基地上空の護衛の命をうけて、新妻のもとをあとに地上をはなれて高度三五〇〇メートルに達するや、突然、失神してしまったのである。そして七百メートルほど落下したとき、なにかの拍子でもとにもどり、あわてて着陸してしまったのである。

私としたことが――と、ただちに五十嵐少佐に報告にいくと、開口一番、

「なんだあのザマは！　貴様、新婚ホヤホヤはいいが、上空でたのしい夢を見るなんて、もってのほかだ。——まあいい、奥さんを大事にしろよ」

この失敗で鬼隊長から、こっぴどく怒られると予想していた私にとって、最後の、あの部下思いの愛情のこもった言葉を私は忘れることができない。五十嵐少佐こそ、ほんとうの〝戦闘機乗り〟ではなかったかと思う。いまなお私の尊敬する一人である。

戦闘機隊は攻撃の要なし

明けて昭和十七年二月二日、われわれはニューギニアのポートモレスビーを攻撃するよう命令をうけた。わが千歳空の戦闘機隊は一月末に、命ぜられてニューブリテン島北端のラバウルに進出していた。

そのころ敵の反攻作戦は、いよいよ激しさをくわえてきた。しかしわが方は開戦いらい、多くの赫々たる大戦果によって、敵の反攻作戦を上まわる勢いで、つぎの目標、シンガポール占領に歩をすすめていたのである。

わが戦闘機隊は零戦六機——といっても使い古しの代物(しろもの)で、いささか頼りないものであった——をもって爆撃隊の中攻の掩護もかねて、ただちに出動準備をととのえた。

その日は雲一つない、絶好の攻撃日和(びより)だった。勇躍して基地ラバウルをあとにした零戦六機は、やがてニューブリテン島上空にさしかかった。

しかし航空図をみると、そこに示されている山の標高が、実際とはだいぶ違っていることに気づいた。もし天候が悪くなり計器飛行でもする場合を予想して、全機にたいして、高度計に示されている高さをチェックするよう命じた。

ガスマタを右に見て洋上を飛ぶことしばし、水平線のかなたに、ニューギニアをみとめた。陸地にかかるまえに、酸素吸入の用意を各機に命じた。そしてOKとともに高度を六千メートルにとってスタンレー山脈を越え、そのまま直進して、ポートモレスビーの上空に進入した。

期待された敵戦闘機の邀撃もなく、われわれは地上銃撃の攻撃隊形に入った。眼下の、うっそうと茂るジャングルのなかに、赤茶けた滑走路が見える。大型機が一機、その滑走路のほぼ中央に、直角に横たわっている。ほかに戦闘機が二機、まるでわれわれのお出ましを知らぬかのように、悠然と翼を休めている。

〝なんだ、たったこれだけなのか、馬鹿にしていらあ〟と、少ない獲物にわれわれはがっかりした。

しかし海上に眼をやると、いるいる！　一、二、三、四……つごう十二機の大型飛行艇が、湾内に不規則に繫留されている。銀色の機体が紺碧の海にくっきりと映っているのを見たとき、いやに、むかっ腹(ぱら)が立ってきた。

〝やつら、いやに落ち着いていやがるな。いまに見ておれ、やつらの度肝(どぎも)をぬいてやるから〟と攻撃命令をいまや遅しと待っていると、なんとしたことか「戦闘機隊は攻撃の要なし」との命令である。私はもちろん、他のパイロットも自分の耳をうたぐった。

ンレー山脈を越え、長駆、敵地攻撃に向かう零戦隊

増槽を抱き、中攻隊を掩護しつつ雲海につつまれるニューギニア島オーエンスタ

〝まさか、そんな馬鹿なことが——〟

しかし、それは間違いではなかった。据膳くわぬは男の恥というが、攻撃したくてウズウズしている猛者どもにとって、なんとまあ、惨いことをするのか。部下たちの残念そうな、いや怒りにふるえる胸中は察するべくもない。

しかし、どうにもならない。私は部下をなだめるように、かすかに翼をふって帰投を命じたのである。

オンボロ零戦があげた価値ある戦果

翌二月三日、われわれ六人の胸中を察したのか、こんどは間違いなく戦闘機隊だけの単独攻撃命令が下った。搭乗割はきのうと同じである。

〝よし、今日こそ、目にもの見せてやるぞ〟

はやる心をおさえて、われわれ精鋭・零戦六機はラバウル基地をあとにした。エンジンも快調に、ニューギニア島ココダを過ぎて左に変針した。めざすモレスビーも間近だ。

しかし、油断はならない。もし敵の邀撃があったら、われわれは使い古しの零戦六機である。まさか敵も、三機や四機で邀撃してくるとは考えられない。二十機、三十機だったら——決して弱気ではないが、いささか心配ではある。しかしながら、きのうの無念を晴らさずして死ぬことはとてもできない。

が、幸いにも、今日もまた敵機が、ウロチョロしている気配はない。やがてモレスビーが見えてきた。やや高度を下げて、こころもち右に機首をむけた。湾の上空にさしかかる。しかしよく見ると、きのうたしか十二機だった敵の飛行艇が、わずか三機しかみとめられないのだ。陸地を見ても一機も見当たらない。

やむなくわれわれは、三機だけでも屠(ほふ)ることにした。高度を下げながら全機に対して〝増槽落下〟を下令した。そしていったんモレスビー上空を迂回(うかい)しながら、六機の零戦は単縦陣をもって泊地に進入を開始した。

まず一番機の私が、機首をグッと下げ銃撃態勢に入った。距離もよし、照準器に機影が入った。――一瞬、機銃が火をふき、吸い込まれるように飛行艇の胴体中央部に命中した。

つづいて二番機、三番機――正確な間隔をもって、果敢な機銃攻撃が開始されたのだ。反復攻撃をくわえること数度、突然、一機の飛行艇のなかから乗員が四、五名、翼の上に這(は)い上がるのをみとめた。

しかし、海中に飛び込むでもなく、また応射する気配もない。〝ええい、ままよ〟と私は、発射把柄をにぎった。翼上にパッと白煙が上がったと同時に、彼らは海中にもんどりうって落ちた。

許せ――私は一瞬、眼をとじて彼らの冥福を祈った。たとえそれが戦いであろうとも、まともに人間を打ち殺すということは、しのびがたいことである。

そのとき陸上の機銃陣地から、激しい攻撃がくわえられた。〝敵サン、いまごろ気がついたのか。無駄なことだ〟われわれは零戦の軽快な運動性を利して、これをかわした。

泊地を見ると、三機の飛行艇は黒煙をあげて炎上している。そのうちの一機はすでに機首を海中に突っ込んでいる。

さあ、長居(ながい)は無用だ。私は全機にたいして帰投を命じた。たった三機の、それも無抵抗の飛行艇を屠ったからといって、決して大戦果とはいえないだろう。しかし、この使い古しの零戦が、われわれパイロットの、思う存分の操縦にこたえてくれたことに価値があったと思う。

常識やぶりの垂直攻撃法

ここで私が零戦を駆ってえた、対爆撃機戦法をご紹介しよう。

零戦は、対戦闘機による空戦においては、身上とした軽快な運動性によって、決して敵にたいしてヒケはとらなかったが、対爆撃機となると、彼の強力な機銃の威力のまえに、ほとんどなす術(すべ)もなく射ち落とされるという例が、少なくなかった。

とくに南方の前線においては、われわれが〝零戦キラー〟とまで恐れたB24には、ずいぶん苦汁をなめさせられた。

なんとかしてB24に一矢をむくいたいと、必墜の戦法を考えていた私はある日、対B24との交戦中、B24の意外な弱点を見つけ〝これぞまさしく対B24撃墜法の極意〟なるものを編み出したのである。

名づけて〝垂直攻撃法〟というものである。

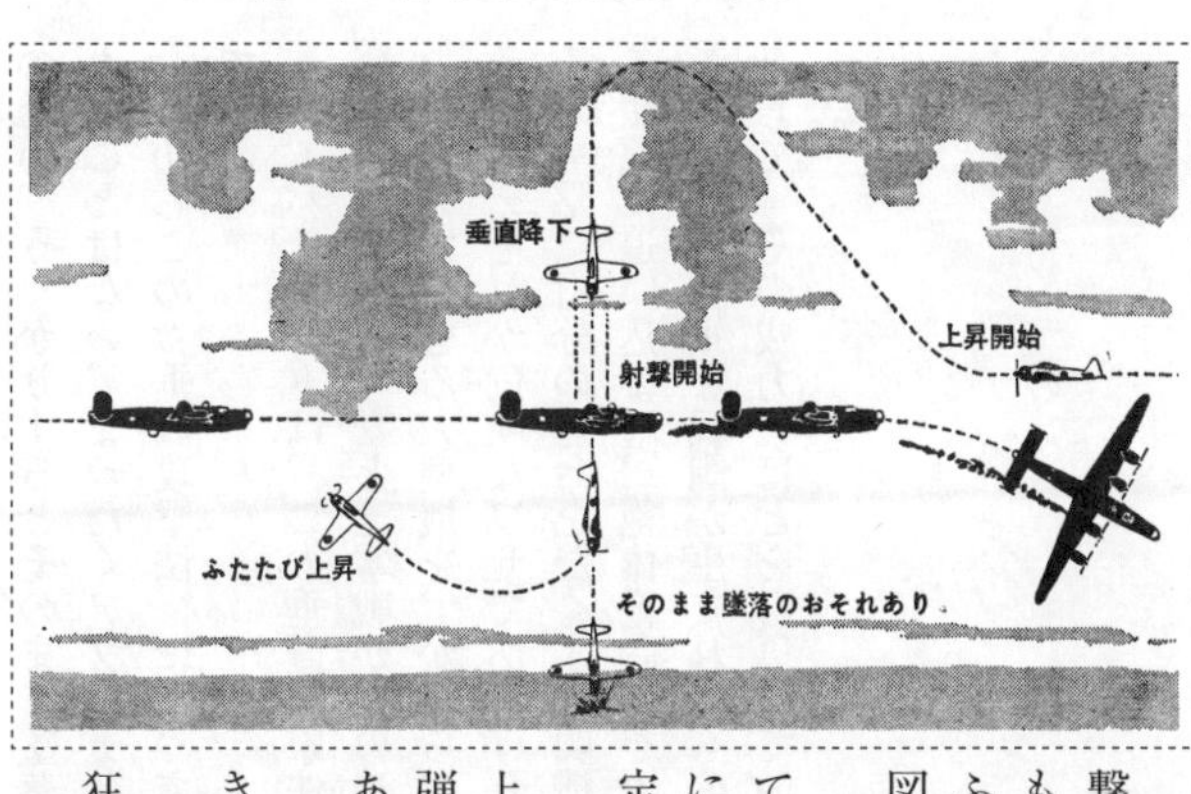

それまで常識とされていた後上方攻撃および後下方攻撃にかわって、爆撃機の直上に占位して、垂直急降下をもって一斉射をあびせ、敵機と交叉するように落下し、ふたたび機首を上げて逃げるという寸法である。それを図にしめせば上のようになる。

まず、これぞと思った一機にたいして、前方の、あていどの距離から上昇にうつり、彼の直上にかかる寸前に、グッと機首を下げて垂直に降下する。そして照準が定まったと同時に斉射をかけ、そのまま落下する。

この戦法はB24の上部銃座および尾部銃座の機銃が直上を攻撃できないという弱点を衝いたものである。また、弾丸に加速度がつくので、威力が倍増するというものである。

しかしこれは、よほど練達のパイロットでなければできないワザである。

斉射を放って敵機と交叉して逃げるときに、わずかな狂いが生じたら、それこそ体当たりである。

また、うまく交叉できたとしても、ものすごい加速度のため、うっかりするとそのまま墜落してしまう。もし斉射がはずれていようものなら、なんのことはない、まったくアブハチとらずである。

しかしこの〝垂直攻撃法〟によって、宿敵B24を屠ったという話を、私はたびたび耳にしている。

あるパイロットは、この垂直攻撃法をまことに危険きわまりない戦法だと非難するものもいたが、しかし、たとえ零戦が他の追随をゆるさぬ軽快な運動性を誇っていたにせよ、攻撃力においてまさる大型機を、かならず撃墜できるという約束はないだろう。

たとえそれが危険なワザであろうとも〝虎穴に入らずんば虎児をえず〟のたとえの通り、その一撃に自分の運命をたくす戦闘機パイロットとして、敢行しなければならないのである。

窮地に追い込まれ、絶体絶命のその瞬間にこそ、脱出法および、それから後の空戦におけるもっとも貴重な戦訓が生まれるものなのである。私はいまでも、この垂直攻撃法の発案者として、その威力のほどを自負している。

ひらめきの〝新戦法〟危機一髪の戦果

生死紙一重の空戦場裡で体験した起死回生の一瞬

元「蒼龍」戦闘機隊・海軍少佐　藤田怡与蔵

昭和十六年十二月八日、零戦に乗ってハワイ空襲に参加してから、ウェーキ島攻撃、印度洋作戦、ミッドウェー海戦、ソロモン航空戦、硫黄島邀撃戦、フィリピン作戦等、太平洋戦争を最初から最後までほとんど実戦部隊に配属されて転戦した。

この間、数回、敵味方の弾丸を浴びて危機一髪の状況におちいったが、なんとかこれを乗り切って生き抜いてきた。内地に生還して人事局を訪ねたとき、局員は驚いて、

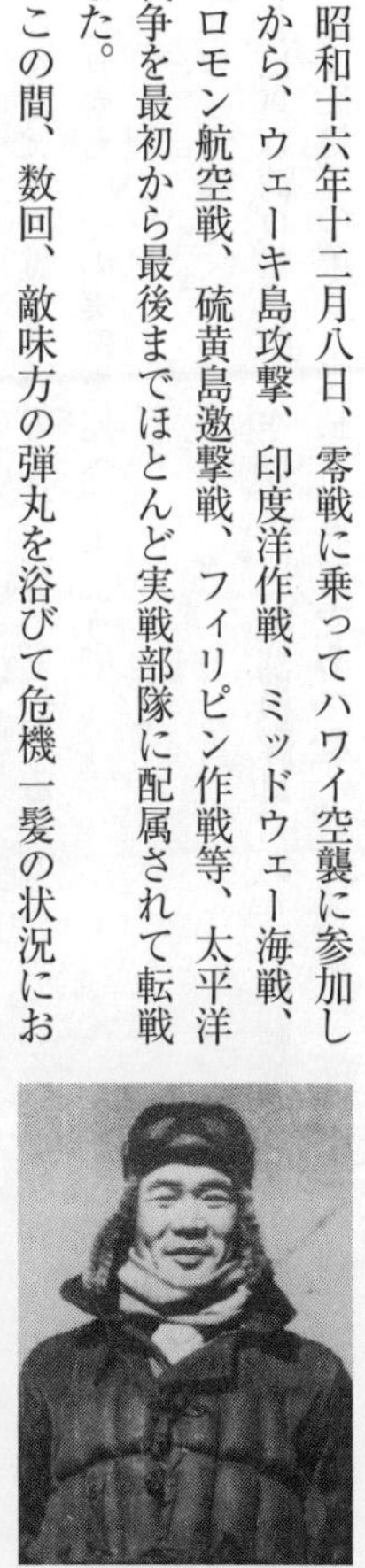
藤田怡与蔵少佐

「お前はまだ生きていたのか」

と言いながら名簿をひらいた。のぞき見ると、私の名前には赤線が引いてあり、「戦死」と書いてあった。

戦場での生と死とは紙一重の差で決まるとはよくいわれる。時間がなくせっぱ詰まったときに、いままで訓練したこともなく、考えたこともない動作が、なぜかフッと頭に浮かび、危機を脱したことがたびたびある。

これらのことは、単に幸運と一言では片づけられない何かを感じる。人間の力を超越したなにものかが指示してくれたように思える。神か仏か私にはわからない。私は私なりに、早く死んだ父母の霊が導いてくれたものと信じることにしている。

これから、その実例を述べてみよう。

ハワイ空襲

私は真珠湾攻撃当時、空母蒼龍(そうりゅう)の戦闘機隊員であり、戦闘編成では飯田房太大尉の率いる中隊（九機）の第二小隊長（三機）であった。当日は、第二次攻撃隊の制空隊として攻撃に参加し、オアフ島にあるカネオヘ海軍基地とベロース陸軍基地に銃撃をおこない、飯田隊長の自爆を確認したあと、残り八機を率いて帰途についた。

その途中、集合点であるカフク岬の上空でP36九機に襲われ、空中戦となった。一機の敵とお互いに向き合った態勢で撃ち合って、こちらの七・七ミリ機銃弾をたっぷり敵機に浴びせたが、わが愛機も敵弾を相当うけた。

エンジンにも敵弾を受けたらしく、その直後からエンジンが息をつき始めた。戦闘も一段落したらしいので、集合の合図をしたところ、わが二、三番機しか集まらない。エンジンは相変わらず息をついていつ停まるかわからないので、わが小隊だけで帰途についた。

ちょうど都合のいいことに、艦爆隊三機に合流できた。彼らには航法の専門家である偵察員が乗っているので、安心してその編隊について行った。ふとコンパスを見ると、出発前に私が計算した針路より一〇度、左に進んでいることに気がついた。

じつは、第一次攻撃隊が発艦する前に、菅波政治大尉に命ぜられてカフク岬を起点とした帰りの針路と飛行時間を計算した。気象班から高度三千メートルの風向風速をもらい、航海士には五時間後の艦の位置を推定してもらった。

そして海図でカフク岬からの航路、距離をはかり、航法計算盤で帰りの進路と飛行時間を算出し、そのデータを各搭乗員にメモさせたのである。

しかし、この数値はあくまで実測値ではない推測値で、羅針儀の自差も一応は修正したが、絶対の自信を持てるものではなかった。

どちらを選ぶかでしばらくは迷った。常識からすると、実際に偏流角（機が風に流される角度）を測った航法を行なっている艦爆に従うべきではあった。

しかし、ついに私は自分の計算値を採用することにした。エンジンがいつ停止するかわからない状況のときに、なにゆえにこの選択をしたのか今でもわからないが、何か強くそのようにしたい気持がはたらいて、ついに針路を一〇度右にひねって飛んだ。

それから私の計算した予定時間が近づいたので、眼をこらしてわが空母を捜したところ、右三十度に発見した。そこで降下しながら直行し、緊急着艦をしたが、着艦直前にエンジンの潤滑油圧力は「〇（ゼロ）」を示していた。

着艦まで焼きつかずにエンジンは動いてくれたが、着艦したときのショックで、十四気筒中の最上部にある一番気筒がポロリと落ちた。機付整備員がのちに、

「よくもあのようになった機で飛んで帰ったものだ」

と感心していたと聞く。

また、あのとき艦爆について行ったら、エンジン停止で海上に不時着水したであろう。

あのとき、なにゆえに常識を破るような強い気持になったのか今でもわからない。

ミッドウェー海戦

ミッドウェーに信じられぬ敗北を喫したあの日、私は艦隊上空哨戒が任務で、朝早く薄暗いうちに母艦蒼龍を発艦して哨戒していた。

艦からの無線で〝敵大編隊〇〇度方向〟との通報を受けたので、ただちにその方向に急行した。やがて敵二十機の編隊を発見した。急降下爆撃機である。

その編隊はいままで見たことのないもので、五機編隊が後方下がりの四段になっていた。

わが空母上空に達するにはあと十分ほどで、周囲を見回したところ、迎撃の零戦は私一機のように思われた。彼らが急降下に入るまでに、なるべく多く撃墜しなければならない。

また、普通の戦法どおり後上方からの攻撃に入ると、敵機の後方銃二十梃の一斉射撃を受けて、たちまち撃ち落とされてしまう。焦りにせっぱ詰まった気持になったとき、いままで

増槽タンクを抱いて空母の飛行甲板を発進、真珠湾攻撃に向かう零戦隊

訓練したこともない攻撃法がふと頭に浮かんだ。

すなわち、敵編隊の斜め前上方から攻撃すると、二十機の敵編隊は一平面のように見え、遠くから射撃すると、一撃で数機落とせるのではないかと思ったのだ。

さっそく攻撃に入ったところ、敵からはまったく撃ってこない。一撃して引き上げてみると、二機が黒煙を吐いて隊列から落伍していくではないか。右、左と相互に攻撃しているうちに、敵機は約十機に減った。

そのころ、やっと味方零戦が数機参加してくれて、敵が爆撃に入ったときは三機になっていた。私は爆撃照準を狂わせようと思い、敵機とともに急降下に入り、優速を利してその針路をジグザグに機銃を撃ちながら妨害した。

敵機は爆弾を投下したが、当方の作戦が

効を奏し、全弾がはずれた。

いままで訓練もせず、考えもしなかった戦法がせっぱ詰まったときに、とっさに頭に浮かんで行動に移し、しかも成功した。いまから考えると不思議な気がする。

その後、十数機の敵雷撃機を迎撃し、機銃弾も撃ち尽くしたので着艦し、艦長に報告をすませた。それから食事をしようと思っていたところへ「敵大編隊〇〇度方向」との知らせが入り、食事もとらぬまま緊急発艦して敵編隊に向かった。

雷撃機十数機の編隊である。

例のごとく攻撃をしているうちに零戦が十機以上あつまり、敵機は残り少なくなった。こうなると、零戦同士の衝突が心配になってくる。そこで、もう一撃してから艦隊上空の哨戒につこうと考え、最後の一撃を加えて機を引き上げたとき、味方空母の方向から飛んできた一発の弾丸が、胴体タンクに当たった。

たちまち、操縦席は火炎につつまれた。操縦室にむき出しになっている七・七ミリ機銃弾倉に火がまわり、銃弾がパチパチと弾けだし、危険この上もない状態になった。やむなく落下傘降下を決意し、機を高度三百メートルに引き上げた。それから風防を開けて身を乗り出したところ、背中が風防の端にひっかかり、出られない。機は急降下に入っている。

いよいよせっぱ詰まったとき、ふと飛行学生時代に先輩から聞いた、同じ状況のときに脱出した話を思い出した。

すなわち、前の計器盤に足をかけ、のけ反って転がり出たのだが、そのときチラッと高度計を見たところ、二百メートルを切っていた。落下傘が開く許容高度を切っている。風を切って落ちてゆく音が耳にヒューヒューと聞こえるが、落下傘は開かない。そのときは胸についている手動曳索を引けと「操式教範」に書いてあるが、不勉強の私はすっかり忘れていた。

しかし、直感として傘は出て伸びているのだが、しぼんでいて空気をはらまないと感じた。傘が開かないまま海面に落ちるとショックは地面と同じで、とても助からないと聞いている。早く傘に空気を入れるには、頭の上でグラグラしている落下傘袋を振ってやればと思って両手でこれをつかみ、力いっぱい振ってみた。

するとガンと体にショックを感じたあと、半秒ほどでまたガンと海面に叩きつけられたショックを感じた。まさに危機一髪である。

海中で水を呑みながら落下傘をはずし、やっと海面から頭を出して見回したところ、はるか彼方に黒煙が三本、見えた。あとで知ったが、赤城、加賀、蒼龍の三空母である。

泳いで近くに行こうと思ったが、あまりにも遠いので諦め、海面に大の字となって救命胴衣の浮力に身をまかせているうちに、疲れと空腹のため眠ってしまった。数時間たったころ、騒音に眼が覚めて見回すと、なんと赤城が燃えながら近くにいるではないか。その付近を警戒中の駆逐艦野分（のわき）に救助された。

落下傘降下のさい、機からの脱出法は正式に教えてもらわなかったし、しぼんでいる傘を開く方法など論外である。

ガダルカナル攻撃

昭和十七年七月、母艦蒼龍を失った私は空母飛鷹（ひよう）乗組となり、トラック島に進出した。しかし、飛鷹は配電盤室が故障したため作戦に使えず、内地に帰ることになった。飛行機隊は応援のためラバウルに飛び、ガダルカナル、ニューギニア作戦に協力した。

十一月十一日、わが戦闘機九機は、艦爆隊の直接掩護隊としてガダルカナル攻撃に向かった。艦爆隊が急降下に入ったところで、戦闘機隊は艦爆が爆撃終了後に集合する地点に先回りしたが、そこにはＦ４Ｆが五十機近く集まって待ち構えていた。ただちに九機でこの集団に突っ込んでいき、乱戦となった。

空戦も終了に近いころ、突然、ガンというショックと同時に、右から左に影が通っていったように感じられた。見ると一機のグラマンＦ４Ｆが左に飛び去っていく。わが機体はと見ると、座席とエンジンの中間に直径約五十センチの大穴があいている。やられたと思ったとたん、小爆発音とともにエンジンが停まった。高度は約二千メートルである。

プロペラは遊転しているので、何とか始動させたいと思い、燃料ポンプを押し、スロットルレバーを前後に動かしてみた。そうやって、周囲の見張りを行ないながら滑空していた。

高度千メートルでやっとエンジンが動き出したが、レバーを動かせない。すなわち、もはや空戦は不可能である。ところが、私を襲った敵Ｆ４Ｆは、私が落ちないと見るや、ふたたびわが後上方から射撃態勢に入って迫ってきた。

いまのエンジンはコントロールできないので、空戦に入るのは無理である。どうしようかと困ったときに、一策が浮かんだ。

敵機が百メートルに迫るまで気づかない風で直進し、百メートルを切り、そろそろ撃つなと感じたとき、思い切って操縦桿を後ろに引き（昇降舵）、足踏桿（方向舵）を左にいっぱい踏み込んで、急横転に入った。

前進速力が急になくなるので、横転が終わったとき、敵機はツンのめって私の目の前にきた。すかさず残っていた七・七ミリ弾を浴びせたが、敵の頑丈な外板にはじかれて貫通しない。敵はおどろいて急降下で逃げた。しばらく射撃しながら追いかけたが、離されるばかりなので、追撃はやめて味方に集合しようと思った。

戦場は一段落した模様なので、集合の合図をしたところ、わが小隊の二、三番機が寄ってきて編隊を組んでくれた。エンジンのこともあり、三機で帰途についたが、ブイン基地上空に来るまで二回エンストがあった。いずれも高度千メートルで再始動できた。

ブイン基地上空で第三回目のエンストがあり、わが愛機も基地上空とのことで安心したのか、千メートルを切っても始動しない。ついに滑空状態で着陸した。

あの急横転の発想は、それまで考えもしなかったし、せっぱ詰まった時によくもできたものだと不思議に思っている。

硫黄島邀撃戦

昭和十八年十一月、私は「第三〇一航空隊飛行長、飛行隊長兼分隊長に命ず」との辞令をうけた。局地戦闘機「雷電」の部隊で、横須賀航空隊に間借りをしながら、新戦闘機の実用実験を兼ねて隊員の訓練に励む日々がつづいた。

その間、何度か危ない目にあったが、苦労しながら雷電を徐々に使いものになるようにしていった。

昭和十九年六月になって、やっと不充分ながら隊の訓練や飛行機の整備も仕上がった。そこへテニアン進出の命をうけた。雷電は局地戦闘機のため、航続距離が短い。そこで館山に移動し、館山を出発点にして硫黄島に着陸し、ここで燃料を補給してテニアンに進出することにした。

ところが、あいにく梅雨期の直前で、行く手には梅雨前線が横たわり、突破できない。やむなく館山に引き返した。こんなことを数回繰り返していたところ、司令部は業を煮やしたのか、「雷電を零戦に代えテニアンへ進出せよ」と命令してきた。

わが隊は敵大型機を邀撃するためにつくられたので、零戦に代えると、対戦闘機訓練をしなければならない。約半年にもわたる雷電による訓練はいったい何だったのか、非常にもったいないと思って悔やしかったが、命令とあれば仕方がない。

一週間で三十六機の雷電を厚木航空隊にやり、ほうぼうから零戦をかき集めて硫黄島に進出した。戦況がテニアン進出を許さず、硫黄島で待機していた。

七月三日、味方電探基地から「敵襲！」との報告が入り、全機が邀撃に飛び上がったが、敵機は現われない。「着陸せよ」の命令で全機着陸して、燃料補給にかかった。

約三分の一ほどが終わったところで、見張所から「敵大編隊来襲」の報が入り、緊急発進をした。しかし、敵は低空で進入して、わが零戦が離陸直後の、空戦態勢がととのわないところを襲撃してきた。まず二、三機で来て、錫箔（すずはく）などをまいて電探に大編隊とみせかけ、実際は電探にかからないように戦闘機を低空で先行させる方法をとったらしい。

この日でわが隊はほとんど全滅した。対戦闘機訓練はまだしていなかったからで、私もまた座席とエンジンの間を撃たれ、油が漏れて前が見えなくなり、ついに不時着した。

右上方にF4Uコルセア機が突っ込んでくるのを見て、その射線をかわして空戦に入ろうとした。そのとき、普通ならば右急旋回すべきところを左に回ったため、照準がうまくできたらしい。しかし、右旋回したとすれば、あるいは弾丸は座席にとんできたかも知れない。ミスをしたことが私の命を救（たす）けたのかとも思われる。

帰国して、今度は紫電隊の隊長を命ぜられた。フィリピン作戦では紫電の部品が届かず、可動機数は少数しかなく、苦戦した。内地に帰り隊の編成をしているうちに終戦となった。

栗田艦隊上空F6Fを屠った会心の一撃

昭和十九年十月二十四日〜二十五日／比島沖海戦

当時 六〇一空戦闘機隊・海軍飛曹長　岩井　勉

昭和十九年十月二十四日、小沢機動部隊の旗艦瑞鶴(ずいかく)から零戦を操縦して発艦し、レイテ東方海上に遊弋中のハルゼーの率いる敵機動部隊を攻撃した。発艦直前、

「本艦は十九ノットでWに向かう」と飛行長から聞いていたので、その言葉を信じて攻撃後、やや左に針路をとって帰途についたが、予定の位置には艦隊は見当たらない。

その後も、周囲を懸命に探したが見つからず、ついに燃料の残量が懸念されるようになった。そこで母艦への帰投を断念し、左に九十度変針した。そして燃料計の指針が両タンクともゼロを指したとき、幸運にもルソン島最北端のアパリ飛行場へ滑り込むことができた。

そこにはすでに零戦二十五機と彗星艦爆一機が着陸していたが、私のあとからは一機も着陸をしてこなかった。私のあとにアパリへ向かった零戦があったかどうかはわからないが、

岩井勉飛曹長

たとえあったとしても、燃料が切れて、太平洋の藻屑（もくず）と消えてしまったことだろう。

　アパリの飛行場は陸軍が占領していて、ドラム缶はたくさんあったが、零戦の整備員はいない。そこで燃料を搭載した後、海軍が占領している六十浬（かいり）南方のツゲガラオに移動し、ここで一泊させてもらった。

　翌日は零戦の整備に当てることにした。しかし、戦況は整備の時間など与えてくれなかった。

　午前十時、「ツゲガラオの戦闘機隊は急遽マニラに進出すべし。彼我ただいま決戦中」との電報が届いた。ここでの先任者は中川健二大尉だったが、「可動機集まれ」と令したところ、十五名だけが整列した。あとの連中のことなどかまっている暇がなく、十五機はマニラの第一ニコルス飛行場へ急行した。

　着陸してみると、人間ばかり大勢いるが、飛行機は一機も見当たらない。私の顔を知っている整備員が近づいてきて、

「えらいところへ来たもんだ。自分の隊員でも特攻に出すんだから、お前らのような余所者（よそもの）はすぐ特攻に出されるぞ。ここへ来た以上あきらめよ」という。その直後、「何分の令があるまで宿舎で待機せよ」とのことである。

　その晩の食事に赤飯が出た。中川大尉いわく、「この赤飯にはトゲがある。何かを予言しているようだ」

味方艦隊の掩護に出撃

飛行服のままベッドに横になり仮眠していると、突如、従兵にゆり起こされた。

「命令が出ました。すぐ飛行場へ行って下さい。表に乗用車を待たせてあります」

車に乗って暗いなか、腕時計をじっと見たら、針は三時十分を指していた。暗い飛行場の指揮所には、中佐の参謀がひとり緊張した面持ちでわれわれを待っていた。われわれは余所者なので、参謀の名前も知らない。われわれ十五名が整列するや、彼は口を開いた。

「お前たち十五機は、五機ずつ三隊にわかれ、各隊それぞれ二機が六〇キロ爆弾で爆装し、三機はこれを掩護し、各隊は五度ずつひらき東方海上へ二百浬進出し、敵機動部隊の索敵攻撃を実施せよ。いちばん北の中隊の針路は九〇度とする。なお、マニラの東海岸付近にはグラマン八十機が絶えず哨戒中であるから、日出前にこの警戒線を突破せよ」

まったく無茶な命令である。いろいろ言いたいことはあるが、いまは文句を言っている時ではない。私は最北の九〇度の線を掩護隊として出撃した。ところが、海岸線に出る前に東の空が白みだしてきたのである。ここで多数のグラマンに発見されたらひとたまりもなかっただろうが、幸い敵機は一機も見当たらなかった。

こんな少数機では、奇襲以外には成功の確率はないと判断された。高度千五百メートルで飛んでいる関係上、前方の水平線から太陽が顔を出すやいなや、熱帯の強い太陽光線と、金色に輝く海面のギラギラ反射に眩惑されて、まったく見張りがきかなくなった。

もちろん、ポケットからサングラスを出してかけたが、サングラスぐらいでは何の役にも

昭和19年10月、捷一号作戦発動にそなえる空母瑞鶴艦上の零戦二一型

たたなかった。幸か不幸か予定地点まで進出したが、敵艦隊は見当たらず、反転帰投した。他の二隊も同様、敵を見ずに帰投したのである。

私たちが飛行場の片隅の芝生に腰をおろし、昼食の握り飯をかじっているとき、例の参謀がまたわれわれの前に現われた。そして、私たちN大尉以下五名に対し下命した。この五名の中には、私と同年兵の老練な小平好直飛曹長もいた。

「ただいま入手した情報によると、レイテを攻撃したわが主力艦隊が、ミンドロ島の南二百浬のスル海を北上しているが、この艦隊に対し、敵雷撃隊が裸で雷撃中である(裸とは戦闘機の護衛がないという意味)。お前たち五機は、ただちに支援におもむき、燃料のつづくかぎりこの直衛に当たれ。帰りは燃料が不足するので、ルソン島南端のバタンガスに不時着し、明朝はこのマニラを飛び越えてクラークのバンバン基地へ行け。そこで明日、内地から陸づたいに進出してくる予定の三航戦と合流し、その指揮下にはいれ」

五機の指揮官機はN大尉である。彼が三機、私が二機を率いて南下した。南下するうちに空は熱帯色に変わり、積乱雲の数が増し、屏風のように縦に長い雲が行く手をさえぎり、そのうえ、ミストのかかった視界のよくない天候である。

N大尉は一昨日のレイテ攻撃に出た際、コックの切り間違いで燃料を機外にオーバーホールし、敵を見ぬままアパリへ着陸しているので、きょう会敵するとなると、生まれて初めての実戦を経験することになる。

一昨日のこともあり、彼の心境やいかにと少々、気になり、心配をする。やがてミンドロ島上空を過ぎて、スル海に入った。進めど進めど海は広くなるばかりである。

マニラを発って二時間半ほど飛んだとき、大海上に二列の単縦陣で北々西に向かっている艦隊を発見した。

全部で二十二隻いる。先頭は一万トン巡洋艦だ。出発前、参謀が主力艦隊と言ったが、戦艦はいない。どこか別のところに主力艦隊がいるのかも知れないと思ってはみたものの、それを探していては時間を浪費するばかりである。私たちはこの艦隊の直衛に当たることにした。

私たちは味方識別のため、脚を出し、バンクしながら近づいていった。高度三千メートルから見ているので、細かいことまではわからないが、右に左に傾いているもの、油を海面に流しているもの、マストが折れているものなど、さまざまである。

戦いがいかに激しかったかをまざまざと物語っている。まさに刀折れ矢のつきた武士の引き揚げといったところである。

二機のグラマンを屠る

二時間半も哨戒しただろうか。燃料もそろそろ心配になってきたので、艦隊とお別れのため、バンクを繰り返しながら脚を引っ込めたときだ。駆逐艦が、パッパッと閃光を発するのを見た。

私は、参謀の命令にもあったとおり、敵機の雷撃だと直感し、みんなに知らせるべくバンクしながら急降下に移った。しかし、ふり返ってみると誰もついてこない。

（はて？）よく見ると味方機のはるか前方、高度差約千五百メートル上空を約四十機のグラマンＦ６Ｆの大編隊が、こちらに向かってくるではないか。

（しまった！）私は自分の早合点に舌打ちした。Ｎ大尉は敵編隊群の前下方から敵の真正面に向かって高度を上げている。私は全速でこれを追った。

Ｎ大尉はなおも上昇をつづけ、敵編隊と同高度になったとき、敵との距離は三百メートルしかなかった。とっさに（危ない！）と直感した私は、敵編隊の腹の下を後ろへくぐり抜け、全速で上昇し、敵編隊の真上八百メートルで背面になり、編隊群を見渡した。

そのとき、敵編隊の前部の数機が零戦にくいつき、先頭の零戦は白いマグネシウムのような火を吐き、その火は二つにちぎれて消えた。これがN大尉の最期であった。

私は敵の最後部のグラマンを目標に急降下していった。距離よし、照準よし、把柄を握った。敵機の左翼に二〇ミリ弾が吸い込まれたと思った瞬間、左翼が折れてふっ飛んだ。お見事！　会心の一撃である。

（やった！）と思った瞬間、私は反射的に急上昇していた。反復攻撃をやるためである。そして、例のごとく敵編隊の直上で背面になり、敵状を見た。敵はまだ私に気づいていないらしく、編隊をくずしていない。

（しめた！）再度、敵の後上方から襲いかかり、第一撃目と同じように発射した。こんども左翼が吹っ飛んで、左へグラリときた。どうも私は急降下時、少々左に滑るクセがあるのか、いままでも真ん中をねらっても、左翼が吹っ飛ぶことが多かった。

そしてなおも、もう一撃やってやろうと操縦桿を引いたとき、敵は気づいて編隊をくずし、猛反撃にうつってきた。

（危ない、戦場離脱だ！）私はとっさに北に向き、少々機首を下げながら全速で突っ走った。前方千五百メートルに零戦が一機、私と同方向に全速で飛んでおり、それをグラマン数機が追跡している。振り返ると私にも、五、六機ついているが、距離は三百メートルある。

この場合、ジグザグ運動は絶対禁物である。なぜかというと、敵は三角形の一辺を通るので、距離が縮まるからである。また振り返ってみたが、距離が縮まったようには思えない。

しかし、どこかで敵を振り切らなければならない。名案はない。この際はあれ
前方のミンドロ島の上空には、とてつもない大きな発達した積乱雲がある。それを知り
に突っ込むしかない。
しかし、積乱雲には絶対入ってはいけない。これはパイロットの鉄則である。それを知り
つつ突っ込んだ。そして、どうにか敵を振り切ることができた。
バタンガスの不時着場へ着陸したとき、もう一機の零戦が降りてきた。小平飛曹長であっ
た。彼はＮ大尉を撃墜したグラマンを墜として、Ｎ大尉のカタキをとったと言っていた。し
かし、待てどもあとの者は還ってこなかった。

一弾も射たずに敵艦を沈めた零戦隊の不思議

昭和十七年五月七日／珊瑚海海戦とラバウル零戦隊

元台南空飛行隊長・海軍少佐　中島　正

われわれ台南航空隊零戦隊の宿舎は、ラバウルの町と湾を一望のもとに見おろせる山の頂きにあった。

もとのラバウル地方の総督官邸を没収して宿舎としたもので、われわれはここを官邸山の宿舎と呼んでいた。飛行場へも町へも遠く不便なところであったが、太平洋から昇った太陽が、いちばん先にさしてくるし、展望は絶景で、そのうえもとの最高司政官である総督の官邸にいるということが、他の部隊より一段えらくなったような錯覚もあって、なんとなく満足していたものである。

中島正少佐

台南航空隊が蘭印のバリ島から、ラバウルに転戦してきたのは昭和十七年四月の初めであった。

「ラバウルとはとてつもないところだそうだ」とは聞いていたが、バリ島のデンパサル基地から輸送船に乗せられて、チモール、アンボン、ダバオと寄港し、対潜水艦見張りをやりながら、はるばると三千浬の海を乗り越えて到着してみて、なるほどと驚いた。

占領直後であったせいもあるが、食事のまずいことと、家こそ官邸であるが、ケンバスの仮製ベッド以外には何もない住居にたいしては、バリ島で短期間であったが贅沢な生活を経験したわれわれにとっては、月とスッポンの変わりようであった。

そのうえに一番閉口したのは、飛行場のすぐ南に火山があって、五分間隔に噴火するので、その火山灰が飛行場に流れてきて、人も飛行機も待機所も灰だらけになることである。

ラバウル到着二、三日後のある日のことであった。飛行場の待機位置、防空壕や指揮所の位置をきめようと、飛行場のへりを一人でコトコト歩いていると、けたたましくサイレンが鳴り響いた。

敵襲である。

ひょいと後ろを振りかえって見ると、南方の火山の横から真っ黒な色をしたB25が一機、三百メートルの低空でまっしぐらに飛行場に侵入してくる。まったくの奇襲である。防空壕はないし隠れるところもない。しかも敵機は低空で私に向かって真っ直ぐにやってくる。

しかし、ともかくも地面に伏し、頭だけもち上げていると、敵機はいよいよ私に真っ直ぐにやってくる。敵爆撃機の進路が自分に真っ直ぐのときほど、こわくて身のちぢまる思いのすることはないものだ。「これで俺もお陀仏かな」という思いが、瞬間に頭をかすめる。

敵機はなおぐんぐんと近づいてきて、もう爆弾投下の地点だ、と思った瞬間、敵機がちょっと左へ傾くのと、胴体の下から十発ばかりの不気味な爆弾がパラパラと落ちてくるのと、私が「爆弾は右にそれる」と直感して顔を地面に伏せるのとは同時であった。

ワッワッワッという地をゆさぶるような至近弾の爆発音と、騒然たる味方の高角砲、機銃の発射音とがいっしょになって、百雷の落ちるような轟音がたちのぼった。

十秒ばかりして私がそっと頭をもたげて見ると、敵機はもはや北山のむこうへ逃げて影も形も見えず、弾着は飛行場にそって、五十メートル右側を三百メートルばかりの長さに一列に落ちて、まだ余燼をあげていた。敵機が右手の山をよけようとして、ちょっと旋回しながら投下したため、爆弾は遠心力で右にそれたのである。

ほっとして立ち上がると、整備の分隊長である伊藤大尉が向こうから歩いてくる。真っ赤に興奮した顔、ギラギラと光る眼、そして放心したようなのろのろとした歩きぶり。「よかったですなあ」とゆっくりいう彼の頬には、べっとりと真っ黒な火山灰がくっついていた。

私の顔にもそれと同じようにくっついていたのであるが、それに気がつくまでには二、三分を要したことを思いだす。何しろこの火山灰には悩まされたものである。

四月中のラバウル基地は、まずまず大したこともなく平穏（へいおん）であった。われわれ日本軍は、飛行基地の整備に全力をそそぐ段階だったので、ニューギニア方面への空中攻撃も、まだ偵察の域を脱していなかったし、敵米英側もB25爆撃機がときおり奇襲しにくる程度で、おたがいに、まだ機熟せずの感じであった。

五月になると、われわれ零戦隊の飛行場から湾をへだてた山の上に、爆撃機隊用として設

胴体下に増槽タンクを抱き、ラバウル東飛行場を発進する零戦二二型

営中だったブナカナウの飛行場も整備がすすんで、一式および九六式陸上攻撃機で編成された雷爆飛行隊が展開してきたし、下の飛行場の零戦隊の機数もだんだん増加して、二十機以上になっていた。

この情勢において、わが陸軍部隊のポートモレスビー上陸作戦と、これにともなう海上部隊の珊瑚海海戦とを契機として、これからずっと長くつづくラバウル零戦隊の大がかりな空中戦闘の幕が切って落とされたのである。

ついに出動命令下る

五月七日朝のラバウル零戦隊の飛行場は、いつになく活気をおびていた。出動命令が下ったからである。

ポートモレスビー上陸作戦輸送船団の進撃を阻止せんと、豪州方面より出撃してきた敵の機動部隊と、ラバウル方面より南下したわが機動部隊とが珊瑚海において接触した。その日、この作戦に協力するために、ブナカナウ飛行場の雷爆撃隊はすでに発進をはじめていたし、その掩護の任を課せられた零戦隊は準備を完了して、エンジンの発動を待つばかりになっていた。

指揮官は飛行隊長中島少佐（私）、列機は分隊長河合四郎大尉以下の十名、計十一機で、私は命令も指示も充分にあたえおわって、搭乗員たちは指揮所の椅子にならんで腰をかけ、「エンジン始動」という私のつぎの命令を待っていた。

それぞれ肩からさげて腰にさした拳銃もものものしく、黙って待機している搭乗員の唇には、これから起こるであろう激戦を予期してか、強い決意がみなぎっているようであった。

エンジン発動し搭乗員が全部機上の人となったのを見とどけて、私は愛機に乗り込んだ。整備員が充分に点検をやってくれているので、一、二回エンジンの全速回転の状態をためしたのち、車輪止めをはずした。そして地上滑走して、離陸点に占位すると、列機はつぎつぎと私についてくる。

「発進準備完了」手を上げて後方につづく列機に離陸開始の合図をする。スロットルを入れると、轟々たる爆音とともに、機は離陸滑走をはじめた。軽い車輪のショックで機が地上をはなれたことを知る。

ふたたびこの大地に車輪をつけることができるだろうか、左右を見れば、地上員が、滑走路に一列にならんで、さかんに帽子を振っていた。

つぎつぎと離陸してくる列機は、それぞれの小隊をつくって指揮官小隊に集合してくる。上昇しながらラバウル上空を、大きく左旋回するうちには、全機集合してみごとな編隊を形成した。そのころブナカナウの基地から発進した攻撃機隊は、すでに先行していたので、戦場までわれわれ零戦隊を誘導するために、一式陸攻が一機、さきほどから上空で待っていた。やがて零戦隊の集結を確認すると陸攻は針路を南にとって一路、珊瑚海の決戦場にむかって針路を定めた。

零戦隊は戦闘航行隊形に編隊をひらいて、これにつづく。戦場は遠いところで、到達するのに三時間もかかる。いざ空戦というときにそなえて心を落ちつけ、気を休めて精力の消耗をふせぎながら、進撃する。私は航空図をかざして日よけにしながら、できるだけ楽な姿勢になった。

戦艦部隊を発見

出発後、二時間半たった。そろそろ戦場に到着するところである。そのうち誘導機の一式陸攻がバンクをするので近づいて見ると、偵察員がさかんに下方を指さしている。指先の示す下方をみると、真っ白いちぎれ雲がいっぱいあって、その間から紺碧の海がチラチラ見えているけれど、敵らしきものは、なにも見えない。しかし、戦場に到着したのでこれで誘導をやめ帰投する意味だと判断して、手を上げて了解の意を表すると、誘導機は大きく右旋回して北方へ帰っていった。

零戦隊は、いよいよこれから戦場に突入するわけである。手に汗する思いで警戒を厳にしつつ、ちぎれ雲のあいだから下へもぐってみた。しかし、見渡すかぎり海ばかりでなにも見えない。目のさめるように青い南洋の海の色である。

仕方ないので前方に五分、左に五分、そしてまた前方に五分、右に十分と懸命に捜索飛行をやってみた。するとそのうち、ちぎれ雲に見え隠れする水上機らしい機影を発見した。急いで近づいて見ると、味方の艦隊から発進した単浮舟の水上偵察機で、敵艦隊に触接している様子である。

しかし下駄ばきの水上機は速力が遅いので、こちらは脚を降して速力を殺し、編隊をくずさぬようにしながら、「敵はどこにいるか」と手まねできくと、指を三本と一本と二本とだして、三一二度の方向と答える。水上偵察機ははるか洋上で、味方の零戦隊に会ったのだからよほど懐かしかったとみえて、さかんに手をふっていたが、こっちは名残りをおしんでいる暇などはなかった。

すぐに脚をあげて旋回すると、三一二度に定針して上昇し、三千メートルの高度をとった。時計を見ると、もう出発してから三時間になろうとしているし、増槽の燃料も切れはじめていたが、敵の位置を知って後に退くことはできない。敵は近いのだ。

「見張りを厳にせよ」と、ふたたび私は全機に指令する。付近に敵の航空母艦がいるのなら、どこから敵の戦闘機がふってわいてくるかわかったものではない。首をくるくる廻し、前後左右上下に猫のような目をむけながら進んでゆく。

一式陸攻の側方銃座から撮影した護衛零戦。丸いのは陸攻の旋回機銃の照門

時間は一分一分と刻み、燃料は一刻一刻と減る。なお進むこと七、八分、心はいやがうえにも勇むが、もうそろそろ帰らなければ燃料がつきるのだ。

と、その瞬間、左前方ちぎれ雲の間はるかに、数条の白い航跡をみとめた。敵艦隊であった。間髪を入れず機首をその方向に向けたが、そのとき私の脳裏には「帰りの燃料はどうなるだろうか」という心配が、理性の光となって突っ走った。

しかし敵を目前に見てこのまま帰ることができようか。近づいてよくよく見ると戦艦戦隊である。戦艦一隻が、巡洋艦と駆逐艦計六隻を前後に配し、警戒航行隊形で豪州方面に向かって進んでいる。白波をけたて、じつに威風堂々としている。敵の空母はいないものかとずっと見渡してみたが、それらしい影はどこにも見えない。よしこうなれば戦艦との戦闘だ。

しかし戦闘機は敵機撃墜を主目的としているので、飛行機には強いが、艦船に対してはからきし意気地がないものだ。当時の零戦の武装は二〇ミリ機銃二梃で、各五十発、他は七・七ミリだけであった。これで厚さ十インチ以上の装甲をもつ戦艦と立ち向かわなければならぬかと思ったら、私はガッカリしてしまった。

帰ることもできぬし、そうかといって向かって行っても大した戦果は期待できない。しかも燃料はもうないのだ。どうしようか、どうしようかと困惑の思いだけが胸の中をぐるぐると廻るばかりであった。そうしているうちにも、編隊は刻々と敵艦隊に近づく。もう最後の決心をしなければならぬギリギリの土壇場に追いつめられた。と、その瞬間、天来(てんらい)の声のごとく私の頭の中を走るものがあった。

「ウェーキの海戦で、味方の駆逐艦が敵戦闘機の銃撃をうけて、爆雷が誘爆をおこして沈没した例があったではないか」ということを思い出したのである。

猛烈な戦艦群の弾幕

私はとっさに、いちばん左外側の駆逐艦を銃撃することに決心した。いままでの困惑がたちどころに消えて、もりもりと闘志がわいてくる。高度を千メートルにさげ、目標の駆逐艦にむかって後方外側より接敵してゆく。そしてそろそろ突撃開始だなと思っていると、中央の敵戦艦から、ピカッピカッピカッと探照灯で味方識別信号を送ってきた。

もう充分に敵の射程内に侵入しているのであるが、外側を併行して飛行するので、敵も味方かどうかはっきり解らなかったらしい。もちろん返事はできないので、知らぬ顔して飛んでいると、戦艦の主砲がピカリと閃光を発したのにつづいて、全艦隊の主砲、副砲、高角砲、機銃、ありとあらゆる砲口が一斉にこちらに向かって火を吐いてきた。

海面一面に爆風による小波(さざなみ)がたったかと思うと、またたくまにわが零戦隊は一面の弾幕につつまれてしまった。

私も支那事変以来、そうとう敵弾を喰ったが、こんなにひどく喰ったのは初めてである。飛行機のちかくで砲弾が炸裂すると、雷が落ちたような猛烈な炸裂音とともに、ブルブルと震動がつたわってきて、自分の飛行機の爆音なんかどこかに吹き飛んでしまうものである。

今回はそのうえ砲弾のかけらまでカランカランと命中してきた。目標の駆逐艦なんか攻撃する段ではない。

「それ逃げろ」と指令して、左前方に突っ込んで離脱したが、そのとき弾幕の間を逃げる列機を数えてみたら、ちゃんと十機いる。やれやれ一機もやられてないと胸をなでおろしたものである。

一時、大砲の射距離外に逃げてから、右旋回して敵艦隊の前程に集合を命じたが、集まってきた列機はさきに数えたとおり一機も減ってはいなかった。しかし胴体に直径十センチばかりの風穴を開けられた者もいて、いまさらながら弾幕のものすごかったことを物語っていた。

まあまあよかったと思って敵艦隊の方を見れば、右四十五度一斉回頭をして、北西方に針路を変え、避退運動をはじめていた。いかに変針して回避しても、船と飛行機とでは速力が違うので、逃げられるものではないけれども、もうコリゴリである。

敵を見て弾丸を一発も射たずに引きあげるのはシャクであるが、効果が少ないばかりでなく、あのように猛烈に射ちまくられては、味方の被害がどれほど出るかわかったものではない。「誰があんな鉄の塊(かたまり)の船なんかと遊んでやるものか」と負け惜しみをいいながら、針路を北にとったが、敵艦隊が見えるあいだは恨めしそうに、あとを振り返りふりかえりしたものだった。

いままでは敵との戦いであったが、これからは自分との戦いである。列機を引っ張ってうまく基地まで帰らなければならない。いままで航法を実施して航空図に書き入れていた現在位置から、ラバウルに帰投線をひいてみたが、捜索や戦闘に計画より余分に飛行しているので、完全に到着しうるか疑問である。とくに列機の中に一機、落下増槽が落ちないのがあって、カラになったのをぶらさげているのがいる。抵抗が多くて燃料消費量も他機にくらべて大きいはずだ。

私はニューブリテン島中央の南端にあるスルミという不時着場に帰投することに決心した。そこはラバウルに帰るより五、六十浬はちかいので、二十分ばかり燃料をとくするのである。しかし私の定めた針路は、ぴたりとスルミ基地に向かっているだろうか。海面の波の立ちぐあいや、雲のなびく格好で風を判定し、できるだけ正確に航法を実施して作図したつもりであるが、何しろ操縦しながらの戦闘機航法であるので、正確は期しがたい。

しかも帰投基地は五百浬もの遠くにあるので、ちょっとの針路のくるいでも大きな位置の誤差を生ずる。列機十人の命にもかかわることだった。

私の胸の中は、その心配で一杯であったが、しかし空中では心配そうな態度や顔色をすることは禁物である。いや心配することさえいけないのである。編隊中の搭乗員相互の心の働きというものは不思議なもので、指揮官が心配しはじめると、つぎつぎと列機にも感染していって、全編隊の心が動揺するものである。

私は「自分の航法を信頼する以外に、手はないじゃあないか」と自分で自分をしかりつけながら、強いてくそ落着きに落ち着いて、鼻歌まじりで行くことにした。あとで聞いたことであるが、左右前後と捜索をしたり、敵艦隊と戦闘をしたりしたので、小隊長の将校でさえ、どこをどう飛行して今どこにいるのか不明だったのであるが、指揮官機がゆうゆうとしている様子なので、大して心配しなかったとのことであった。

やがて前方に黒い島影が見えてきて、その海岸線の格好からして、スルミ基地に向かうわが針路にほとんどくるいがないと判明したのは、戦場を離脱してから三時間もへたころであったろうか。椰子(やし)の木のあいだを、東西に走った滑走路につぎつぎと着陸したのは、それから十分もたたないころであった。

基地をわかせた喜憂二題

われわれはふたたび土に足をつけたのである。夕陽に映える椰子の葉の緑もことさらに青く、海岸の珊瑚礁のうえをさらさらと流れるきれいな潮の流れも、われわれの無事な帰投を喜んでいるように見えた。スルミの不時着場は、昭和十七年二月のラバウル占領と前後して設営された基地で、当時、少数の海軍の陸戦隊が駐屯していた。

われわれ零戦隊は、彼らがここに滑走路を整備して以来の初めてのお客様でもあり、遠来の客でもあるので、懐かしさもくわわって大した歓迎のしかたであった。第一に、搭乗員たちが喜んだのは、ドラム缶製のお風呂である。われわれはラバウルにきて以来、一ヵ月間、シャワーこそ浴びたけれども、風呂というものに入ったことがなかった。椰子の樹蔭で、ポカポカと暖かいドラム缶の風呂のなかから首だけ出している満足そうなわれわれの顔を、想像していただきたい。

風呂からあがって、夕食の膳をみてまた驚かされた。刺身が一皿ずつついているのである。入れ物こそアルミニュームの野暮な軍隊の皿であるけれども、中身は久しいあいだ口にしなかった天下の珍品、鯛ににた白身の魚の刺身である。

舌鼓を打ったのはもちろんであったが、これは陸戦隊員が海岸から釣ってきたもので、どのあたりで釣ったのかと聞いているうちに、だんだんとまずくなってきた。

この基地の便所は、海岸の珊瑚礁のうえに海面に突き出して設置されていた。下には奇麗な海の水が流れている特製水洗便所で、きわめて衛生的なものであるが、この刺身はどうもその便所の付近から釣ってきた魚らしいのである。そういえばそのあたりに縞鯛（しまだい）みたいな魚がたくさん泳いでいたのを思い出した。

その翌日、朝はやくラバウルに帰ったわれわれには、思いもかけぬことが待ちうけていた。

一つは前日、スルミ基地より陸戦隊を介して打った電信が、どうしたのか不達であったため、航空戦隊司令部はじめ台南航空隊本部でも、零戦隊が出発したままで連絡がなく、行方不明になっているので全滅したのではないかと心配していた。そこへちょうどわれわれが翼をつらねて着陸したので、悲しみは一瞬にして喜びに一変したけれども、われわれは恐縮せざるを得なかったのである。

もう一つは、このことで縮まった首を数十倍も伸ばすほどの大褒賞であった。話は前日の珊瑚海の戦場にさかのぼる。

われわれ零戦隊に先行した九六陸攻の爆撃隊も、一式陸攻の雷撃隊も、われわれと同じく敵艦隊を発見することができず、もう帰投しなければならぬと思っていたとき、はるか彼方の雲の間に猛烈な弾幕を見たそうである。

それッ！　あれが敵艦隊の位置だと殺到し、雷爆撃の理想的な同時攻撃となって、巡洋艦、駆逐艦各一隻を撃沈、他の艦艇にそうとうの損害をあたえる大戦果をあげて帰ったのである。

大戦果はほんとに喜ばしいが、「そのきっかけとなったあの弾幕は何だったのだろうか」ということになり、司令部はじめ各員の不思議の種であったのだ。ところが、その契機をつくったのがわれわれ零戦隊だということがわかった。かくて弾丸一発も打たずに、われわれは全員〝殊勲甲〟の最高の賞をいただいたわけだった。

以上がラバウル零戦隊の緒戦時の一コマである。

ラバウル派遣「瑞鶴零戦隊」の実戦秘法

昭和十八年二月一日〜七日／ガダルカナル撤収作戦

当時「瑞鶴」戦闘機隊・海軍飛曹長　斎藤三郎

斎藤三郎飛曹長

昭和十七年十月二十六日の南太平洋海戦の後、航空機と搭乗員を再編成するため、宮崎県富高基地において訓練にはげんでいた。やがて補充搭乗員を鹿屋（かのや）基地にうつすとともに、陣容を立てなおした新しい瑞鶴戦闘機隊はここに編成を完了、艦隊訓練にはげむこととなった。

一方、ガダルカナル島方面の状況は、ジャワにいた陸軍の第二師団を転用してガ島に進出させ、第一次攻撃につづいて第二次攻撃をくりかえしたが、制空権のないかなしさで、いずれも失敗におわった。と同時に、ガ島陸軍部隊の補給輸送をめぐって、彼我の艦艇や飛行機の戦いはますますはげしく、両軍ともに甚大な消耗をくりかえしていた。

そのころ、ラバウルを基地とする第十一航空艦隊の航空機も八月いらい、連日の戦闘に実

動機数は三分の一以下となり、搭乗員は疲労困憊して航空神経症が続出するというありさまで、戦力はまったく地におちてしまっていた。

補給輸送はといえばますます困難をきわめ、ガ島はまったく〝餓島〟とかわりはて、陸軍部隊はわずかに木の芽、海藻、椰子の実で露命をつないでいたが、脚気、マラリアの患者が続出して、いまや自滅をまつばかりの惨たるありさまであった。

かくて十二月下旬、ガ島撤退を決定するにいたった。

戦力の補充をおえた鹿屋基地の瑞鶴飛行機隊も、明けて昭和十八年一月十三日、航空機、搭乗員ともに一路、トラック島にむかった。

二十四日にトラック島につくや、ただちに飛行機隊は春島基地に飛び、ガ島撤退作戦協力のための準備にとりかかった。この作戦には母艦はトラック島においたまま、飛行機隊だけが参加することに決定し、わが戦闘機隊も二十九日には春島基地を進発し、ラバウル基地へとむかった。

出撃する虎ノ子零戦隊

荒木大尉の「搭乗員整列」の声があった。私（操練四四期）たちは着陸して愛機から降りたばかりで、強い日ざしと焼けつくような熱気が肌をさし、全身汗でびっしょり、首にまいたマフラーで汗をふきながら、やれやれと一息いれたばかりのときであった。さすがにここラバウルは赤道をこえたばかりで、トラック島よりは一段と暑さがきびしかった。

指揮所前に整列していると、まもなく黄旗を立てて一台の乗用車がやってきた。出てきたのは南東方面艦隊司令長官兼第十一航空艦隊司令長官である草鹿任一中将だった。指揮台の上に立った草鹿中将は、

「艦隊の精鋭である諸君をむかえて非常にうれしい。いまや戦闘は激烈をきわめ、たがいに消耗戦に入っている。諸君の高度の訓練を生かし、大いにはたらいてもらいたい」と訓示した。

中将を見送ったのち、隊長納富(のうとみ)健次郎大尉からこまかい注意があり、飛行機隊はただちに待機の態勢に入ることとなり、私たちは愛機（零戦二一型）の点検にとりかかった。全機がいつでも出撃できるようにしておくためであった。一個中隊が当直待機に、他のものは一応割り当てられた宿舎に昼食をとりに行った。

隊員はいずれも一騎当千の猛者(もさ)で、パイロットとしては抜群の技量の持ち主であった。なかには〝撃墜競争をやろうじゃないか〟などと言うものもいるかと思えば〝俺は土人を女房にしてやるぞ〟とまで言いだすものもいた。

ガ島の撤収作戦に投入された第十一航空艦隊（基地航空隊）は連日の激戦に損耗もはなはだしく、そのため〝虎ノ子〟の機動部隊の一部をこれにあてたものであった。瑞鶴(ずいかく)および瑞(ずい)鳳(ほう)の戦闘機隊の計四十八機がこれであった。

瑞鶴隊の隊長は納富健次郎大尉、瑞鳳隊は佐藤正夫大尉が指揮することになった。

みごとに効を奏した〝露払い〟

ガ島の撤収は、極秘中の極秘とされていた。もし味方の企図が敵に察知されれば、その追撃をうけて大損害をこうむるか、あるいは全滅するおそれすらあった。そこで私たち航空隊に課せられた使命は、あくまでも強気の攻撃に見せかける必要があった。ガ島への増援と見せかけて、撤退する味方を護衛するのが目的であった。

そのころ米軍は、マライタ島を基地として、ツラギ（フロリダ島）方面に艦隊を集結しているとのことだった。

二月一日、撤収作戦の前哨戦がはじまった。そこでわれわれには、まずツラギにある敵艦隊攻撃の命令が下った。わが攻撃兵力はラバウル基地の九九艦爆十五機、瑞鶴戦闘機隊二十四機、ブインにいる第十一航艦の十二機であった。

われわれの隊は、一個中隊を待機中隊として、ラバウル基地の防衛に当たらせるために残すことになったので、編成の一部組み替えをやり、私は隊長納富大尉の二区隊長として、その任務についたのであった。

午前三時、まだ南十字星が空にのこっている時刻に、宿舎から飛行場へと急いだ。納富隊長より戦闘上の注意をうけ、ブイン基地で燃料補給をうけるため、五時にラバウル飛行場を発進した。ブインでは第十一航艦の戦闘機隊と打ち合わせのうえ、午前八時に離陸して艦爆隊と合同し、ガ島へとむかった。

高度八千メートル、眼下にチョイセル島、ベララベラ、そしてコロンバンガラ、ニュージヨージアとつらなり、視界はきわめて良好であった。

やがてルッセル、ガダルの両島が、かすかに見えてきて、午前十時三十分ごろにはサボ島上空に達した。めざすツラギはすぐだ。われわれの任務は、艦爆隊に対する上空支援だった。艦爆隊の降下とともに、艦爆隊をおおうように高度を下げて行く。高度四千メートル、艦爆隊はそれぞれの目標にむかい急降下に入った。

ガダルの敵基地からはF4F、F4Uの約二十機が舞い上がってきた。納富大尉はふりかえって、下方を指さし「ニタリ」と笑った。まもなく隊長は指先をぐるぐるとまわして〝回転を増せ〟と信号した。列機は一斉に増速し、隊長機の増槽落下につづいて各機もこれにならった。

彼我の距離はしだいにちぢまる。私は隊長に敵の先頭機に攻撃をかける信号を送った。私はとっくに機銃の安全装置をはずして、照準器のスイッチも入れていた。列機である駒場一飛曹は、真っ黒い顔に目の玉をギラギラと光らせてぴたりとついていた。

──うまくゆきそうだ。私はなんとなくそんな予感がした。そして機首を敵の先頭機（F4F）の後上方にむけた。

八百、六百、三百──ころはよし、私は二〇ミリ機銃の引き金に力をこめた。

ドドドド……一連射した二〇ミリ砲の弾道は、みごとな直線をえがいていた。はやくも被弾した敵機は、エンジンのあたりから白煙をひいて視界から去った。

私はさっと身をかわして二番機に攻撃をゆずると、駒場機が的確な命中弾をあたえた。敵

写真は昭和18年1月末、ラバウル東飛行場に展開した、瑞鶴の零戦二一型

機はもんどり打って下向きになったとたん、錐揉みになって落下していった。おそらくパイロットに命中したのだろう。

われわれが見失った僚機をもとめてマライタ島上空にさしかかると、そこでは、もつれながらの空中戦が展開されていた。

だが、大急ぎで隊長機に追いついたときには、空中戦はすでに終わりにちかく、艦爆隊も攻撃終了とともに避退しつつあった。比較的かんたんな空戦ののち、戦闘は終わりをつげ、われわれは帰途についた。

この出撃は敵を牽制し、合わせてガ島の第一次撤収部隊を掩護する目的を、十分に果たしたのであった。なぜなら、第三十八師団、第十七軍直属部隊の一部、そして負傷者や海軍陸戦隊員などを輸送する任にあたっていた第三水雷戦隊の約二十隻の駆逐艦が、翌二日にはほとんど無キズで、ショ

ガ島撤収作戦支援で、一航戦の瑞鶴と瑞鳳の零戦がラバウルに派遣された。

ートランドに入港することができたからである。

火を吹く二〇ミリ機銃

二月四日、第二回目のガ島撤収部隊（第十七軍司令部、第二師団、軍直属部隊の大部分）を輸送することになった。この日の出撃は、撤収の輸送任務についたわが駆逐艦を上空より掩護するのが目的だったので、戦闘機隊だけの出撃であった。

ニュージョージア島付近を北上中のわが駆逐艦群を、とおく上空より発見するや、意外にも約二十機ほどの敵機が、しきりに攻撃をかけていた。駆逐艦群は白い航跡を残しつつ避退運動をおこなっている。急ぎ上空にかけつけ、いきなり敵の艦爆に後上方から襲いかかった。

高度は五百から一千メートルの低空なの

で、あまり深い角度で攻撃できないので、いきおい浅い角度の攻撃となるため、敵の尾部銃からみごとに攻撃をうけてしまった。一撃、二撃……駒場機とともに反覆攻撃をくわえ、三撃目に敵の尾部銃からの反撃を粉砕した。よし、つぎは最後の止どめを、と、できるかぎり接近して斉射をくわえ、これを撃墜した。

上空と左右を見ると、いずれも乱戦状態を呈している。零戦対F4F、零戦対P39、いずれもが格闘戦となり、隊長機がどれだか、また荒木大尉機がどれなのかさっぱりわからない。ふと曳痕弾（えいこんだん）が機側をかすめたのに気づき、後ろに首をひねると、F4Fが急に私の機に攻撃をかけて、すぐ機首をあげ上昇姿勢に入ってゆくところだった。つづいて敵の二番機も攻撃にうつろうとしているのを見て、私は思い切って操縦桿をひきながら敵の攻撃から逃れ、二番機のシリに喰いついていった。

はじめに上昇した敵の一番機は、これを見てあわてて私を攻撃してきた。しかし垂直旋回で小さくまわったため、敵の一番機の攻撃角度は深くなってしまい、下方にぬけてしまった。私は敵の二番機にあくまで喰いつき、射程距離の近づくのを待ち、一気に二〇ミリの連射をあびせた。敵の右翼はわが二〇ミリの命中弾をうけて吹っとび、錐揉み状態で落ちていった。

さきに突きぬけた敵の一番機は、高度の回復をはかったため、上昇姿勢にうつったときには、駒場機がこれにつかみかかり、攻撃をかけはじめたので、これは駒場機にまかせることにした。

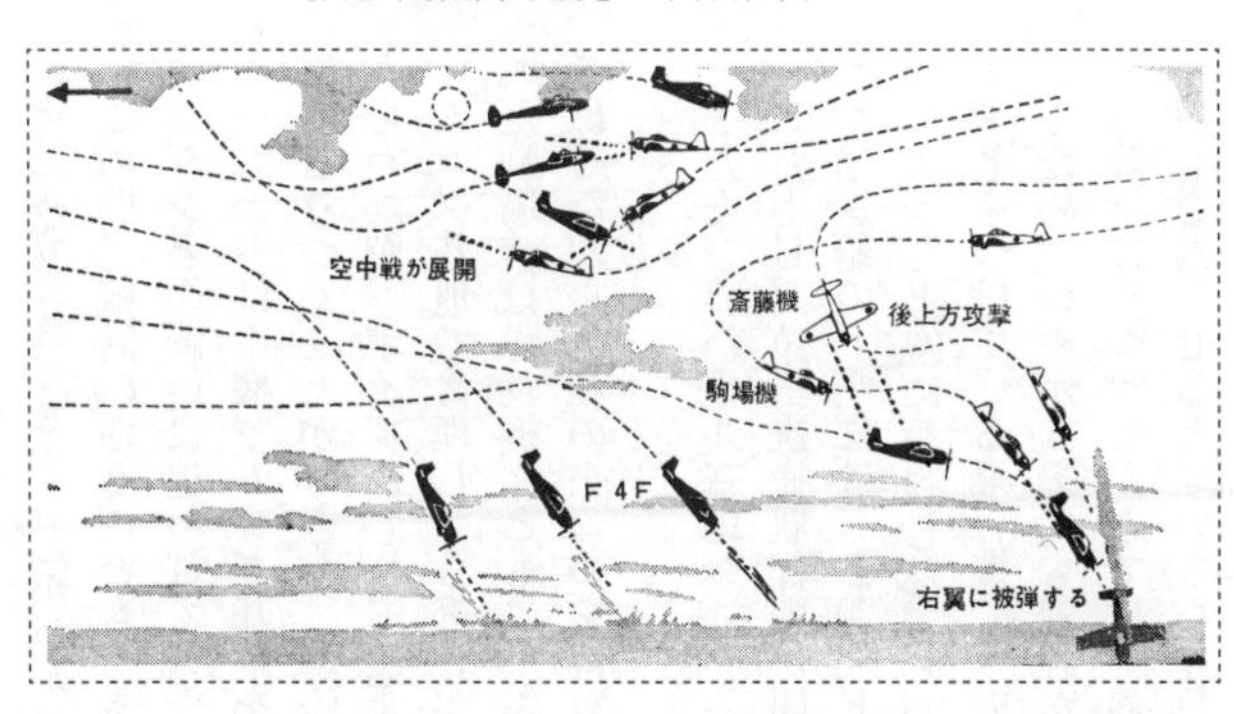

僚機を追うP39

ふたたび上空の乱戦場に機首をむけたとき、プスップスッと、エンジンの調子がおかしくなった。各計器には異状はない。いろいろとレバーで操作してみたが、いっこうによくならない。なにか白い煙とともに、油の焼けるにおいがする。これはいかん！　私は不時着を決意し、戦場より離脱しようと、できるだけ高度をとりながら、近くのムンダ基地の方向に機首をむけた。

と、そのとき左前方五千メートルくらいの距離のところで、P39一機に味方の零戦一機が追尾し、いままさに射距離に入ろうとしているのを見た。大丈夫だ、あの機は落とせるなと構えた瞬間、他のP39一機が、スーっと矢のような早さで味方零戦の後方に近づき、パッパッとプロペラの先端から三七ミリ機銃をうち出す白煙をみとめた。

あぶない！　思わずさけんだが、どうしようもなかった。ほんの一瞬の出来事であった。零戦は三七ミリの機関砲を後方からうけて、あとかたもなく四散してしまった（のちに重見兵曹長機であることがわかった)。

この間、掩護にゆくこともできないのが、じつに悔しかったが、私自身は自分の飛行機のエンジンとの闘いに追われていた。

それからは単機でムンダ基地をさがして、孤独な洋上飛行をつづけ、やっとのことで基地にたどりつくことができた。着陸すると、さっそく整備員の手で木陰に機をかくし点検してもらったが、オイルがもれて最悪の状態であった。

ムンダ基地で修理してもらい、一泊のうえ翌朝、ブイン基地にたどりついたが、心配していた駒場機は隊長機とともに、ぶじ帰投していた。二機を打ち落としたと真っ黒い顔をほころばせながら、私の来るのを待っていてくれた。

ふたたびラバウル基地へ

二月七日、第三次撤収作戦が開始された。われわれはふたたびブイン基地から発進した。わが輸送船の上空には、P39、F4Fなどが乱舞しているさまが見られた。ただちに戦闘態勢に入って上空に殺到した。P39は座席のうしろに発動機をつんでいて、〝かつおぶし〟とアダ名をつけている飛行機で、去る四日の空戦でも、目の前で味方機が撃墜されたのを見ているため、いやがうえにも闘志がわいてきた。

急降下にうつってからでは、零戦ではとても追いつけそうもない。横の垂直戦法をもって一連射をあびせると、いきなり急反転してダイブで逃げられ、ついには諦めざるをえなかった。

この日の戦果は、F4F一機だけにとどまり、基地に帰投した。これをもって撤収作戦は終了(一万三千名の陸海軍部隊を撤収させた)し、みごとな成功をおさめた。撤収作戦の終了とともに、敵艦隊の動きも活発化が予想されたため、二月十七日、トラック島に飛行機隊は引き揚げ、艦隊訓練をすることになった。

そのころより隊長・納富大尉と、瑞鳳戦闘機隊長・佐藤大尉は、ガ島での戦訓により、零戦による急降下爆撃を敢行することを提案し、それからの訓練は、これまでどおりの空戦訓練もさることながら、艦船の爆撃訓練を重点にした猛訓練がはじめられたのであった。

やがて四月二日、ふたたび私はラバウル基地への進出命令をうけた。戦局はソロモン方面、東部ニューギニア方面が、ともに逼迫(ひっぱく)していた。われわれの任務は、この敵をここで喰いとめるというはなはだ重大なものであった。

明くる三日、全員に指揮所前集合が命令された。山本連合艦隊長官がお出でになるというのである。「なにか重大なことが起きたのか」と緊張しながら整列した。

やがて艦隊参謀長以下、幕僚をしたがえて、山本長官が中央の台上に立った。山本長官は、みずから現状の戦況の重大さを説明し、われわれにいっそうの奮起をうながした。こうしてふたたび南方の最前線に、大将旗がへんぽんと翻ったのである。

私はこうして敵六十四機を撃墜した

見敵必墜の空戦法の極意

元台南空搭乗員・海軍中尉　坂井三郎

敵を知り己れを知る――この言葉は戦いにのぞみ、勝負を争うものにとって、かた時も忘れてはならない鉄則である。ところが、ひとたび戦いの修羅場にまきこまれると、われわれ歴戦のものでも、なかなか守れないことであった。

空中で退避してよいのは雷雨に遭遇したときと〝ゼロ〟に会ったときだけだとか、二倍以上の兵力でなければ〝ゼロ〟に空戦をしかけてはならないとか、太平洋戦争の初期から中期のはじめにかけて、米空軍の戦闘機隊ではこのような制令を出していた、と伝えられる。

それほど、彼らは零戦をこわがっていた――といえる。零戦を操縦して敵機と渡りあうとき、敵のどんな戦闘機にも負けぬ自信があった。そのころの私たちは、二倍以上の敵戦闘機の編隊に対しても平気で空戦をしかけ、しかも勝てる自信があったのである。

坂井三郎中尉

それほど強かった零戦が、太平洋戦争の後半にかけて、その威力を十分に発揮し得なかった原因はさておき、私（操練三八期）が零戦をどのように見ていたか、振り返ってみよう。

零戦の最大の特長はなんといっても、その信じられないほどの航続力であった。どんなにすぐれた性能の戦闘機であっても、飛行時間が短くては、その性能を持続しながら最大限に実力発揮することはむずかしい。

なぜなら飛行機というものは、空中にあってのみ初めて、その威力を発揮しうるものであって、時間ぎれで地上に降りた戦闘機は、戦力ゼロだからである。

圧倒的な勢力と、すばらしい戦力をほこったあのドイツ戦闘機隊のメッサーシュミットやフォッケウルフが、あの狭いドーバー海峡の制空権をとりきれなかったのは、なぜだろうか。その原因はいろいろあると思うが、なんといっても、航続力の不足が最大の理由であっただろう。帰りをいそぐドイツ戦闘機がスピットファイアやホッカー・テンペストに引きずりこまれ、執拗（しつよう）にからまれて墜とされていった状景が、私には眼に見えるようだ。

よく昔から、飛行機乗りの〝六割頭（ろくわりあたま）〟という言葉があるように、飛行中の操縦者は、その人間の持っている性能を削りとろうとする、たくさんの条件とたたかっているのであるが、その操縦者が燃料の残りにたいしてつかう神経は、想像以上のものがある。

燃料消費量の少ない栄エンジン、片持、流線型の画期的な大型増槽、機体のわりに大きな主タンク、航続力をのばすためにほどこされた優れたその設計技術は、零戦の、あのすばらしい攻撃力の原動力であった。

そのすぐれた航続力が、進攻戦闘機にとって、どんなに大切なものであるかということを、零戦は最初の空戦で、その威力をはっきりとしめしている。

その日は、昭和十五年九月十三日であった。同年八月十九日の初陣いらい、数日にわたって零戦は重慶空襲をこころみたが、そのたびに中国空軍は、いちはやく奥地に逃げ去って、空中戦は行なわれなかった。

その日、進藤三郎大尉の指揮する零戦十三機は、例によって重慶飛行場を襲った。その日の空襲には秘策がたてられていた。

零戦隊は同行した爆撃隊の爆撃終了とともに、いったん漢口基地に帰投するように見せかけた。零戦隊が見えなくなった午後二時ごろ、例によって逃避していた中国戦闘機が重慶上空にあらわれ、デモンストレーションをはじめた。

一機だけで残って、重慶上空を遠くから監視していた九八陸偵(神風型偵察機)から、この報告をうけた零戦隊は、ただちに反転、たくみにこれを捕捉して、たちまちのうちにソ連製のイ16、イ15よりなる、二十七機の敵戦闘機を一機のこらず撃墜し、零戦隊は全機帰還した。

このすばらしい戦果は、これに参加した操縦者が全員ベテランぞろいであったとはいえ、敵戦闘機パイロットたちが予想もしなかったほど、零戦の航続力がすぐれていたからである。この空戦で、山下古四郎空曹長は単機よく五機を撃墜した。

航続力延伸のため増槽を抱き、中国奥地攻撃に向かう十二空の零戦一一型

長所と短所をいかに生かすか

つぎにあげられる零戦の特長は、あのずばぬけた操縦性だ。とくに、その空戦性能はすばらしかった。零戦を知るもののほとんどが、空戦性能を第一にあげるのも当然のことである。

とくに、ダイブの余力を利用して引き上げる上昇力は、まさに天下一品で、これを応用するタテの空戦に引きこまれた敵機は、よく零戦の餌食になっていった。

われわれは空戦中、いろいろの舵の使いわけをするけれど、これを大別すると、大舵と小舵とになる。大舵は、ものすごい早さで動きまわる敵機を追って、絶好の射撃点の直前までもってゆく操作であり、小舵は最後の射撃時のセットである。

大舵も小舵も、利き(き)が足りないのはもちろん困ることであるが、あまり利きすぎるのも、よくないものだ。言いかえれば、操縦者がほしい時に、ほしい量だけ動いてくれる舵が、理想的な舵といえる。とくに昇降舵の利き具合が、空中戦では決定的な要素となる。

エルロンは利きすぎても、飛行機の軸線は変わらないし、方向舵は、それほどには飛行機の進行方向は変え得ないからである。

ほしい時に、ほしい量だけ利く——われわれは、これを操舵応答とよぶが、零戦の昇降舵の装置に、偉大な設計者堀越技師の苦心研究の秘密があった。

世界の戦闘機に先んじて、二〇ミリ機関砲を装備したことは大きな魅力で、一発よく敵戦闘機をふっとばす威力があった。

もう一つ、零戦には大ていの人が知らない大きな長所があった。それは見はらしのよい操縦席だ。とくに後方の視界のよいことは、有難いの一語につきた。当時の外国戦闘機の写真と見くらべると、なるほど、と頷(うなず)けよう。

人間のつくったものに、万能なものはない。限られた馬力と重量をつかって、大きな特長を出そうとすれば、そこにかならず反作用の起こるのは当然のことで、零戦にも大きな欠点があった。

空戦性能、とくに格闘戦に強くなるため軽くつくられた零戦には、防禦装置はなに一つほどこされていなかった。ひとたび敵弾をうけると、まるでライターのように、零戦は燃料タンクから火をふいた。

その操縦者は、後ろからかんたんに打ちぬかれてしまった。機体が軽く馬力が比較的小さいので、急降下のダッシュが悪く、幸運にも追いついたとしても、制限スピードを守らないと空中分解するという心配がある。

このため、みすみす敵をとり逃がすことが多く、それに急降下時に舵が急激に重くなるという性質があり、神風特攻隊の零戦が、よく目標をはずれて海上に突っこんだ原因の一つは、急降下時の過速で操縦不能になってしまったことが考えられる。

画期的な二〇ミリ機銃も、命中して初めてその威力を発揮したのであって、命中率の悪いことと弾丸の少ないことは、大きな欠点であった。とくに対戦闘機の空戦には、欧米の戦闘機のほとんどが採用した一二・七ミリの方が、ずっと優れていたのではないかと思う。

それに、日本の戦闘機用無線電話機の性能の悪いことは決定的で、そのほとんどが実戦の役にはたたなかった。われわれは敵の機動部隊の戦闘機の発進を、よく陸上基地の無電室で傍受したが、発艦空中集合にさえ、さわがしいほど彼らは無線電話を使っていた。これだけは、いつも羨(うらや)ましいことだと思っていた。

零戦には、このような欠点があったが、それでもわれわれは零戦に最大の信頼をおいていた。それは零戦の長所が、敵戦闘機の性能を大きく上まわっていたからだ。

ベテランが見せる零戦の魔術

戦争のはじめごろ、ベテラン操縦者たちは、零戦の欠点など考えることもしなかった。それはそのすぐれた綜合攻撃力を十二分にのばして戦うだけで、勝ちぬけたからだ。

二型で、左から３機目の帯２本の機体は、指揮官の進藤三郎大尉の搭乗機である

い号作戦にあたり、ブイン基地を大挙して出撃する零戦二一型。手前の列線は二

しかし、戦場には運不運が、いつも付きまとっている。長い間には、いつのまにかベテランの数が少なくなって若い未熟な操縦者が多くなり、その未熟者たちは零戦の長所を生かすことができず、かえって、その欠点を大きく敵にさらけだすようになってしまった。

このように考えると、戦争の後半に弱くなったのは、零戦ではなくて、操縦者だったということがいえる。操縦者の層の厚さ、これが最大の原因であった。どんなにすぐれた飛行機も、それを操縦する人間によって、生きも死にもするのである。

私たち古いものは、戦いの余暇をみては若いものに空戦の手ほどきをしたが、おなじ性能の零戦同士が、おなじ条件で空戦を開始した場合、空戦性能がおなじなのだから、性能表のとおり飛行機が動くものなら、燃料のなくなるまで勝負がつかないはずなのに、それこそ二十秒か三十秒たらずで、若いものが負けてしまうのである。

舵のつかい方のどこかに、わずかばかりの違いがあるのだ。

われわれベテラン操縦者は、長い間の経験で、この一手という空戦の奥義を、編みだしたものだ。九六戦以後の単葉戦闘機になってからは、われわれは単葉機独得のトモエ戦の手を研究した。俗にこの技をひねり込みと呼んだが、形はおなじようでも、一人一人、どこかが違っていた。

この技だけは、ここでこう舵をつかうのだ、といって教えることができなかった。

若いものは、古いものの真後ろにぴったり喰いついて、その動きについてゆきながら、その技を覚えこむのだが、二転三転するうちに、いつのまにか誤魔化されてしまって、相手が自分の前から消えてしまう。

あわててあたりをきょろきょろ見まわし、はっと気づいて後ろを見ると、どうして廻りこんだのか、ぴったりと真後ろに喰いつかれているのだ。若いものからみると、その技は空の魔術としか考えられないほど不思議な技である。

秘中の秘をつかわぬ理由

私は、左のひねり込みの技を得意としていた。その技にさえ相手を引きずりこめば、誰にも絶対に負けない自信をもっていた。しかし、私は実戦ではかぞえるほどしか、この手を使わなかった。なぜなら、このような極め手は、非常にきわどい技だからだ。

私はいつも、この奥の手を使わないように心がけた。きわどい技を使うときは、一手まちがえば自分がピンチに追いこまれることを知っていたからだ。零戦のすぐれた性能をいかして使いこなせば、もっとらくに敵機をおとすことができるからだ。

勝負においては、読みの深いものが勝つのである。空戦の読みは、見張りである。敵より先に敵を発見して、敵のもっとも弱いところへ不意討ちをかける。敵が接敵の途中で気がついて、不意討ちがかけられない場合でも、かならずその空戦の主導権をとる。

敵の不意をつき、虚をねらい、そしてじらす。宮本武蔵は、いつの勝負でも、この三つの手の一つをとって戦いにのぞみ、そして勝ったという。私はいつの空戦でも、この教訓を忘れなかった。

米戦闘機は初めのころ、まっこうから私たち零戦隊に勝負をいどんできたが、彼らは逃げる暇もなく、零戦にたたき墜とされていった。そのころ、墜とされて死んでいったアメリカの戦闘機乗りは、なぜやられたか、頭をかしげる暇もなかったのではないだろうか。そのころの零戦隊は、それほど手が早かった。

私が編みだした逆手戦法

やられながらも敵はあの手この手と研究して、零戦の弱点も、いつのまにか知るようになった。そして格闘戦は絶対に不利ということを知った敵は、千メートル以上の高さから、急降下一撃離脱という戦法にきりかえた。

この戦法には、私たちも一時めんくらったが、急角度で突っこんでくる戦法は、機銃の命中率が悪いのと、たった一撃で終わってしまうといった欠点があった。しかし敵は、零戦に対してはこの方法よりないと思ったらしく、好んでこの戦法をくりかえした。もちろん、私たちはすばやくこの敵を発見して、反撃したり、あるときはスルリと体をかわした。

こんなことがしばらく続いて、敵機がつかまえにくくなったので、酸素ビンを一本たして、私たちも高度を上げたので、またもとの勝負にもどった。

そこで敵機は、零戦のダッシュの悪いことと、制限スピードのあることに気づいて、不利となるとパッと切り返して、背面に近い姿勢から、いきなり垂直ダイブで逃げる手を使いだした。

そのころから、私は自分の戦法を変えることにした。このころまでの空中戦の常識では、会敵時、敵より高度の高いということは優位とされ、絶対の条件と考えられていて、私たちもこの定石(じょうせき)をまもってきたのであるが、攻撃開始の寸前にでも、敵に気づかれた場合は、この定石をまもっていたのでは、例外をのぞいては取り逃がすことが多くなったからだ。しかもこの場合の高度差は、五百メートルから七百メートルなければならない。

そこで私は、敵の逆手をとることを考えた。

敵発見と同時に、できるだけ敵の真横より後ろの方にすばやく廻りこみ、すこしでもこちらが高い場合は、機首を突っこんで全速をかけ、高度差の優位性をスピードのエネルギーにかえ、百メートルから二百メートルぐらい下にもぐりこみ、敵が気がついて急降下で逃げようとする出バナを、下からピタリと押さえる戦法をとった。

いくらダッシュがよい敵機でも、こちらにスタートのスピードさえあれば、わけなく追いつけるし、また急降下にうつる瞬間、どんな戦闘機でも大きなバンクをとってからでないと、下へひねり込むことはできない。そのバンクをとったとき、一瞬、動きがとまって、こちらに大きく機体を暴露するものだ。

私はその瞬間、左下から槍を突き出すようにして近づきながら、機銃弾の束で敵機をつらぬいた。もし敵が下からの攻撃に驚いて、急旋回か急上昇で反撃してくればしめたもので、それこそ零戦のお家芸に、敵がはまってくれることになる。

この戦法を考えだして使いはじめたころは、一たん敵より劣位の高度差となるので気味が悪かったが、何回か試(ため)しているうちに、スピードさえもっていれば、このやり方が一番安全で手っとり早いことがわかった。

しかも空戦開始時、こちらが敵を前上方に置くということは、操縦者として敵をもっとも見やすい位置におくことになり、有利だった。

逆に後下方からつけられた敵は、自分の胴体の下から突き上げられるという不安と、後下方を見張るという、もっともやりにくい姿勢をとらされるので、必ずといってよいくらい、つぎの操作でミスをやってくれるのだ。

私は、この型にはまってくれた敵機は、ほとんどとり逃したことがなかった。

それは、敵に適当な高度差をあたえてしまうことになり、攻守ところを変えてしまうからだ。私はこの経験で、後下方からの射ち上げ、すなわち敵機の横っ腹と、翼の裏側から射ちこんだ方が、おなじ命中弾でも威力があることを知った。

この方が敵機はよく火を噴いたし、翼などが吹っとぶ率が多かった。飛行中の翼は、表面の圧縮とは反対に、裏側に引っ張る力がはたらいているからだろう。空中戦も一つの科学である。

死神「零戦」の正攻法戦術とはこれだ

昭和十八年五月二日／ポートダーウィン爆撃行

元二〇二空搭乗員・海軍飛行兵曹長　大久保理蔵

昭和十八年四月下旬、内地では桜の花も満開であろう。故郷の美しい野山がなつかしく思い出される。五月はじめに豪州ポートダーウィン攻撃が行なわれることになっているので、攻撃編成にあるベテランのパイロットたちは、ぞくぞくと本隊のあるケンダリー飛行場（地図参照）に向かったが、まだ新米（しんまい）のわれわれは、その代役としてケンダリー基地以外の基地へばらまかれることになった。

大久保理蔵飛曹長

私はアンボイナ島のアンボン基地へ派遣された。戦線へ来て、すでに半年あまりである。こんどこそは攻撃隊の編成に、名前をつらねられるものと思っていたのに、また駄目だった。

一日も早く敵地の空襲に行きたくてたまらない。初陣の大戦果をあげる夢までみるほどだった。これは私ばかりではあるまい。去る三月のポートダーウィン攻撃に、戦友の田尻二飛

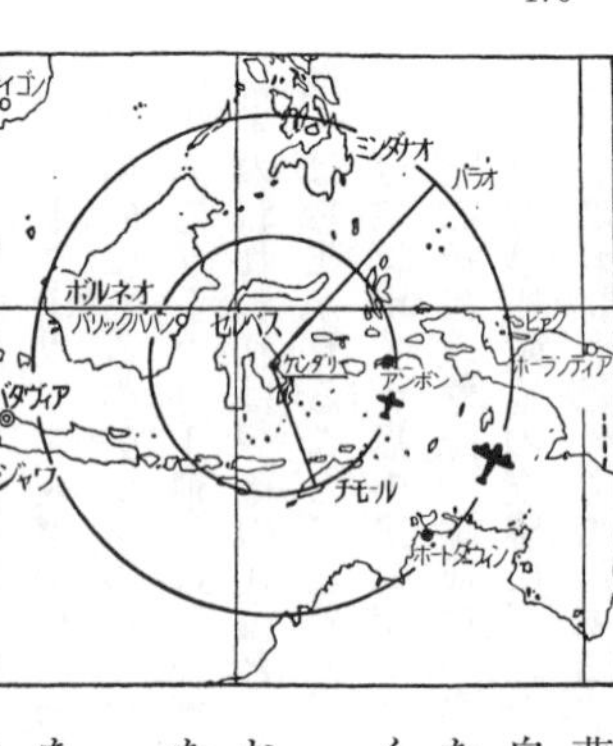

曹は病気をおして無理に攻撃に出たが、戦果もあげずして自爆してしまったという例もある。これは決して訓練ではないのだ。じっくりと腕に磨きをかけてから出撃しても遅くはない、と自分にいいきかせた。

しかし一日千秋の思いで待った攻撃命令が、意外に早くおとずれたのだ。それは、アンボン基地に派遣されてまもなく、本隊のケンダリー基地が敵の奇襲にあったのである。

そのときの模様を戦友にきくと、その日はまったく不意をつかれて、取るものも取らずに、とにかく舞い上がってこれを邀撃した。なかには入浴中をおそわれ、真っ裸で飛行機に飛び乗ったという人もいたほどであった。

敵が去って、いざ着陸しようとしてもすでにあたりは暗く、飛行場はドラム缶が燃えていて、誘導の電灯をつけてもその炎に眩惑されて、上空は想像のできないほどまでに混乱していた。

川上二飛曹と日原飛曹長とが、それぞれ反対方向より着陸したので滑走路中央で正面衝突してしまった。私はこの話を聞いたとき「先輩、さぞご無念だったでしょう。仇はかならずこの私がとってあげます」と叫びたくなるような気持だった。

これによってわれわれ新米パイロットは、セレベス島ケンダリー基地に呼びもどされた。

こんどこそ間違いなく出撃であろうと、はずむ心をおさえながら夕闇のアンボン基地をあとにした。ケンダリーに向かう途中、私はふとこう思った。

「ケンダリーの不幸が、じつは私にとっては待ちに待ったしあわせだったのだ。死んだ先輩たちには悪いが、これが戦いの一つの運命なのかも知れない」

ケンダリー基地につくと、すでに傷もいえて整備員たちが、そして残ったパイロットたちが、飛行機の点検にまた訓練にはげんでいた。

ただちにわれわれは第七五三空の一式陸攻と合同の、高々度綜合訓練を開始した。すでに出撃を約束されたいま、じつに晴ればれとして、一日ごとに腕が上達してゆくような気さえして、言うにいわれぬ張り合いがあった。

にぎわう初陣の前夜

五月一日、午前中にチモール島クーパン基地への進出の準備も終わり、待機以外の飛行機はすべて掩体壕（えんたいごう）に入れて、整備員たちの入念な最後の整備がおこなわれた。

われわれは小隊長・石川飛曹長はじめ、隊長の鈴木実少佐以下のベテランのパイロットから初陣に対するこまかい注意や、今次作戦の詳細な打ち合わせもすでに聞いていたので、まったく手持ちぶさたで、夕方の指揮所集合までそれぞれが思い思いの時間をたのしんだ。

しかしどうも落ちつかない。そりゃ、無理もないだろう。明日はいよいよ晴れの初陣なのだ。私は愛機にむかった。もちろん整備員が完全に点検し終わっているのだと知りながらも、

メナド飛行場に展開した二〇二空の前身、第三航空隊の零戦二一型の列線

万一のことをおもんぱかって、自分で点検することにした。とくに風防にクモリはないかと糸クズで丹念(たんねん)にみがいた。それは、敵が後上方攻撃をしかけてくることが一ばん多いと、先輩から聞いていたからである。

つぎに計器板を調べた——異状なし。座席も大丈夫だ。ふと操縦桿を見ると、その先端に「必勝」の二字がきざまれてある。整備員がほったものであろう。私は口の中でつぶやいた。

「愛機よ、明日はいよいよ私の初陣だ。どうかしっかり頼むぞ」

いよいよ私の胸中には、初陣への昂奮がたかまってきた。——やるぞ！

やがて指揮所前に集合したわれわれは、指揮官からふたたび明日のこまかい注意を聞いた。そして明日の成功を祈り、士気を鼓舞(こぶ)させるための乾杯をした。わずかなブドウ酒と清酒を盃にうけて司令の音頭で一同、盃をほした。

〽若き生命を愛国の　燃える血潮に捧げきて　日ごろたゆまぬ訓練の　見よその姿　戦闘機隊

われわれは声をかぎりに、この第三航空隊戦闘機隊の唄をうたった。外は太陽がまさに沈まんとし、西の空はうすく紅(くれない)にそまり、明日の上天気を約束している。海から吹く風は、南洋独特のこころよい涼風が肌をよぎる。空には南十字星が、出撃の前夜祭でにぎわう宿舎を照らしている。

われわれパイロットは、いちど機上の人となれば、すでになき生命と覚悟しなければならない運命にある。しかし私は、明日の晴れの初陣を思うとき、ふしぎに〝死〟の恐ろしさというものは感じられなかった。いや、それが戦いなのかも知れないと思った。

かくしきれぬ喜び

昨日はあれほど昂奮していたのに、寝床につくと不思議なほどはやく眠りについた。明けて五月二日、いよいよ初陣の日である。朝の冷気がじつに気持よい。とくに今日は念を入れて洗顔した。そして、たっぷり時間をかけて放便(ほうべん)もした。上空に舞い上がって催してきたら、それこそ〝ウンのつき〟である。朝食をほおばりながらも僚友たちは、数時間後にひかえた熾烈な戦闘の模様を冗談まじりに話し合っている。

「戦闘機で、それも豪州まで行くとは、まったくぜいたくな遠足だぜ」初陣を遠足と同じように考えている、神経の図太いのもいる。

指揮所前で日の丸の鉢巻と航空錠を二粒わたされた。天気は上々、まったくの攻撃日和(びより)である。すでに一式陸攻隊は起動している。そしてわが零戦隊も指揮官から簡単な訓辞のあと、愛機に飛び乗った。

「大久保兵曹、おめでとう。頑張ってください」整備員から激励の言葉をうけたとき私は、思わず武者ぶるいを禁じえなかった。

やがて陸攻隊は離陸した。私はエンジンのレバーを全開にした。調子は上々だ。整備員が機にしがみつくように、「調子はどうか」と手でしめしている。私は手をふって「ありがとう、大丈夫だ」と合図すると、整備員の顔に初めてよろこびの笑(え)みがうかんだ。

——さあ出撃だ。

みごとに離陸して、ただちに三機ずつの編隊を組んだ。地上では、見送りの人たちが総出で、晴れの初陣を祝うように手をふっている。やがてわれわれは集合のため、飛行場の上空を二、三度旋回すると、予定の攻撃針路に入った。

しだいに基地は遠くなる。一式陸攻二十七機はガッチリと編隊を組んで、わが零戦隊の前方、約一千メートルをすすむ。そのうちに攻撃隊はしだいに高度を上げる。一式陸攻隊七五〇〇メートル、零戦隊八千メートルだ。時計を見ると、目的地到着の約一時間前をしめしている。

やがて前方に、メルビル島が見えてきた。ますます緊張してくる。なんとなく身体がふるえているようだ。

メルビル島を通過すると、めざすポートダーウィンがみとめられた。目をこらすと、雑木林のなかに白い直線——東飛行場を発見した。

あっけない初撃墜

はじめて見る敵の飛行場——滑走路の西の隅に、数十の幕舎が白くならんでいる。これが今日の爆撃目標である。われわれは陸攻隊直掩という任務上、つねに陸攻の動きに注意しなければならない。

やがて陸攻隊が爆撃のため高度をやや下げた。そのとき敵の高角砲が猛然と火をはき、これを襲った。

——爆弾投下。まるでミゾレのように降る爆弾——と同時に、それは白いダリアの花が咲いたように、地上に炸裂する。空は高角砲の無数の弾幕で、視界がさえぎられるほどだ。しかし陸攻隊は、悠然(ゆうぜん)とこの弾幕をぬって爆撃をつづけている。

やがてわれに被弾機もなく、ぶじに爆撃も終わり、右に旋回した陸攻隊は避退しはじめた。そしてふたたび海上に出ると、いよいよ敵の邀撃機が陸攻隊に殺到してきた。私には、いままで見たこともない機種である。距離がしだいにちぢまる。

かくして彼我入りみだれての格闘戦が展開された。

そのとき敵の一機が、猛然とわが一式陸攻隊の一機に襲いかかった。さあ、いよいよわれわれの腕前を見せるときが来たのだ。——それっという間に、わが小隊は単縦陣となって攻撃を開始した。まず小隊長機が一連射する。みごとに命中して白煙をはいたが、墜ちる様子もない。つぎに二番機——まだ墜ちない。

さて、おつぎは私だ。ＯＰＬ照準器に敵機をとらえた。機影がしだいに大きくなる。まだ早い、あせるな。敵は左右に急旋回して、なんとかして逃げようとしている。陸攻の攻撃なんかしてはいられないだろう。

と、そのとき、敵機の翼のマークを見た。イギリスのマークだ。そうか、これがスピットファイアなのか。相手にとって不足はない。

搭乗員の顔が見えた。絶好の射距離だ。私は発射把柄をグッとにぎった。弾丸は矢のごとく敵機を襲う。——当たった！　みごとに右翼に命中したのだ。と同時に、まるでガラスを割ったように翼が吹っ飛んだ。敵機はたまらず左に傾いた。機首が下がった。私は操縦桿を引いて上昇にうつり、いま一度、敵機をみると、真っ黒な煙をひいて海面にむかって墜ちてゆくではないか。

「やったぞ！」と、私はさけんだ。初めての敵機撃墜だ。

しかし、あまりに突然で、それもあっけないものだったので、なんだか実感がわいて来ない。先輩の話では、だれでも初陣の初撃墜なんてものは、なにもかも無我夢中で、実感がわくのは無事に帰投してからだとのことである。なるほどそうかも知れない。

やがて私は、あたかも〝大空の勇士〟になったような、じつに爽快な気持で、前方にいる

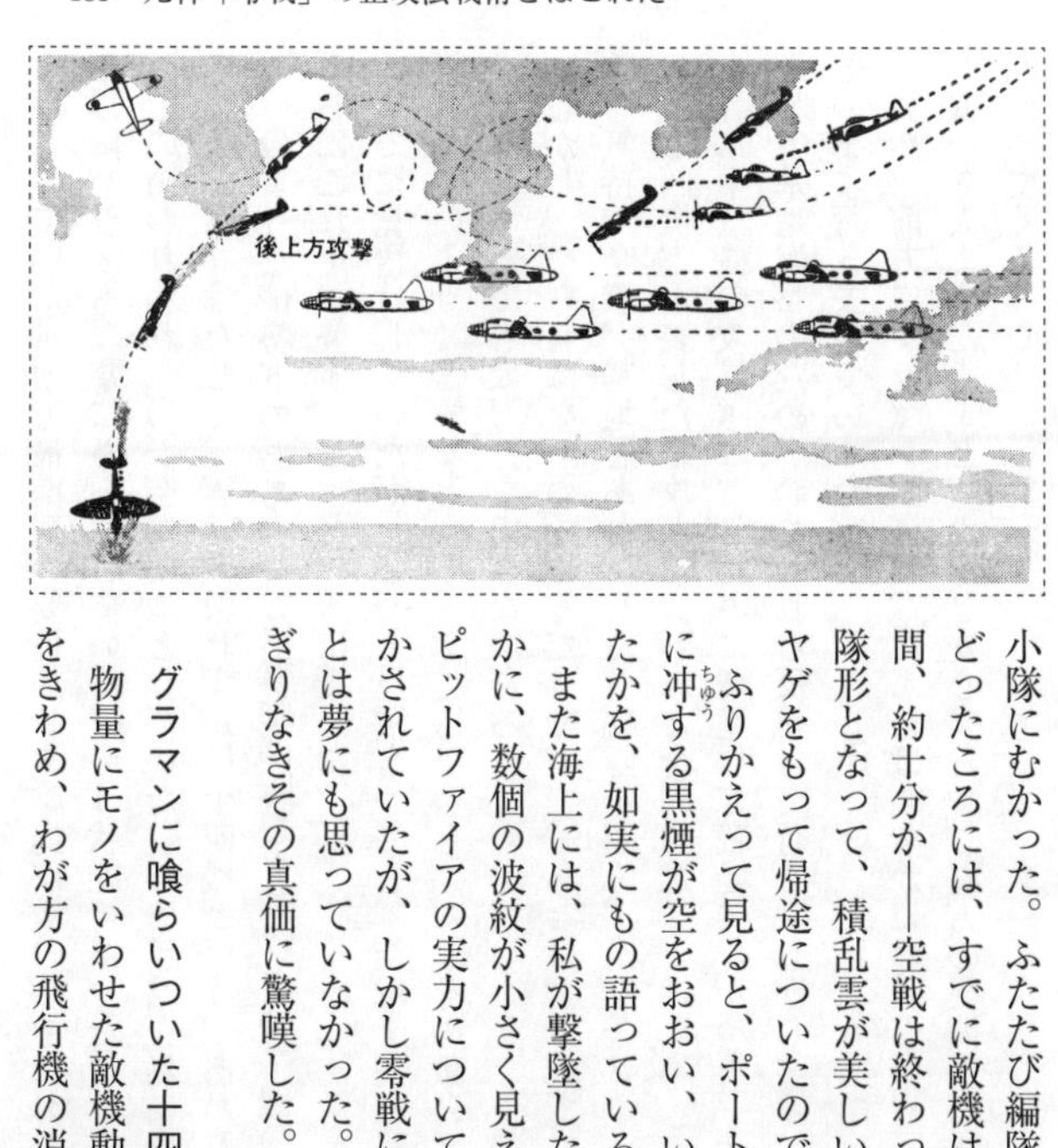

小隊にむかった。ふたたび編隊を組んで陸攻隊の上空にもどったころには、すでに敵機はみとめられなかった。そしてもとの警戒航行隊形となって、積乱雲が美しい大空を、大戦果というオミヤゲをもって帰途についたのである。

ふりかえって見ると、ポートダーウィン東飛行場から天に冲(ちゅう)する黒煙が空をおおい、いかに今日の戦果が大きかったかを、如実にもの語っている。

また海上には、私が撃墜したスピットファイア一機のほかに、数個の波紋が小さく見える。英空軍がほこる名機スピットファイアの実力については、私はいつも先輩から聞かされていたが、しかし零戦に、かくも簡単に撃墜されるとは夢にも思っていなかった。いまさらながら零戦の、かぎりなきその真価に驚嘆した。

グラマンに喰らいついた十四機

物量にモノをいわせた敵機動部隊の攻撃はいよいよ激烈をきわめ、わが方の飛行機の消耗は、ますます増大の一途をたどっていた。南方最前線の要地メレヨン島が敵の手中におち、つづいて昭和十九年三月末以降パラオも攻撃にさらされているという状態であった。

その頃われわれ二〇二空が基地としていたここトラック島にも、連日の出撃による飛行機の損失がはなはだしく、実動機数わずかに十四機という、あわれなありさまだった。

そのような情勢下のある日、「敵機動部隊をトラックの二四〇度、一〇〇浬に発見す。ただちにこれを強襲すべし」との報に接した。

すでに覚悟はしていたが、ざっと見積もっても、空母十隻として一艦につき最低二十機は搭載していよう。とすると……考えてもぞっとする。その敵に、われの十四機が戦いを挑むのである。とても太刀打ちできないだろう。

しかし、やらねばならぬ。やるだけやって、あとはどうにでもなれ――いささかヤケッパチな気持で全機、基地をあとにした。編隊を組み、上空千メートルで旋回していると、味方の艦爆四機、雷装した艦攻が三機われと合同した。

計二十一機の攻撃隊は、しだいに増速して戦場にむかった。そのとき上空を、敵の戦爆隊が味方基地爆撃のため、われわれと反航して行く。しかしまるでお互いに気づかぬように、そのまま行き去っていった。

突然、前方にグラマン四機が、こんどは明らかにわれを襲う隊形をもって直進してきた。四機なら大丈夫だ――と、ホッと安心するや、右方の雲間からまた四機のグラマンがわれに向かってくる。

私は、とっさに上空の雲の中へ避退するよう十四機の零戦にしめしたが、間に合わない。やむなく私は増槽を落下した。列機もこれにならった。決戦の合図である。

逃げられては男の恥だ

しかし艦爆と艦攻の七機は、ぶじに雲の中に避退できた。そのとき、一機のグラマンが私に襲いかかってきた。来たな、と私は敵の一連射をかわして、操縦桿を斜めにぐっと引いて、機をひねった。

びっくりしたグラマンは、これはたまらんと逃げ出した。——どっこいそうはさせんぞ、せっかく有利な位置につけたのに、ここで逃げられては男の恥だ。胴体に白くえがかれた星のマークが、はっきりと見えた。機体には塗料はぬっていない。ジュラルミンがピカピカと太陽に映えてまぶしい。パイロットの、必死に逃げようとあわてている顔が見えた。

ここだとばかり私は、パイロットめがけて引き金をひいた。弾丸は風防をやぶってパイロットに命中した。と同時に、パイロットの頭が前のめりになった。そして機は、錐揉み状態で墜落していった。

私はふたたび上昇して前方に眼をやると、グラマン一機が、味方の零戦の後方にピタリとついて、まさに攻撃をくわえんとしているのを発見した。

「あぶない！」

ちょっと距離は遠かったが、威嚇射撃を一連射した。すると敵サン、追撃を断念して機首を下方にさげて逃げ出した。バカなやつだ。もしあれが私だったら、ねらった相手はかならず墜（お）とす。べつの機が私をねらっていれば、それをかわしながらでも絶対に墜とす。そのくらいの技量は私にあると信じている。

しかし、とにかく私は僚機の危機を救ってやったのだ。僚機は私にたいして感謝のバンクをふった。私もこれにこたえた。

帰りの駄賃にまた一機

味方に一機の損害もなく、ふたたび列機と編隊を組んで雲上に出た。そのまま敵機動部隊がいる海上へと翼をすすめた。途中、敵邀撃機のお出迎えもなく、やがて艦隊上空へとさしかかった。すでに味方の艦爆・艦攻隊が、無数の弾幕をぬって敵艦船にたいし、果敢な攻撃の真っ最中である。すでに敵艦（艦種不明）二隻からは、天に冲する黒煙が上がり、必死に回避運動をおこなっている。

すると、右前下方にグラマン一機がいるのをみとめた。と同時に数機のグラマンが、あとを追うようにしてわれに接近してきた。彼我の距離がちぢまる。空戦開始だ。零戦十四機は散開して、ここにふたたび空中戦が展開したのである。

私は最初に発見した一機にたいし、そっと後方にしのび寄った。敵サンは後方に〝死神（しにがみ）〟がいることに気がつかないのか、悠然と飛んでいる。私は過去、幾度かの空戦を通じて、これほど度胸がすわっている（？）相手に出会ったことがない。

五百、四百、三百——まだ気がつかない。二百メートル、私はぐっと引き金をひいた。弾丸は吸い込まれるように敵機の燃料タンクに命中した。

そのときはじめて気がついたのか、奴(やっこ)さん、あわてて機首を上げて逃げ出した。私は追いかけてまた一連射をあびせた。敵が左旋回したときにまた一連射、グラマンは火をふき、海上めがけて墜ちていった。こうして私は、初陣の初戦果とともに撃墜機数をいよいよ増して、つぎの獲物をもとめて上空にむかったのである。

被弾重傷 孤独なる空中戦と勝利への知恵

昭和十八年夏〜秋／ブイン飛行場上空

元二〇四空搭乗員・海軍中尉　羽切松雄

私は昭和十八年七月六日、呉港から空母翔鶴に便乗してトラック島にわたり、そこから輸送機でラバウルにぶじ到着した。

飛行機から降りてすぐ第二〇四海軍航空隊の指揮所へ、入隊の挨拶にあがった。ちょうど副長の玉井浅一中佐が留守番役ということであった。二年ぶりに再会した副長は、心から私（操練二八期）の着任をよろこび歓迎してくれた。そして開口一番、

「君が横空からくるんだから、内地には古いものはもうおらんだろうなァ。まあ、やがてブインに行ってもらうが、しばらくラバウルで休むよう」といわれたが、私のはやる気持を察したかのようであった。

羽切松雄中尉

翌日からラバウル飛行場に翼を休めている零戦の試飛行からはじめ、約二十機の零戦をブ

ーゲンビル島東南端のブイン基地に送りだし、つぎはトラック島からの空輪で、はじめて五十一機の零戦を指揮してラバウルにはこんだ。

その間にも前進基地では毎日、空中戦が展開され、わが方もそうとうの犠牲がでているようすが、手にとるように知らされてきた。

七月二十四日早朝、若い入隊者を列機につけて八機でブイン飛行場に進出していった。ブイン飛行場は二〇四空の主力基地で、零戦約四十機、飛行隊長は岡嶋清熊大尉、先任分隊士は鈴木宇三郎中尉で、総勢でも搭乗員五十名、ソロモン方面ではいちばん大きな戦闘機部隊であった。

隊員のなかで顔見知りといえば古い搭乗員三、四人と、筑波航空隊とうじの教え子の数名だけで、ほとんどは知らないものばかりであったが、隊長からは早くなれてもらうよう、搭乗員割の編成を私にやるよう命ぜられた。

あらかじめ攻撃隊の指揮官をだれにするかは隊長と分隊長の意見をまじえながら決めたが、あとの編成はいっさい私にまかされた。

私は過去に母艦蒼龍（そうりゅう）や十二航空隊で、何十回となく激戦に参加したが、ほとんど未帰還者を出すことなく、中隊や小隊の編成もめったに変わることはなかった。

南方の天候はかわりやすかったが、飛行のできない日はほとんどなく、毎日どこかで空中戦がおこなわれ、多いときは三回もの出撃に参加した。

毎回、彼我に優劣はあっても、そのつど何人かの未帰還者を出し、黒板にかけられた名札が、そのつど赤札にかえされ、列外にかけられてゆく。

日ましに黒板が赤くなってゆくのはいかにも寂しく、だれも口にしないが、搭乗員の士気も急速に低下していった。

三十二人の定員を欠くころになると、内地からどっと若い搭乗員が入隊してくる。しかし心ははやっても経験のとぼしい彼らは、一ヵ月もたてば自爆、未帰還でその数も半減してしまう。

私は長い経験からして、一回の空戦で一機必墜を目標とし、絶対にやられないとの信条のもとで最後まで生き残りご奉公するよう、ひそかに誓っていたのである。

失敗に終わった新爆弾の実験

八月のある日、玉井副長からとつぜん私は指揮所に呼びだされた。その要件は、

「こんど内地から三号爆弾という新型爆弾が、二〇四空へ送られてきたが、君が横空で実験をしていたというから、さっそく明日からでも使ってみてくれ。編隊そのほかいっさい君にまかせる」ということであった。

この爆弾は重さ三〇キロで、零戦の翼下に一個ずつ搭載し、時限信管によって、敵機の頭上二、三十メートルで爆発させる。すると無数の黄燐が飛散するので、一発で大型機でも三機は撃墜する威力をもっていた。だが、横空ではそこまでの実験はできなかった。

戦地でこの爆弾の実験や訓練をやる余裕はない。さしあたり一小隊編成が適当であるので、

列機は戦地なれした信頼のおける坂野隆雄、渡辺清三郎両一飛曹をつけることにし、休憩時間中に接敵から攻撃、爆弾投下などあらかじめ細かな説明をしたが、簡単にはわからないので、

「あとは俺についてこい、そして一番機の合図により投下しろ」

といったのであった。

さっそく零戦三機に爆装して明日からの敵襲にそなえ、警報と同時に真っ先に飛びあがれるよう、この三機をいつも最前線に待機させた。司令以下隊員も、この得体のしれない爆弾に大きな期待をかけていた。私はぜひとも成功させたかった。

午後二時ごろ前線基地からの警報により、私の機を先頭に勇躍発進した。このころの敵爆撃隊の高度はきまって六千メートルで進入し、大きくUターンして帰投針路にむかって徐々に降下しながら爆撃するのが常套手段である。

そこで私どもは一挙に六五〇〇メートルまで上昇し、待機していた。横空で実験したとおり前上方から接敵し、距離約一千メートル、高度プラス三百メートル、満点な照準で爆弾を投下した。列機もつづいて投下する。そして急上昇しながら弾着はとふりかえる。するとみごと爆弾は破裂した。だが敵機はゆうゆうと飛んでゆく。残念ながら失敗である。

翌日も敵爆撃隊は、中型約三十機でブイン上空に来襲してきた。こんどは前上方からの接敵中に、敵編隊ははげしく前後左右に動揺した。敵もこのふしぎな「蛸（たこ）の足」爆弾がこわく

なったらしい。敵が動揺するので、さらに照準がむずかしく、またも失敗に終わった。しかし敵の爆弾は場外に落ち、被害は軽微にすんだ。

つぎの日は、敵も私どもの前上方からの攻撃を避け、大きく左旋回をしながら爆弾を投下した。爆弾は飛行場を遠くはなれたジャングル地帯に落下。ところがこの林のなかには飛行場設営隊の宿舎があり、多くの犠牲者をだすにいたり、私どもはその責任を痛感したのであった。

そののちも、この爆弾はつかわれた。

すなわち昭和十八年十一月二日、ラバウル上空へ敵戦爆連合二〇〇機以上の大空襲があった。これには第十一航空艦隊、第三艦隊の全戦闘機が飛びあがり、史上最大の空中戦が展開され、P38、B25など約一五〇機を撃墜したが、そのなかには私の列機であった坂野一飛曹の、三号爆弾による中型機三機の撃墜がふくまれており、私はこの朗報を内地の病院できいたのである。

後方見張りの怠慢は命とり

ソロモン戦場に休日はなかった。

搭乗員はまだ暗いうちに当直員の鐘でたたき起こされる。まだ明けやらぬ空に南十字星をあおぎながら、トラックに乗せられて飛行場に急ぐのであった。

敵がベララベラ飛行場を使うようになり、早朝、薄暮にかけて戦闘機二、三機の小隊で、

ブイン基地の零戦。ソロモン戦場に休日はなく連日、空中戦が展開された

わが飛行場めが[illegible]を敢行してきた。

ブイン指揮所の見張ヤ[illegible]櫓式で、ハシゴ階段で上り下り[illegible]常時二人ずつ交代で厳重な見張りを[illegible]ていた。

ある朝、整備員と搭乗員の早番が着いたばかりで、のんびり顔など洗っていた。するとつぜん見張員が大声で、

「敵戦闘機らしき二機編隊が……、アッ」

とまだその声も終わらないうちに、グラマン二機の一斉射撃をうけてしまった。見張員がころげ落ちるように階段をおりてきた。

指揮所にいたものも防空壕にはいる余裕はなく、床や地面にはって身をかくすのが精一杯で、ドギモをぬかれた。どうやら飛行機への被弾はまぬがれたが、搭乗員二名

が被弾即死、整備員数名が重軽傷をおった。

人間それぞれ運不運があるもので、敵の銃撃でとなりにいた戦友は戦死、自分はかすり傷一つ負わなかったとか、敵弾が防空壕に直撃、自分は入口にいたので軽傷にすんだなど、人間の命が簡単に失われていた。

このように、人間にはのがれられない運命がある。死なない者はどんな危険なところにいても死なない。死ぬ運命の者は流れ弾に当たって簡単に死んでしまう。このため戦闘機乗りの心理としては、運命にさからわず、気負ったりせず自然になすがままいけばよいのであった。

しかし、搭乗員が戦死する直前には、なにか不吉な予感がするもので、〝とくに弱音をはいたり、悩んだり、敵にひけめを感じたり、敵機にうしろを見せる〟などは要注意で、お互いにいましめられていた。

私は二〇四空初めてのレンドバ空襲で、前方の見張りを厳重にしたため、後方の見張りがおろそかになり、列機二機を犠牲にするなど、不覚をとったので、つぎからは後方の見張りを徹底することにしていた。

私は敵にうしろをみせて逃げたとは思いたくないが、経験はある。

それは昭和十八年八月十五日、ベララベラ第三次攻撃で、この日、私の中隊は三
地空襲であった。疲れをみせる列機を励ましながら、二中隊長として出発し、
トルで敵地上空に突入していった。

敵戦闘機は待っていたとばかり優位な高度からつぎつぎと攻撃してきた。私の中隊はそのつど急旋回、急反転をもって退避していたが、これが最後かと思われた敵機に、すかさず追躡し、急降下していった。そして高度約三千メートル、いいぐあいに敵機は水平飛行にもどしてきた。

私は「しめたッ」と思った。

ところが充分な射撃態勢から、まさに発射把柄をにぎらんとした瞬間、いま一度、後方の見張りをしてみた。すると私の後方に二機の敵機が、その後ろに零戦がつき、その後ろにはまた何機かの敵機が追尾してきた。

「これはいかん、列機があぶないッ」とおもった瞬間、あいだにはさまれていた零戦が火ダルマになってしまった。

私は敵機を追いかけながら、いつしか敵機群の真ん中に追い込まれていた。あたりに一機も味方機は見えない。こうなってはと、その瞬間、私は無意識に上方にあった小さな断雲めがけて突っ込んだのであった。

雲の中で帰投針路から大きくはずして海上にむかって飛んでいた。雲は二、三分で切れ、雲を出たときはすでに敵機の影はなかった。

ブインに着陸して、自爆機は二番機の渡辺清三郎一飛曹であることがわかった。渡辺兵曹はまだ若かったが、二〇四空開隊当時からの生き残りで、空戦経験も豊富だったし、敵機もたくさん落としていた。

出発前、私が搭乗員休憩所にいくと、彼はあんまに肩をもませていたが、私の出発の一声で立った。その痛々しい姿がいつまでも脳裏に焼きついていたし、私はさらに深追いはいけないとの鉄則をおこたった、その責任を痛感したのであった。

九月十六日、ベララベラ邀撃戦は、二〇四空から三個中隊、二十四機が参加した。高度七千メートルで敵地上空に突入したが、すでに敵戦闘機約一〇〇機が待機しており、つぎつぎと後上方から奇襲攻撃をかけてきた。

私の中隊はしんがりであったので、最初からねらわれたが、そのつど急旋回し、これに反撃応戦した。

敵はすかさず目標を前方の一、二中隊に変え、われわれの頭上を連続発射していった。目の前でつぎからつぎと零戦が火をふいた。気がついた列機は、一斉に反撃に転じたが、劣勢からの立ち上がりで苦戦はまぬがれなかった。

燃料に心配のないわが方も、徹底的に反撃し、長い空戦となったが、この空戦でF４U、P39など十四機を撃墜したが、わが方はかけがえのない上野哲士中尉、大島末一中尉の中隊長ほか若い三名の搭乗員を失った。後上方の見張りがいかに大事かを、この空戦ほど痛感したことはなかった。

〝不死身〟にくいこんだ機銃弾

毎日はげしい戦闘の合間をみて、司令と飛行長をまじえた准士官以上の搭乗員で、作戦会議が開かれた。作戦会議といっても、敵機にたいする戦略戦法よりも、内地の航空本部、航空技術廠、横須賀航空隊向けの要望や苦情が多く、毎日、敵機と戦っている私の意見はとくに重要視された。

太平洋戦争初戦のころは、あんなに恐れられていた零戦も、すっかり弱点を読みとられ、加えて搭乗員の技量低下はいかんともなしがたく、切歯扼腕する毎日を過ごしていた。

零戦の機体は空戦性能本位につくられているので、ほとんど無防備にひとしかった。一発の焼夷弾が翼内タンクに当たれば、たちまち火ダルマになって落ちてゆく。だから敵機は焼夷弾を多く使用するようになった。

さらに零戦の空戦性能を知り、すっかり攻撃法を変え、高々度からの一撃戦法で深追いせず、決して劣勢からはかかってこなかった。

そこで私どもは零戦にたいし、座席周辺の防弾装置まではともかく、燃料タンクの防弾ゴムぐらいは急速に装備するよう要望し、加えて零戦だけでは目の先を変えられないので、雷電を局地戦として早急に戦地に送るよう、私はとくに横空戦闘機隊にたいし、戦況を詳細に記して上申した。

私どもの血の出るような叫びや訴えも、すぐには反応は出なかったが、昭和十八年末頃から、急速に零戦の機体の補強策がとられたが、遅きに失した感はまぬがれなかった。

九月二十三日、早朝から空襲警報が発令された。

飛行場にかけつけた搭乗員は、つぎからつぎと二十七機が全機発進した。警報がはやかったので、充分に高度をとる余裕があった。

高度七千メートル、ブイン西方十浬(かいり)付近の洋上で、敵の大編隊と遭遇した。敵はグラマン、カーチスP40、F4Uなど約一二〇機、こちらの方がやや優位な態勢から立ち上がった。

きょうは一機撃墜の目標だけで引き上げるわけにはゆかない。それぞれ適当な敵機をねらって二〇ミリ弾を発射、壮烈な空中戦が展開された。

あたりに曳痕弾や焼夷弾が炸裂し、はやくも煙をひきながら落ちてゆく敵機、火をふく零戦など、たちまち阿修羅の戦場となった。

私はもはや三機目の敵機をめがけて発射していた。一撃で落ちない敵機に、こんどこそと発射把柄をにぎらんとした瞬間、愛機に無数の敵弾をあび、そのなかの一発が私の右肩を貫通した。

さいわいにもブイン飛行場上空であったので、エンジンを停止したまま飛行場にすべりこんだ。

整備兵にかつがれ医務室に収容されたが、診断の結果は、右肩貫通機銃創で、再度、戦闘機乗りは不可能とまで言いわたされ、ラバウル病院で応急処置のまま内地へ送還されたのであった。

私はいつも人一倍気力を旺盛にしていたし、敵と一騎打ちなら絶対に負けないと、自分の操縦に自信をもって戦争に参加していた。自分の飛行機には敵の機銃弾も、地上砲火も避けてとおり、ぜったい当たらないなど勝手な解釈をし、いつも自分に暗示をかけていたが、ついにブイン上空で重傷を負い、不覚をとってしまった。

しかし、こんなことで私の戦意と信念は変わることなく、ただただ後方の見張りをおろそかにした結果であると心にいましめた。

空中戦ものしり雑学メモ

「丸」編集部

いかに安全に早く勝つか

零戦が世界に比類なき傑作戦闘機といわれたゆえんは、ただ設計技術上のみならず、あたかも柳生新蔭流必殺の剣法にも似た、果敢な攻撃法にもあったことを決して見逃してはならない。

そのすぐれた旋回性能と上昇力を縦横無尽に駆使した零戦の勝利の英姿を思うとき、そこには誰はばかることなく、〝名機〟は〝名人〟を知る、といえるのではないだろうか。

零戦は私の分身であった——というエース坂井三郎一飛曹が、めまぐるしい大空の戦いのなかで考え、そして編み出した〝零戦乗りの零戦乗りたる至上の心構え〟と〝いかにして上手に、安全に、早く勝つか〟のいくつかを紹介しよう。題して〝坂井流見敵必墜の極意〟である。

零戦にかぎらず、空戦法には二つのまったく異なった分類ができる。先に仕かけた場合と、相手に先に仕かけられた場合である。

また空戦がたどる経過も、次のように順序だてられる。第一撃↓混戦（これが一般的に空戦と呼ばれている）↓掃蕩↓追撃である。

まず、前者の分類については、あらゆる勝負事にもいえることだが、先手をとることこそ勝利への最短距離であることは当然だ。空戦もまた然り。いや、果てしなき大空に、つねに生と死のわずかな空間に身をさらすパイロットにとっては、よりいっそう厳しく、先手獲得が要求される。坂井流見敵必墜法はこれを次のように戒めている。

パイロットの心理作用、空戦術上の利などあらゆる条件は、この先手・後手によって大きな相違が生ずる。すなわち先手は自分の持てる力の二倍が発揮され、後手は自分の持てる力の五割しか発揮できない。すなわち、先手は後手の四倍力が得られるのである。これは生命の危険率が後手は、先手よりも高いということにも通ずる。

この鉄則を遂行するための準備として、突入場所、さらに高度は、もっとも敵戦闘機の出現する公算のあるところを選定しなければならない。また戦場への突入方向は、なるべく敵の見張所などの上空を避け、太陽を背にするなど、天象地象の利用を計算することが必要となる。

だが、それにも増して大事なことは、見張力、すなわちパイロットのより優れた視力であろう。

効果満点の後上方戦法

空中戦の勝敗は、第一撃によってその五割がきまる、といわれている。一般に空中戦とは、第一撃のつぎに展開される混戦をさすのであるが、実際の戦闘は、わずか十秒か二十秒間の第一撃によって敵機数の五～六割を撃ち墜とし、残敵はつぎの混戦（所要時間はほぼ第一撃の数十倍）によって行なわれるのだ。

パイロットにとってこの第一撃こそ、もっとも大切なことなのだ。

この第一撃の空戦法は多種多様あるが、ふつう「後上方攻撃戦法」または「斜め後上方攻撃戦法」が最良の手段とされている。

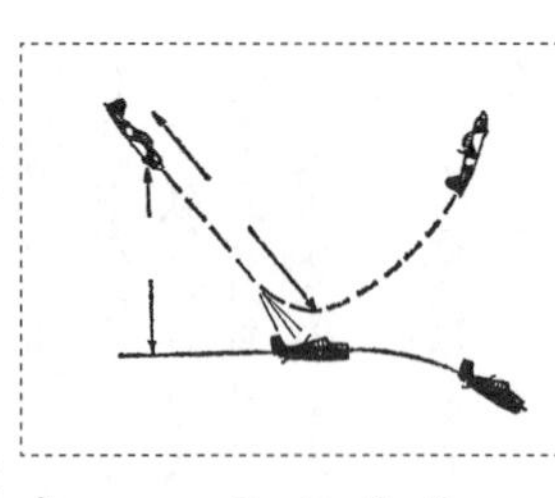

前下方にみとめた敵機にたいして五百から六、七百メートルの高度差をとり、約三十度の角度から、バンクをしながら攻撃をかけるのが、もっとも命中率のたかい体勢である。ただし七百メートル以上の高度差となると、機に加速度が加わるために命中率がひくく、さらに射撃後の避退運動において困難が生ずるので、この高度差の取り方いかんが、この戦法のキーポイントとなる。

だが、敵機といえども考えは同じで、この有利な体勢をねらってくるのであるから、口でいうほど実際は生やさしい業（わざ）ではない。そこには、パイロットの技量、眼光翼背に徹する心眼の見張りと判断力の相違が大きく左右するのだ。

その日の敵の常套手段や、零戦の性能上のクセなどを十分に知ることが必要である。これが混戦一歩前の空戦法の秘訣なのである。

勝敗のカギを握った操縦士の視力

わずか九機の台南空第二中隊が、想像を絶するほどの撃墜大記録を保持できた理由は、もちろん坂井三郎、西沢広義、笹井醇一、太田敏夫、本田敏秋らエースの卓越した技量と、チームワークのよさにもよるが、〝早く敵を発見する〟すなわち視力が人並み以上のものを持っていたことを忘れてはならない。

とくに坂井一飛曹は、ガタルカナルの激戦でうけた右眼負傷のハンディにもかかわらず、すばらしい視力の持ち主だった。

その坂井一飛曹とともに、やはり抜群の視力をもっていたのが西沢一飛曹であり、この両エースが列機として出かけるときは、絶対に敵の先手攻撃をうけることはなかった。

飛行機は、前方の水平線が自機の高さであるが、その水平線をはさんで上方、すなわち自機より高位の敵を発見することは、坂井一飛曹の右に出るものはなく、また水平線より下方の高度のひくい敵を発見する視力は西沢一飛曹の特技であった。

この視力抜群の両エースあればこそ、台南空は無敵の戦闘機隊であったのだ。

大空の魔術ひねり込み戦法

エース坂井三郎一飛曹が体得した必墜戦法のうち、零戦の持ち味を十二分にいかし、空中における機体の不思議な動きを利用した独創的戦法の一つを紹介しよう。

これは「左右のひねり込み戦法」というもので、坂井一飛曹はとくに左ひねりが得意であった。

まず、敵を縦の格闘戦にさそい込む。そしてたがいに円運動をおこなって、自分の機のもっとも運動しやすい体勢をととのえる。ということは、敵と同じような体勢から、相手よりも早く後方に喰いつくことができるような体勢にもって行くのである。

そして、左足を少し踏み込んで、機体を左方にバンクさせるのであるが、この左足の踏みかげんと、つづいておこなう右足への踏みかえの、このわずかな技術が、最大のポイントになるのである。

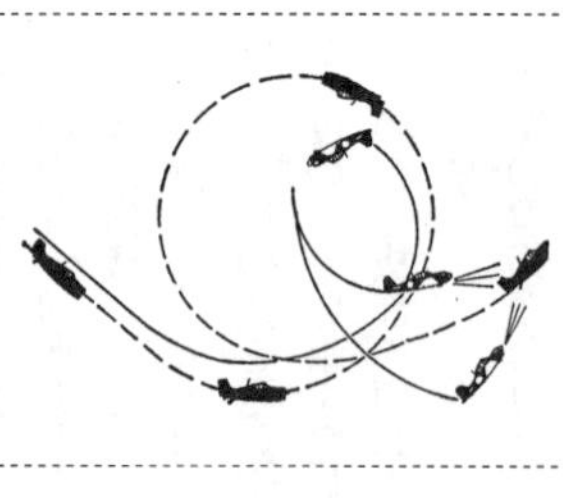

この左足の踏み込みによって機体は、一瞬、背面飛行の体勢となる。しかしここで余り左足を踏み込む力と時間とに誤りを起こすと、機体は背面のまま流れてしまう。

背面となったその瞬間（この瞬間の捉え方いかんが、ベテランと未熟なパイロットの技量の差）、左足をはなして右足に踏みかえるのである。この微妙な操作によって機体はすべり、左方へバンクをふる。

この間に敵機は、いぜんとして大きな円を描いている。これに対して零戦は、零戦得意の小まわりのよさと、パイロットのベテランらしい技量の冴えによっておこなったこの放れ業

長駆、ソロモン諸島方面の攻撃に向かう二五一空の零戦二二型の勇姿

――左ひねり込みによるみごとな攻撃体勢を完了し、前方に来ているのである。

これで零戦は、敵機よりも絶対優位に立ったのである。

この不利な体勢を知った敵機は、左右どちらかに逃げようとするが、もしそのまま左方あるいは直進したとしても、すでに零戦の射撃照準はピタリと狙いさだめられているので、絶体絶命――また右方に機体を切りかえようとするならば、切りかえた瞬間、射撃の軸線が止まるので、零戦にとってこれ以上の命中率はないのだ。

もし切りかえたとしても、下から、まるで槍でも突き上げるような格好で待ちかまえている零戦が立ちふさがっている。将棋にたとえるならば、まさに王手、王手の連続といえよう。

この王手という最後のツメにもって行くま

での読みの深さ、さらに機敏な実行力とがみごとに噛み合わないかぎり、生まれてこない至難の技ともいえよう。

坂井一飛曹の言によれば、「この技はもちろん人間業とも思えぬ神技に近いものであるが、だが、一歩まちがえれば思わぬ不幸を招来する。私がこの戦法を上手にこなせたのは、私自身、私の五体が零戦そのものであった、ということが、最大の理由である」という。

足の長さは七難かくす

零戦の性能中、とくに航続力をフルに発揮した戦闘は、太平洋という広大な舞台だけに、地勢的条件もさることながら、数かぎりなく記録されている。これもその足の長さがさいわいしたという異色空戦ものがたりである。

昭和十八年二月、東部ニューギニア戦線ラエ基地の恩田一飛曹はF4Uコルセア七機に、テスト飛行中に喰いつかれた。

どだい恩田機は脚の引込装置の具合がきわめて悪く、引っ込ませると出てこないし、いったん出るとなると出っ放しというヘソ曲がり零戦だった。

だから恩田一飛曹は今こそ、このヘソ曲がりをなおすつもりで、単機、飛び上がっていたのだ。燃料はさいわい満タンだったが、機銃の方はついおろそかにした。

さあ大変！　戦うにも武器はなし、味方基地から大分はなれてもいたから救援も頼めない。ええいままよと恩田機は太平洋上を北に、燃料の続くかぎり飛びつづけた。一時間たった。

もう帰投分しかない。ひょいと振り返ったら、彼らF４Uもぎりぎりだったらしい。あたふたとはるか東方に消え失せていった。

腹は八分め燃料は満タン

腹がへっては戦さはできぬとは古今東西の戦士の金言である。ことにパイロットの場合、腹が北山（きたやま）では疲労は早いし、気圧の関係で吐き気をもよおすことが多い。

「腹に一物もない」とは、いかにも性、きわめて正常まっとうにきこえて体裁はよろしいが、大空に飛びあがっていて一物もないときほど苦痛のときはない。腋（わき）の下から冷や汗は出るし、額には脂汗（あぶらあせ）が流れるし、眼はかすんで計器を読みとる忍耐力がなくなる。

こうなってきたら機位さえもさだかではなくなる。機位がうすぼんやりしたものだったら、この飛行機は何をするかわかったものではない。ペラで先導機の垂直尾翼をけずり取るぐらいのことはしかねない。まさに大空の浮浪児である。

それでは空腹のかわりに、満腹ではどうかとなると、これもいけない。ダンプカーよろしく居眠り運転となってしまう。食事後、二時間から三時間、こんな操縦士にぶつかったら、こっちが苦戦すると思っていい。

ネボケ眼がさいわいした空中戦

名パイロットといわれる人は、大てい視力が人一倍よろしい。大空のサムライで有名な撃墜王・坂井三郎一飛曹などはその典型的な人で、視力が二・〇以下になったことがないというほどの、すごい視力の持ち主である。

前方の入道雲のあたりで、ちかりと輝く点のような機影でも、絶対に眼のすみで捕えてしまうといわれているくらいだ。

昭和二十年六月といえば、もう敗色濃厚なときだが、霞ヶ浦航空隊もすでにベテランなく、まともな飛行機もないままに、使命だけは大きく、国土防衛と皇居防衛の重大任務だけはあった。

その航空隊のヒヨコ・パイロット田村一飛は、よせばいいのに朝まだきの空襲警報に腹を立て、おんぼろ零戦に飛び乗った。まだ十七歳の少年、朝早くだから眼はどんよりだ。みると僚機が前を行く。田村一飛もついて行く。

利根川をたどって東方海上へ、変だなと気づいてマークを見る。敵機だ、しかもグラマンF4F。田村一飛はすっかり怖じ気づき、さっさと機首をかえしたという。もし敵機と知って攻撃でもかけたら。クワバラ、クワバラ。

空中戦にヤキトリ一丁上がり

時とところは昭和十八年八月のラバウル基地、人物は岡本晴年大尉。この岡本大尉、ひょいと起きた悪戯（いたずら）ごころ半分と食い気半分で、土民の家からニワトリを一羽頂戴してきた。

さっそく隊内の食いしんぼう連中をさそって、ヤキトリで一杯のつもりになり、羽根をむしっていざ豪華昼さん会というとき、悪いことはできぬもので、けたたましいサイレンの音で出撃となってしまった。

まる裸のニワトリを抱えて愛機までは走ったが、置き場所がない。仕方がないので座席の下に入れて離陸した。執拗な敵機をやっと蹴散らしたものの運わるく被弾、白煙をひきながら帰投した。

駆けよった整備兵が、怪訝な顔をして岡本大尉をみる。肉のこげる匂いがするが、どこか火傷をしていませんかという。そこで気がついた。取って返して座席を見ると、被弾箇所の上においたニワトリは、ちょうど手ごろに焼けていた。あたかも敵機にヤキトリをつくってもらったというわけだ。

強敵B24を血祭りにあげた捨て身の戦法

昭和十八年十二月〜十九年二月六日／ソロモン方面の真昼の対決

当時二五三空搭乗員・海軍一飛曹　川戸正治郎

米軍が誇るコンソリデーテッドB24爆撃機が機銃装備を増強したということは、われわれ零戦パイロットにとって重大な問題であった。いままでとちがいB24のどこにも死角がなく、従来の攻撃法ではとても撃墜が困難となってきた。

そこで、いかにして攻撃するかということが、われわれの研究課題となった。苦心の末に考えついたのが「垂直攻撃戦法」であった。

川戸正治郎一飛曹

まず敵編隊との高度差を約一五〇〇メートルほどにし、カウリングに敵機がかくれるぐらいのときに切り返し、背面となって降下、距離五百メートルになったとき射撃を開始する。そのまま敵機に垂直に突っ込み、行きすぎたと同時に機首を起こして避退するというものだ。

B24の一三ミリ機銃の有効射程は、約七百メートルである。だからこちらの被射撃面積と、垂直降下による速度の大によって、被攻撃時間を最低最小にすることができるのである。この攻撃法は、まさにB24撃墜にたいする最良の戦法であった。

みごとに成功した心中未遂

昭和十八年十二月二十五日、今日もまたラバウルは朝から敵の空襲をうけた。われわれは八時三十分ごろに基地をあとにして、上空で待機していた。第一次はB24約六十機、ロッキードP38が約百機であった。大敵B24の高度はおよそ四千メートル――。われわれはその上位から、例の垂直攻撃法を仕かけた。そして私は、僚機とともにみごとB24一機を屠(ほふ)ったのである。

第二次来襲は午前十一時半ごろであった。B24、P38、それにP39など総勢一五〇機の大群であった。それに対して、わが零戦隊は上空にあるもの約八十機。まさにわれに倍する大攻撃隊であった。上空は雲がところどころにあって、きわめて見通しがわるい。

まず私は、B24一機に一撃をかけて、高度を三千メートルにとった。そのとき上空からP38が追っかけてきた。こしゃくな、とばかりトモエ戦に引きずり込んだ。さあ、こうなればこっちのものだ。すでに勝負はついたようなものだ。三度ほど旋回しているうちに、致命弾をあびせた。P38はあっけなく墜落した。

私はすぐに避退にうつり、高度を一五〇〇メートルに下げた。そのときふたたびP39が一機、私の後上方三千メートルから突っ込んできた。わが機はすでにスピードがついている。

すぐ切り返して下方から射ち上げながらすすんだ。

敵機は四〇ミリ機銃で猛射しながら、私に向かってくる。あっというまに双方が接近した。もうよけるか、もうよけるかと、敵機がさけるのを待ったが、P39は左方にひねり加減にして射ってくる。一対一の心中(しんじゅう)はバカバカしい。といって、先にかわせば負けとなる。しかしよく見ると、敵のスピードはわれより大なのである。このぶんなら寸前でうまくかわせると思った。

高度は二千メートル——。たがいにさっと右方にひねった。しかし遅かった。ひねる翼がふれ合い、ガチャッと、両機はかみ合ってしまったのである。わが機のエンジンが敵の胴体にかみついたのである。その瞬間、両機とも空中で停止したような気がした。

その反動で、私と敵のパイロットは同時に機外に放り出されてしまった。開いた二つの落下傘は、同じ速度で、くっつき合いながら海上へ落下した。落下したとき、私と敵のパイロットの距離は、約二十メートルの至近であった。私はとっさに〝拳銃(けんじゅう)〟と腰に手をやったが、ないのである。うっかり携帯せずに舞い上がったのだ。

敵は左の眼を痛めて、かなり深い傷を負っている。しかし彼は二丁の拳銃を出して、その銃口を私にむけた。まるで、刀をピストルに変えた今様(いまよう)宮本武蔵である。

しまった。こんなところでむざむざと殺されてはならない。私は片言(かたこと)まじりの手まねで、ここは味方の湾内だ、もしお前が私を射てば、お前もすぐ殺される。ピストルを捨てろと、二十分ほどもかかって説得したかいあって、彼はピストルを私にさし出した。私は〝俺もいらない。それは捨てるんだ〃といったら、どうやら観念したらしく、すなおにピストルを捨てた。

そのとき味方の高速艇が救助にきた。乗員の話によると、高速艇でも見張所でも、すでに両機の衝突前からその模様を見ていて、川戸が、いま射たれるかいま射たれるかと、ひやひやしながら最高速の四十ノットで駆けつけたとのことである。

高速艇のなかで二人は手当をうけた。艇長の通訳で彼と話し合うと、たがいに、お前の方が先に避けると思った、とのことで大笑いになった。彼はオーストラリア空軍の飛行中尉で、その度胸のよさは豪州空軍のなかでも定評のある猛者（もさ）とのことであった。まさに敵味方をこえた戦争ユーモアの一つである。

この日の第一次邀撃戦で、わが方はＢ24三機、戦闘機十二～三機を撃墜したと記憶している。また第二次邀撃戦ではトベラ飛行場の部隊だけでＢ24二機、Ｐ39を十二～三機おとしたのであるから、全部隊としてはそうとうな大戦果だった。それにひきかえ、味方の犠牲は零戦五機であった。

手応えのなかった殴り込み

昭和十九年元旦——。前線で迎えるはじめての正月である。しかし第一線基地ラバウルのことで歳末（さいまつ）景気もなく、また新春の気分もまったくわかなかった。そのころ、以前ガスマタに上陸した敵が、ジャキノット方面にまで東進していた。この敵に年頭のご挨拶（あいさつ）——という

に敵機の空襲が激化し、連日、迎撃戦がソロモンに展開、零戦隊の消耗が続いた

昭和18年、ラバウル東飛行場の零戦隊。発進するのは九九艦爆。戦局の傾斜と共

わけでもないが、黎明攻撃をかけて帰投し、お雑煮を列線でほおばっているところへ、ノースアメリカンB25の一群が来襲してきた。おかげで半分も食べないうちに飛び上がらざるをえなかった。

敵機は爆弾投下と銃撃で、ジャングルをざわめかしながら立ち去ってしまった。それから一週間ほど、敵は少数機をもってちょくちょく来襲してきたが、味方の被害はほとんどなかった。

一月七日、内地では〝七草がゆ〟で祝っていることであろう。この日、われわれは零戦四十機をもって、ブーゲンビル島タロキナに薄暮攻撃をかけたが、めざす敵の邀撃もなく宿舎、機銃陣地、修理工場などを銃撃炎上させただけで帰投した。

一月十日。敵は戦爆連合の一五〇～二百機の大攻撃隊を編成して、超低空で来襲してきた。われわれの機数が少ないことを知っている敵は、燃料補給の暇をあたえまいと、時間を切りつめた攻撃を敢行してきた。それでも四回にわたる来襲によって、毎回五機から八機ほどの敵機を撃墜した。しかしわが方も合計十二機の、かけがえのないトラの子を失ってしまった。

一月十七日、ジャキノットまで来ている敵を陸軍部隊が攻撃することになり、わが爆撃機隊はその応援をたのまれたのである。しかし東飛行場には破損故障の爆撃機が五、六機しかなかった。また陸軍機は、新司偵が数機あるだけである。そこでわれわれ零戦隊だけで黎明時の殴り込みをかけたが、下方は一面のジャングルで、どこが陣地か兵舎かまったくわからない。

湾内を逃げまどう小艇三隻を撃沈させ、持ってきた三号爆弾をジャングルの上に投下して帰投した。しかし夜ならば多少、灯火が見えるかも知れぬと、夕刻、ふたたび出撃したが、結局なにも発見できず、じつに手応えのない攻撃であった。

撃墜に一役かったトンボとり戦法

そのころ（二月二十日ごろ）トラック島が空襲をうけて、可動機のほとんどが撃破されて、すでに潰滅寸前という悲しいニュースに接したわれわれは、そのショックに影響されたか、その後はまったく戦果は上がらず、くさり切っていた。

そして三月六日、敵機来襲の報とともにわれら零戦六十機は、勇躍してトラックの仇討ち（あだうち）とばかり、戦場に翼をすすめた。「ラバウルの零戦隊いまだ健在なり。この一線、断じて敵にゆるさず」と意気込んでいた当時にくらべ、たとえ仇討ち合戦に向かうにせよ、いささか弱少兵力の現在、じつに士気あがらぬものがあった。

午前十時半ごろだった。敵はＢ24の数梯団合計二五〇機に、Ｐ38、Ｆ４Ｆ、Ｆ６Ｆなど一五〇機を配し、堂々の布陣で出現した。

まず私はＰ38一機と格闘戦をいどみ、これを一撃のもとに屠った。しかしこのとき、すでにわが機の二〇ミリ弾倉には、二梃とも約十発ほどしか残っていなかったのである。私は、これからの攻撃法について思いをめぐらしていた。いたずらざかりの少年の頃、つかまえたトンボの尻尾（しっぽ）を切ったことがあった。トンボはただ羽根をばたつかせるだけで飛べず、ついに落ちてしまった。

そうだ、これだ！　どんな飛行機でも尾部を失えば、飛べなくなる。では、どうして尾部をちぎるのか。体当たり——しかし、自分も死んでしまう。死ぬことが戦いの目的ではない。そうだ、わが機のプロペラを敵機の尾部にひっかけよう。しかしスピードのついた飛行機同士で、はたして計画通りにゆくだろうか。だがやらねばならぬ。

そこはヨーク島とニューアイルランド島の中間の海上であった。敵機との高度差は二千メートル。B24は編隊をくずさず避退して来た。場所といい高度差といい、申し分ない。私は、ひそかに先頭機をねらった。じっさいに狙うのは、一番機の後方にいる編隊のトップ機である。これは、先頭編隊の山形（やまがた）にひらいた、すなわちV字を逆にした中へ入っていて、前方も左右も、また速度も変えることができない位置だからである。

そして引き起こすときの距離は、いままでの経験から二百メートルとすることにした。私は背面のまま突っ込んだ。そして五百メートルほどで残弾を射ちつくしてしまった。すでに最後の手段しかない。私は風防を半開とし、バンドをはずしていつでも飛び出せる準備をした。身体を前方へ押さえるようにして、レバーを固定させ、両手で操縦桿をしっかり握りながら引きかげんにし、フットバーに足先をひっかけた。

傷の痛さもなんのその
距離二百メートル——これはうまくゆきそうだ。そこで私は、機を斜めに引きかげんにした。愛機は生きもののように、背面から垂直の態勢にうつりかけた。

「あッ」思わず眼をとじた。ガチャガチャーン！　手もとにくるいがあったのか、あるいはＢ24の巨体がつくり出す気流の関係もあったのであろう、プロペラで尾翼をかじるつもりなのが、吸い寄せられてエンジンに噛みついたのだ。それきり私は気を失ってしまった。あるかなきかの春風にのって飛ぶ、タンポポのタネのように、夢のなかに浮いている。

　はっ、として眼がさめた。もり上がるように青いものがせり上がってくる。海だった。〝助かった〟という思いが、まだ夢からさめきっていない頭の中をかすめた。潮流のはげしい時刻なのか、私はみるみるセントジョージ島の方へ流された。

　あとでの目撃した戦友の話によると、私が衝突した瞬間、機体はパッと吹っ飛び、四十メートルほどはなれたとき、私の身体が機外に出て、高度三千メートルで落下傘がひらいたということである。また相手のＢ24は、約一分半ほど飛んでいたが、突然、ぐらッと左右にゆれて、錐揉み状態のまま墜落していったとのことである。

　遂にやった！　私の計算はまちがってはいなかったのだ。しかも機銃一発も射ち込まず、宿敵Ｂ24を屠ったのである。その嬉しさで、身体中にうけた傷の痛みもさほど感じられないほどであった。

精鋭二〇一空〝編隊奇策〟はさみ討ち撃墜法

昭和十八年十月〜十一月／ショートランド沖空中戦

当時二〇一空搭乗員・海軍上飛曹　芝山積善

苦しくもまた楽しかった予科練生活（乙飛一三期）を終え、いまここに厚木航空隊付を命じられ、零戦パイロットとして第一線に赴かんとするとき、私は言いようのない誇りを感じた。

厚木航空隊は零戦パイロットの養成の場であり、またラバウルへの経由地でもあった。

そのころ、昭和十八年六月といえば、一人でも多くのパイロットをラバウルに送らねばならないときでもあった。文字どおり訓練は連日、熾烈をきわめ、すでに厚木基地は最前線とまったく変わらなかった。

芝山積善上飛曹

午前の飛行訓練が終われば、すぐまた午後には整備作業が待っている。猛暑のなかでの猛訓練なので、一週間に、少なくとも一人や二人の殉職者が出る。特殊飛行で失速し、そのまま墜落してしまうもの、また僚機とトモエ戦をやっているとき、おたがいに高度をまちがえ松林に激突するもの、あるいは空中接触など、事故の原因もさまざまであった。

そしてそれが、まったく不思議なことに「金曜日」にかならず起こるのである。金曜日こそパイロットたちにとって、まったくの厄日であった。

約三ヵ月の飛行訓練ののち、四十五名の零戦パイロットは木更津にむかった。たまに降る雨の日、持ち金を夜の木更津の町で使いはたし、そして思い残すこともなく、木更津からトラックまで一式陸攻に搭乗して進発し、またトラックから目的地ラバウルまでは、それぞれが零戦を駆って向かったのである。

焼けつくような南太平洋の洋上を、そして眼下にはじめて椰子の林を見たとき、あらためて南方の第一線に来たという実感がわいてきた。

四十五機の零戦がラバウルの東飛行場に着陸し、すでに待機中の数十機とともにただちに編成が行なわれた。そして先輩の零戦パイロットたちの、あたたかい歓迎の言葉は、われわれをより一層ふるいたたせた。

サンゴ礁にいろどられた海、椰子の葉がゆれる海岸を見たとき、ふと、いいしれぬ郷愁さえわいてきた。先輩たちは、さっそく内地の話を聞かせてくれとせがむ。そして内地のタバコをもとめる。われわれは惜しげもなく、彼らにタバコをあたえた。うまそうに、故郷を思い出すかのようにくゆらすタバコの煙、その紫煙のごとくわれわれもまた、この遠い南の空で果てるのかと思うと、おのずから涙がこぼれた。

ラバウルの前進基地ブイン飛行場に展開する零戦隊

その日の夕方、先輩パイロットとともに宿舎に向かった。そしてわれわれは、二〇一空と二〇四空とに配備されたのである。私は二〇一空配備となり、翌朝、ブーゲンビル島の南端ブイン基地に向かうことになったのである。

服部機ついに帰らず

朝の冷気がつめたく肌をよぎる午前五時、上空哨戒の零戦がその任務を終え、やがて東飛行場に着陸した。待機所のなかでは、昨日につづいて、まだ内地の話題でもちきりである。

その日、敵の爆撃機が高々度で四、五機ほど上空に来襲したが、迎撃に上がったわが零戦によって、すべて追いはらわれてしまった。

私は同期の服部一飛曹ら数人が先遣されたブイン基地に、進出を命じられた。しかし、そのときすでに服部は、あえなく散華していたのである。彼は、ブインに派遣されるや、ただちに邀撃戦に零戦を駆って敵と相対したが、ついに帰らぬ人となってしまったのである。そのほかくわしいことは知らぬが、その邀撃戦は彼にとって、たぶん初陣だったはずだ。さぞ残念であったろう。

私がブインについたとき、服部とともにその邀撃戦をおこなった同僚の話をきくと、服部を墜とした敵機は、グラマンかシコルスキーだったとのことである。

敵機をみとめたとき服部機は、敢然と二〇ミリ砲を発射しながらこれに突入した。しかし後方から服部機を追尾していた別の敵機が、服部機に猛然と一連射した。あっという間の出来事だった。服部機は白煙をひきながら、それでも狙った敵機に攻撃の手をゆるめず襲いかかったのである。

伝統の予科練魂が服部の脳裡（のうり）をかすめたのか、なにくそもう一弾、もう一連射をあびせ、これを屠（ほふ）らなければ、せっかくの初陣をフイにしてしまう。彼らしい負けじ魂は、自分の機が火をはきながらも、必墜の信念に燃えていたに違いない。私にははっきりわかるような気がした。

しかしそれも、しょせんは無駄であった。ついに初陣の初戦果を上げずして服部は、大空に散ったのである。私はこう叫びたかった。――服部、おまえの仇（かたき）はかならずこの俺がとってやるぞ。

うらみのグラマンを撃墜

ブイン零戦隊員として、二〇一空搭乗員として、今日もまた邀撃戦に上がった。敵機は爆撃機のほかにシコルスキー、ロッキード、グラマンの各戦闘機が爆撃機を護衛して、ショートランド沖を真っすぐにやって来た。

敵機発見のときこそ、身の引きしまる瞬間である。二隊に別れた零戦隊は、敵機より優位に、これを挟み撃つようにジリジリとブイン洋上に肉薄した。零戦隊は敵機来襲より早めに上がったため、高度も十分にとることができた。

敵機も零戦隊を発見したようだ。迂回するように旋回しはじめた。零戦隊の一番機が大きくバンクして、敵機に突入した。敵機もこれに応じて散開した。敵機は首を持ち上げて突進してくるもの、また、大きく高度を下げながら態勢をとるもの、零戦隊はそれらにそれぞれが向かって行った。

そしてグラマンF４Fに向かって急降下した。グラマンは自分の態勢をとりもどしにかかっていた。ぐんぐんとグラマンに向かった。背後に敵機の姿はなかった。レバーを握る手が心なしか震える。グラマンをエンジンの上方に入れ、レバーを引いた。二〇ミリが火を吹いてグラマンに吸い込まれていった。

そのとき、グラマン一機が左前方にいるのをみとめた。しかし残念、グラマンは後方に逃げていく。眼前の零戦にぴったりとつき、次の餌食をもとめた。

僚機が左下を強く指さしている。〝わかった〟と首を大きく振る。僚機はさっと左よりまたグラマンを追う。それにつづいた。敵機はもののみごとに白煙を吹いてきりきり舞いをして落ちていく。

まるで自分で落としたような錯覚を起こした。僚機の機銃と自分が発射した機銃が、ほとんど同時にグラマンに命中したらしいが、よく考えてみると、やはり僚機の方が少し早かったらしい。

その後、空戦はショートランド沖からわが航空基地の上空でおこなわれることが多くなった。ブインの零戦隊いまだ健在なり——だが、しだいにその威力は失われつつあったのである。

我が胸中にのこる零戦撃墜王の素顔

海軍トップエース西沢飛曹長と岩本中尉の記憶

当時 戦闘三〇二飛行隊・海軍上飛曹　安部正治

昭和九年、大分県に佐伯海軍航空隊が開設された。当時、私は小学四年生で、まだ海軍航空への夢など持つところまではいっていなかった。しかし、それから間もなく佐伯駅前に海軍下士官兵集会所が設けられ、そこへ私たち母子(おやこ)が営業を任されて住むようになった。

飛行機がクロスしたマークを右腕に付けたジョンベラ服の航空兵や下士官たちが数多く出入りし、その海軍航空色いっぱいの様子を目のあたりにして生活するうちに、自然と少年の脳裏にそれらの雄姿が焼きつけられていった。あるとき勉強机に向かって漢字の書きとりを夢中になってやっていると、ひとりの航空兵が、

「おっ、僕ちゃん、しっかり勉強しとるんだなあ」

と後ろから大きな手で私のイガ栗頭をなでてくれたことがあったが、そんなことが成人し

安部正治上飛曹

てからも特別な思い出となって、私の記憶に残った。

海軍記念日（五月二十七日）がやってくると、多くの町民たちが開放された航空隊にやってきて、航空ショーなどを見学した。当時の戦闘機は九〇式（紀元二五九〇年）か九五式（紀元二五九五年）戦闘機であった。オレンジ色の複葉機が紺碧の空に翔びあがり、轟音をあげて地上間近まで急降下してくると、あんなに小さな飛行機が家ほどにも大きく感じられて、肝をつぶしたものであった。

「ああ、あれが〇〇中佐だ」そんな声に少年の目と耳には、大空を駈けめぐる戦闘機の雄姿とパイロットの名声とが、大きな憧れとなって植えつけられていった。

昭和十七年五月、当時、兵庫県尼崎市の工業系学校に在学中であった私は、少年期の海軍航空への夢がすてがたく、十七歳で志願した。さいわい「甲上合格」と認定をうけ、まず大竹海兵団（広島県）に入団した。

なぜ予科練の土浦航空隊へ入らなかったかといえば、それは母親の猛烈な反対があったからであった。当時の若い自分の判断からすれば、果たして己れがあの戦闘機乗りなどに適しているものかどうか、何の基準も持っていなかったからである。

とにかく海軍航空というものの圏内に入っていれば、あとは何とかなる……という気持でいっぱいだったのである。

海兵団における四ヵ月の基礎訓練は、炎熱下での教育であった。十七歳の若者には空腹と疲労がこたえたが、それを顧みる余裕さえない厳しい時間の流れがあっただけである。入団

たとき、

前に十四志整（十四年志願）の兄、司（十九年ニューギニアで戦死）が休暇で家に帰ってきたとき、

「行くんなら、頑張って一番で卒業しろ」

そう言われた言葉が私の耳に残っていて、その言葉どおりに学科や術科に人一倍の努力をした。そのかいあってか、海兵団は二番で卒業することができた。

九月に大分航空隊へ転属となって、大きな格納庫の中で作業に励んでいると、戦闘機練習生の弾かれたような活発な動きが、目の前を流れていった。そうしているうち、その年の暮れごろに飛行練習生への転科試験があった。私は親の意にそむくことも顧みずに受験して合格し、晴れて少年期の憧れであった飛行兵への道をたどることとなった。

土浦航空隊での教育は、一ヵ月間が適性検査ばかり、三ヵ月間が予科訓練であったが、すでに海兵団で基礎訓練をへている私には無駄な時間のように思われた。ただ、ここで得た教育のうち、無線通信訓練だけが特異であったように記憶している。のちに実戦部隊での通信は、鍵を叩くトンツーから電話通信に移行されたからである。

俺は戦闘機乗り

昭和十八年五月から筑波航空隊に転属し、そこで初めて九三式中間練習機（赤トンボ）の訓練をうけることとなった。この六ヵ月間の多岐にわたる訓練の結果によって、自分の進むべき機種が決まる。

果たして自分がどの機種に適合するのか、戦闘機か、艦爆か、あるいは艦攻か中攻か。十月末の適性判断は教員まかせであって、それまでは、その日その日の飛行作業を事故のないように、ひたすら忠実に努力するのみである。

その待望の十月末がきて、自分は戦闘機専修生に配属されることが決定した。「わあ、俺は戦闘機乗りになるのか!」あの少年期に見上げたオレンジ色の九五式戦闘機への夢が、このとき、はっきりといまの自分に結びつけられたことを知って、何かわくわくするようなものを胸の中に感じていた。

昭和十八年十月末、「鬼の徳島航空隊」へ向かった第三十二期飛行練習生は、百里原航空隊から五十八名、われわれの筑波航空隊から十一名の、計六十九名であった。

ちょうどそのころ、大分航空隊では一ヵ月早くから第三十一期飛行練習生が訓練をうけており、その中に、のちに私とも一緒になる菅川(すがわ)操上飛兵がいた。

当時、大分空には南方最前線ラバウルで勇名を馳せた撃墜王の西沢広義飛曹長(のちに中尉)が教官として着任しており、後継の若手搭乗員の指導に当たっていた。菅川上飛兵もその教え子のひとりであった。

のちに昭和十九年十月二十五日、西沢飛曹長以下五機でレイテ沖に向けて敢行された神風特攻「敷島隊」の直掩にあたったとき、菅川上飛兵もその中の一人であったが、それは大分空で飛曹長の教育をうけ、その優秀な技能と人柄を認められて加えられたものと思われる。

昭和十九年二月末に徳島空の戦闘機専修課程を無事に終了すると、同期十二名が厚木航空隊に配属となった。

西沢広義飛曹長との出会い

その厚木空の戦闘機隊は昭和十九年三月初めから二〇三(ふたまるさん)航空隊に改編されて、戦闘三〇三飛行隊と戦闘三〇四飛行隊の二つの戦闘機隊に分けられるようになった。だが、デッキ（兵舎）も飛行作業も同一の指揮所を使って進行されていたので、百人余りの搭乗員の間では、すべてが同分隊員のような交わりであった。

九六式戦闘機からいよいよ第一線機である零式(れいしき)戦闘機に移行して錬成されていく若手搭乗員たちは、自然に前線還(がえ)りのエースたちの噂を口にし、耳にするようになる。

「おい、あの西沢分隊士って、凄い撃墜王だって。なんでも一五〇機は墜としているそうな」「長官から軍刀を賜(たま)わったらしい」

そんな話でもちきりであった。

戦争が昭和十九年に入ると、米軍はグラマンＦ４Ｆ戦闘機からＦ６Ｆ戦闘機に主力を移行していた。強力な二千馬力級のエンジン、一三ミリ機銃六梃の武装、防弾タンク、防弾鈑など、豊富な物量と高度な科学力でわが零戦を圧迫しつつあった。私たち若手搭乗員たちは、古参パイロットの口の端から漏れてくる「これからの空戦は容易なものではない」という言葉を聞いて、異常に緊張感をつのらせていた。

「俺も強くならねば、俺も西沢分隊士のように強力な戦力のひとりにならねば」と、日々の零戦による錬成作業にいっそう力が入った。

当時の私が十九歳、西沢分隊士は二十四歳であり、海軍歴としては六年も大先輩であった。のちに自分が高齢になってみれば「なんだ若僧の年……」であるが、当時の目から見れば、遠く高峰の神々しいまでの先輩であった。

西沢分隊士は戦闘機乗りには珍しく背丈が高く、一八〇センチ近くあった。その高い位置から四囲にくばる眼差しは、まさに〝鷲の眼光〟そのものであった。

若い私は飛行技能の伝授もさることながら、まずそのスキのない剣豪武蔵のような風貌や身構えを真似することから始まったように思う。

ところで、二〇三空は厚木から北海道の千歳、千歳から美幌へ、そして飛行隊は昭和十九年五月に北千島の占守島（片岡基地）、幌筵島（武蔵基地）へと進出していった。片岡基地の方には戦闘三〇四が配備せられ、そこには鴛淵孝大尉（海兵六八期）を隊長として、その麾下にはエース山本留蔵上飛曹（十四志）、長野喜一上飛曹（操練五六期）などの顔があった。

また武蔵基地には三〇三の隊長岡嶋清熊少佐（海兵六三期）のもとに西沢飛曹長、さらに水戦隊より転入した長田延義飛曹長（操練三五期）、松本勝正先任兵曹（予科九期）、倉田信高上飛曹（操練五四期）などの顔ぶれがあり、半数は古参、半数は若手といったかたちの、それぞれ四十名ほどのパイロットたちがいた。

両部隊は千島名物の霧の晴れ間をみては、実戦と訓練の日々を送っていた。六月中旬ごろの空戦訓練のときであった。高度二千メートルあたりで私は僚機と優劣位戦に入った。私は上位から降ってくる僚機を見ながら、グーッとスティック（操縦桿）を腹の方いっぱいに引きしぼり、相手の腹の下に回り込んだ。

と、次の運動に移るべく桿を前に戻そうとしたところ、固くて戻らない。右に倒し左に倒して、まるで狂気のようにのた打ちまわった。

（ああ、どうしよう。風防を開けて飛び降りようか）そう思って、なおものた打っていると「コックン」と外れて元どおりにスイスイと自由になった。そこで私は止せばいいのに、またぞろ僚機に向かって巴戦の渦をつくった。

すると、二度目の不能状態がやってきた。また前と同じ苦しみをかさねていると、しばらくして「コックン」と元に戻った。高度はわずかに五百メートル、二度あることは三度、私はすべてを諦めて即、脚を出し、フラップを降ろすと眼下の滑走路に向かって大きくバンクを振りながら、ほうほうの体で着陸した。

乗機を列線に止めると私は走って指揮所にかえり、隊長に報告をした。脇に立っていた西沢分隊士が眼光鋭く、

「貴様、あれはなんだッ！」大喝一声である。私が分隊士に叱声を浴びた第一号であった。

隊長の命令で機体の内部が調べられた。その結果、座席後部にある電信機の電纜（線＝子供の腕ぐらい）がコンセントからはずれて、それが十のGがかかったときに操縦索にからみ付いていたためであることが判明した。おそらく通信整備員が、調整の後始末を忘れたのであろう、つぎは通信の松井先任兵曹が呼び出されて、

「お前は搭乗員を殺す気か！」と大叱声を浴びていた。

それにしてもこのとき、私の命はあと数秒の分岐点ギリギリのところであった。機を捨てて落下傘で降りるか、機とともに千島の冷たい海の中に飛び散るか、のところであった。あとで思ったことだが、あれほどの好判断と頑張りで無事帰投したのだから、分隊士も叱ったあとで一言（ひとこと）褒め直してくれればよかったのに、と。いずれにしても無事は最大の恩賞であった。

それから間もないころ、私は兵舎で猛烈な腹痛に襲われた。しかし、私は病室にも行かず、一日兵舎の毛布の中で休んでいた。それで治ってしまったのだ。これもあとでわかったことであるが、それは虫垂炎の前兆であった。

六月二十六日ごろであった。真夜中に武蔵基地は敵の艦隊に包囲され、激しい艦砲射撃の火炎につつまれた。零戦も格納庫も、甚大な被害をこうむってしまった。その結果、一部（数人）の搭乗員は片岡に移り、そこから海路を小樽港に向かい、小樽から陸路、留守部隊のいる美幌基地に戻った。私もそのなかの一人であった。

美幌基地に還ると、そこで七月～八月を訓練で過ごした。しかし、八月末になって虫垂炎が本物となり、ついに入室して開腹手術をうけることになった。一週間ほどベッドに横になっていると、私の一番機であった松本先任兵曹が見舞いにやってきてくれた。北千島の部隊も大部分が引き揚げてきたらしい。

「おい安部、いまやったらお前に空戦は負けんぞ」

ニヤニヤ笑いながら私を勇気づけてくれる。そんな先任の言葉は、私の空戦技能に最大の自信を持たせてくれる宝玉のような効果があった。すべて技能とか習いごとには、叱声も必要であるが、褒め言葉も必要である。それで若い搭乗員たちもぐんぐん腕を磨いていく。

入室十日ほどしてようやく歩けるようになり、デッキ（兵舎）に通ずる廊下を下腹を曲げたヘッピリ腰で歩いていると、向こうから西沢分隊士がやって来た。約二ヵ月ぶりの懐かしい分隊士の顔に、私はニッコリして敬礼した。分隊士はそばまでくると足を止め、「おい、いよいよ南方に進出するぞ」と、いつもの鋭い眼差しで言うのである。「飛べるか？」

私はまだ手術痕が化膿していて、しっかりしていなかったので、つい「ダグラス（輸送機）ですか」と、まことに気合いの抜けた返事をしてしまった。

「なにッお前、戦闘機乗りとちがうかッ」

分隊士は顔を硬ばらせたまま、さっさと向こうへ行ってしまった。私は（しまった、あんな弱音を吐くんではなかった）と後悔した。せめて虚勢でも張って、「はい、飛べます」と元気な言葉を返せば、「うん」とニッコリ笑ってくれたことであろう。

それにしても私は、当時は飛行兵長で、まだ飛行時間が三百時間程度であった。そんな自分が入室していることを分隊士が心にとめていてくれたのかと思うと、無性にうれしくなった。早く治さねばと元気が出てきたのであった。

撃墜王から受けた賞賛と叱責

昭和十九年九月になると、戦闘三〇三飛行隊は鹿児島の鴨池基地へ、戦闘三〇四飛行隊はお隣りの出水基地へ移動することになった。私が鹿児島空へ着いたときには、さしもの頑固な手術痕も治癒して、飛行作業に復帰できるようになった。

ひさびさの定着（母艦のように一点に着陸）訓練に私は飛んだ。錦江湾上を一航過して海側からパス（着陸コース）に乗り、白い布板の中にピタッと定着した。いまでいう〝タッチ・アンド・ゴー〟である。約一ヵ月のブランクはあったが、久しぶりの飛行は私には新鮮なものであった。その日の飛行作業が終わると、西沢分隊士が皆の前で、

「今日の安部の定着は立派なもんだ。病気で休んでいても、あれだけの定着ができる。みんなもよく見習え」と大変なお褒めの言葉をかけてくれた。わが尊敬する撃墜王から褒められたので、私はすっかりいい気になった。（千島にいたときに空戦と射撃でカーブをあげていたのが、意に留まっていたのかな）と、勝手にそんな推量をして喜んでいた。

翌日も同じ訓練であった。だが、その日は悪かった。私が第四コースを回ってパスに入ろうとしたとき、左の海上から艦上攻撃機が一機、パスに入っていた。零戦は身が軽いので、私はヒョイとその前方に入って「お先にご免」とばかりに着陸してしまった。

そのおかげで艦攻はもう一度やり直すことになった。私も少々失礼なパスに入ったため、定着が乱れてオーバーしてしまった。作業が終わって指揮所にかえると、案の定、

「ちょっと褒めるとなんだ、あの着陸は」と分隊士の鋭い眼玉からドッドッと二〇ミリ弾が

撃ち出された。たしかに慢心は禁物である。

その日の夕刻には、つづいて夜間飛行があった。墨を流したような暗い空は、また勝手が悪い。試運転も念入りに列線の各機は、容易に出発合図を送らない。私は昼間、西沢分隊士に叱られたのに、まだ十分に反省していなかったようだった。悪い反骨精神である。早々にエンジンを吹かすと、舷灯をパチパチと点滅した。指揮所から、

「A、出発準備よろしい」「A、出発」

オルジス灯の光がパッパッと返ってくる。私はブオーンとエンジンを吹かすと、乱暴に飛び上がっていった。後年、このような傲慢さは反省することしきりであったが、若気の至りであった。

なお当時、戦闘三〇三飛行隊にはエース尾関行治飛曹長（操練三二期）の顔もあったことを忘れることはできない。

初の対戦闘機戦でP38撃墜

十月十一日、私たちは台湾沖航空戦に参加して、鹿屋のT攻撃部隊（中攻）を直掩して宮古島まで南下した。一週間ほどして私たちは会敵することなく鹿児島基地にかえり、そのあと十月二十四日になって、比島へ向けて全機が飛んだ。

私たち大部分の機は、その日は台湾の花蓮港基地に一泊したが、西沢飛曹長、尾関飛曹長、松本先任兵曹、本多慎吾上飛曹、菅川操飛長、馬場良治飛長（飛練三一期）などはその日の

輸送機便乗中に戦死した西沢飛曹長（右）。虎徹と自称した岩本中尉

うちに比島マバラカット基地へ先行したらしい。

戦後に記録を調べると、その日二十四日に尾関分隊士は比島東方で戦死と記されている。そして明くる二十五日には、特別攻撃隊第一号、敷島隊の爆装五機を直掩して西沢区隊四機が飛び、敷島隊の戦果を確認してセブ基地に還っている。

この直掩で列機の菅川飛長は壮烈な戦死をとげ、全軍に布告されている。松本先任兵曹も別働隊として、レイテ攻撃をへて同日にセブ基地へ着き、二〇一空の中島正中佐に乗機を特攻用として取られている。

そして翌二十六日、ダグラス輸送機便で西沢、松本、本多、馬場の四名はマバラカット方面へ向けて北上したが、その途中、ミンドロ島上空でグラマンの攻撃をうけて戦死してしまった。一騎当千の士も、戦わずして最期を迎える運命となったのである。その無念の心中は察するに余りある。

これは、以後の戦力に大穴をあけてしまったと言わなければならない。

私はその日、何をしていたのか。記録をたどってみると、マバラカット西飛行場から菊地幸利中尉（海兵七一期、のちに大尉）、初島二郎上飛曹（甲飛、のちに紫電隊で戦死）、一戸一飛曹（甲十期、のちに特攻戦死）らと四機でマニラ湾上空を哨戒で飛んでいる。何故だろう。西沢広義分隊士らの悲報があったから動いたのか、その理由は私にはわからない。数時間飛んでから、四機は沖合のルバング島に着陸した。

そのとき、私は最悪のミスをやってしまった。一番機につづいて降りたのであったが、追風着陸であった。気がついたときは、もう遅かった。オーバー着陸となって、エンドの蛸壺（避退壕）の中に脚を突っ込んで折ってしまった。

搭乗員生活ではじめての大失態を戦地でやるとは！　口惜しさは終生消えなかった。そして、マバラカットに還ってから西沢分隊士らの悲報をはじめて知ったのだった。

ああ、と私は天を仰いで戦場の無情に涙した。鹿児島基地を飛び立ってわずか三日を経ずして、帝国海軍の至宝が失われてしまったとは。そして、いつも私を思いやってくれた先任兵曹さえも。悲痛このうえないものであった。

わが隊は十月三十一日、全機でレイテ島オルモック湾の船団護衛に飛んだ。そこで敵のロッキードP38の編隊と交戦することになった。私にとっては対戦闘機戦は初めてのことであった。西沢先輩や松本先輩に指導された力をふるって暴れまわり、P38一機を撃墜した。

明くる十一月一日は二等兵曹に昇進の日であった。前日と同じ攻撃でレイテ上空に臨んだ。

この日も僚機と協同で一機を墜とした。私は亡き先輩のご恩に報いることができたと思った。この日、セブに着くと、私は翌二十年一月三十一日までの三ヵ月をそこで過ごすこととなった。

この三月の間、私はタクロバンの爆撃、シキホール島の銃爆撃、マラリアでの入室、特攻隊への編入などで過ごした。が、どうにか命ながらえて二月一日、高雄空の月光戦闘機に救出されて鹿児島基地に生還することができた。

岩本分隊士に見た戦闘機乗りの生き甲斐

鹿児島基地に還ってみると、そこには五十人ばかりの新編成の搭乗員たちが、気合いを入れて訓練に励んでいた。

やがて春三月となり、南国桜島に春霞がかかってきたころの十八日、早朝から敵機動部隊の襲撃をうけた。わが方には米軍のような立派なレーダーがない。敵影を間近にして、不利な状況から邀撃にあがるのが常となっていた。

来襲したのはグラマンF6F、ボートシコルスキーF4Uコルセア、グラマン艦爆ヘルダイバーなどであった。私と岡嶋隊長は、枕崎上空あたりでF4U二機と巴戦になった。四転五転すると敵は敗色を感じたのか、逃走に移った。

私はこれに全銃火を浴びせ、その一機に黒煙を吐かせて撃破した。隊長機は銃の故障があったため、せっかく二機撃墜のチャンスを逸してしまった。

この日の邀撃戦も不利な立ち上がりであったため、懐かしい友を幾人か失ってしまった。その日の邀撃戦が終わると間もなく、笠ノ原空の戦闘三一二飛行隊の隊員や朝鮮元山空の隊員らがわが隊に吸収されてきた。

ちょうど、そのころであった。「天下の浪人岩本虎徹」と異名を馳せた岩本徹三少尉（のち中尉）の姿があった。近くの国分基地から移ってきたという岩本分隊士は、西沢分隊士に劣らぬ二百機撃墜のクラスであった。西沢分隊士より年齢が四歳上で、当時、二十九歳であった。

昭和十一年に操練三十四期生を卒業しており、支那事変からの古武士(ふるつわもの)であった。とくに私たちと同じ海兵団出身ということで、親しみを感じた。風貌は西沢分隊士とちがって小柄で、もの静かであった。しかし、そのなかに何か強い殺気さえ感じさせるものがあり、さながら昔の剣客といった印象が強く残っている。

岩本分隊士とは直接同一区隊では飛んでいないが、沖縄戦ではともに飛んでいる。べつに指導語録といったものを頂戴したことはなかったが、隊員間の話を聞くと、「空戦は追尾攻撃でなく、一撃航過で撃墜する」というのが岩本分隊士の持論で、これが現代空戦の真髄であるということであった。

もとより私もこれまでに幾度かの空戦をへて、そのことは身をもって感じとっていた。相手はすべて二千馬力の優速である。軽量な零戦が追躡(ついじょう)しても追いつかない。悠長に捻(ひね)り込みなどをやっている時間はないのだ。

しかも敵は多勢であって、そんなことをしていると、別のやつが〝サッチウィーブ〟という奇襲でサーッと撃ち抜いていく。邀撃戦で長田延義分隊士と佐藤英男二飛曹がグラマンにやられたのを眼の前に見て、そのことは痛いほどわかっていた。

　こんな隊員の消耗と増員が繰り返される中で、同じくエースパイロットである近藤政市少尉（操練二七期）の雄姿も加わっていた。

　昭和二十年五月四日、菊水五号作戦で私は沖縄周辺の攻撃に参加した。そして沖永良部南方の洋上でＦ４Ｕと空戦に入り、私はこれを撃墜した。基地にもどると、岩本分隊士が帰投した隊員間を縫って歩いて、

「どうや、やったか」と尋ねている。私にもそう聞くので、「はい、一機やりました」と答えると、「うん、よっしゃよっしゃ」

　元気な声で戦果を集計された。その姿はピンピンと跳ね返るようなうれしさに満ち、まさに〝撃墜〟が戦闘機乗りの最高の生き甲斐であるといわんばかりであった。私はそんな分隊士の姿をはっきりと確認したような気がした。

　菊水作戦の攻撃も回をかさねるにしたがって、わが隊の古参パイロットも、また懐かしい同期の友人も未帰還となって消えていった。

　長田飛曹長、倉田信高先任兵曹、曽我辰己上飛曹（十四志）、筑波空で教員をしていた迫精一郎上飛曹（甲七）らもそのころに散華された。岩本分隊士でさえ、菊水四号作戦で数にまさる敵戦闘機と空戦に入り、機体に蜂の巣のような銃弾をうけて帰還したこともあった。

敵の物量と装備は日を追って増強の傾向にあった。

六月に入ったころ、岩本分隊士は新しい任務をおびて岩国空の方に転出していった。三月ほどの短い間ではあったが、帝国海軍最高位のパイロットと戦いを共にし、飛翔の日々を過ごしたことは、私の青春で最高の想い出であり、勲章であった。

分隊士は在隊中に「ウルフ」と名づけたセパード犬を飼っておられた。精悍なウルフを愛するところは、分隊士自身の精悍さと何かが相通ずるものがあったのであろう。

ある日、ウルフが零戦の列線の間を走っていると、プロペラの回転に頭をはさまれ、死んでしまった。ウルフをはねた零戦は「03・42号」であった。

私はつぎの攻撃の日にこの「42号」で飛んだが、調子はきわめて上々であった。だが、つぎの攻撃に飛んだ搭乗員は還ってこなかった。

忘れえぬエースの面影

ハワイ攻撃にはじまった太平洋戦争は、ラバウル戦が終わるころの昭和十八年末ごろまでは、主として三機編成であり、以後は四機を一区隊とする編隊空戦論がもっぱらとなった。旧戦法の単機空戦が、米軍の二機以上の〝サッチウィーブ〟戦法に押されるようになって、つぎつぎと優秀な搭乗員を失っていった。

私たちが後半の戦場を担当するようになったころには、最低二機編成を基本とする編隊空戦が主流になっており、個人による撃墜競争は認めないようになっていた。

　その結果、戦闘機特有の軽快性や、撃墜競争による闘争意欲の減退につながったことは、否めないように思われた。

「編隊を離れるな」と上官たちが盛んに繰り返し言うので、ついにはまるで空戦場で編隊訓練でもやっているかのような感を呈した。そんな動きのない、精彩のない行動によって、つぎつぎと火を吐く僚機の有様を目のあたりにして、口惜しい思いをしたものである。編隊空戦ではなく、連繋空戦をやればよいのだ。

　大戦の一時期、零戦の黄金時代を築いたエースパイロットたちも、米軍の厖大な物量と科学力、精巧なレーダー、VT信管を備えた弾丸、防弾装置、強力なエンジン、暗号文の解読等々の前には、消耗の一途をたどらざるをえなかった。

　戦いは、傑出したエースたちとそれをバックアップする国力にあると思った。

　戦い敗れた戦後の昭和二十二年、私は兵庫県警に奉職した。そして昭和二十八年に部長刑事職を担当することとなった。はじめの一年間は捜査要領もうまくゆかず、いわゆる〝迷刑事〟でいつも迷走していた。

　二年目に入ると、これでは駄目だと大いに発奮して、自ら〝零戦刑事〟で仕事を開拓しようと意を決した。

　すなわち、初動捜査がスクランブル、尾行が追躡攻撃、張り込みが上空哨戒、格闘が空戦、逮捕が撃墜と決めてやっていると、両者がまったく同一のものであることを発見したのである。

昇任試験には勉強が必要である。だが、本を読んでいると捜査が前に進まない。私は思い切って一時期、好きな本を投げすてて仕事に全精力を投じた。その結果、重要事件の解決が連戦連勝のかたちとなって、捜査実績が向上していった。

また、拳銃射撃の県下大会では、零戦射撃よろしく撃つと、準優勝の栄冠をかち得た。昭和四十五年当時に署の刑事課長職を最後に退くまで、私の心のなかには、あのエース岩本徹三、エース西沢広義の面影が活きつづけていたのである。

昭和五十三年に、近くの宝塚聖典に実物大の零戦を堂上に安置した戦没者慰霊堂が建立された。私は新聞でそれを知ると、早々に同寺の老院主に会って、その堂内に西沢中尉をはじめとする亡き戦友たちの遺影を奉納した。そして、あまねくその遺徳を世に留めんことを請い願ったのである。

戦火の青春をくぐり抜けていま六十八歳、私の胸の中からエースの面影が消え去ることはない。

戦闘機パイロット凄腕紳士録

「丸」編集部

海鷲の一典型・白根少佐

海軍部内で名パイロットの名をほしいままにした白根斐夫少佐（海兵六四期）は、外務省の高官の家に生まれた。名門の出にふさわしい高雅な顔だちの白皙長身の美青年で、人格高潔、そして烈々たる闘志と抜群の戦技の持ち主だった。

零戦の出現と同時にいちはやくそのパイロットとなった白根中尉に（当時）は、重慶の空をあばれまわって初陣をかざったが、戦技訓練中に過速からフラッターを経験し、名機零戦の玉成に、貴重な資料を提供することになった。

大東亜戦争では、白根大尉はつねに機動部隊にあって大活躍した。とくに、空母赤城に乗り組んで参加したミッドウェー海戦では、第一次空襲で彼の指揮した三十六機の制空戦闘機隊は、迎撃したグラマンを一機のこらず撃墜破して、味方には一機の損害も出さずに全機帰投し、その練度の高さに、司令長官以下を感嘆させたものであった。

あとは南太平洋海戦に、ラバウルにと、かずかずの武勲をたてた。しかし昭和十九年、まだ熟成の十分でない紫電を駆って比島の空に戦い、ついに還らなかった。

不敵のエース赤松中尉

でっぷり肥った日にやけたあから顔、とぼけたような面構え、一見したところ、かつての海軍のエース赤松貞明中尉（操練一七期）兵曹は、名パイロットというよりも、漁師のオッサンといった方がぴったりくるような愉快な風貌の人である。

一説に二百機をこえるというその撃墜記録もすばらしいが、戦争末期には雷電を操縦するようになり、乙戦闘機で、どちらかといえば敵戦闘機との空戦むきではないこの機の方が、零戦よりも俺にはいいんだといって、雷電でグラマンやＰ51とわたりあい、一歩もひけをとらなかったのだから大したものである。

戦後も、軽飛行機一機をもって四国を根城に、使用事業でがんばっておられたが、あいかわらず人をくったような逸話が多い。

飛行するときも英語一点ばりのＡＴＣ（航空交通管制）に、絶対に英語をつかわないのは有名で、「赤松機、離陸シテヨロシキヤ」のリクエストは、日本の管制官の間ではもう公認のかたちになってしまったという。あるときなど、鹿児島から福岡までをラジオをつけっ放しで都々逸をがなりつづけながら飛び、管制タワーの人たちの眼を白黒させたこともある。

空の宮本武蔵・武藤少尉

大陸の空から幾転戦、多くの撃墜記録にかがやく武藤金義飛曹長（操練三二期）は、ついに少尉になって実験航空隊たる横須賀航空隊で飛行実験に従事していた。この昭和二十年の春、関東をおそった敵機動部隊の艦載機にたいして彼は味方が地上から見まもる前で、実にすばらしいことをやってのけたのである。

この武藤少尉は、紫電改単機で厚木の上空で敵のグラマン十二機と遭遇した。彼の方が高度で優位に立っていたが、釣り込もうとする敵の動静をうかがった。

たまりかねた敵の一機が上昇して近づくと、武藤少尉はただの一撃でこれを墜とし、また、高度をとって敵をにらむ。ついで後方から迫った一機もただの一撃で墜とした。

こうして三浦半島をはずれるまでに次から次と四機を撃墜し、残敵に戦意を失わせて敗走させたのである。

のちに源田実司令のひきいる有名な三四三空に転じ、その鬼神のような活躍ぶりに源田司令をして、「空の宮本武蔵だ」と感嘆させたものである。

これほどの武藤少尉もその七月の末、ついに帰らぬ人となった。「あれほどの男が、敵機に墜とされるはずがない」と仲間は信じて疑わなかったという。

紫電改のエース杉田上飛曹

西沢広義飛曹長（乙飛七期）が惜しくも輸送機に便乗中に比島の空に散ったあとは、杉田庄一上飛曹（丙飛三期）が最高の撃墜記録保持者だった。

この人は、兵長のころからすでにかさなる撃墜記録でラバウルに名をあげた。昭和十八年春、山本五十六連合艦隊司令長官がブイン上空で戦死をとげたとき、長官の一式陸攻の直掩をやっていた零戦六機のうちの一機が、この杉田兵長である。

その後ラバウルに、トラック、比島にと転戦して戦功をあげた。昭和二十年一月、生き残りの空戦の名手ばかりをよりすぐって、特別に編成された松山の三四三空、剣部隊の一員となった。

ここの戦闘三〇一飛行隊「新選組」は若い気鋭の菅野直大尉がひきいていたが、杉田上飛曹はよく菅野大尉をたすけ、獅子奮迅の戦いぶりをみせた。彼の単独および協同での撃墜数百二十余機は、海軍での最高記録である。

この杉田上飛曹も、昭和二十年四月、敵状の情報入手の誤りから、鹿屋基地から発進しようと離陸中のところを、不意にグラマンとコルセア二十機余におそわれ、あえなく戦死をとげたのである。

奇蹟の生還者・石塚軍曹

熾烈をきわめるノモンハンの航空戦で、弱冠の石塚徳康軍曹（少飛三期）は奮戦してよく戦果をあげたが、一日ついに被弾して操縦不能となり、愛機九七戦から落下傘で脱出した。

ところが、降りたところは完全に敵地の真ん中である。

増槽を懸吊、ソロモンの雲海をこえて攻撃に向かう零戦二二型の編隊

しかし石塚軍曹は、敵の戦車や車輌部隊の走りまわるホロンバイルの草原を、草むらにしのび、壕にかくれ、北斗星を見さだめて徒歩で歩きつづけ、なんと一週間ちかくもほとんど飲まず食わずで不眠不休の単身行ののち、ようやく、友軍の勢力圏内にたどりつき、草にすがりついて失神しているところを発見されてすくわれ、原隊に復帰したのである。

彼の生還行は、これればかりではない。それから三年後の大東亜戦争初期に、曹長になった石塚はマレーの空に進出して戦ったが、またしてもここでジャングルの中に降下してしまった。

名にしおうマレーの大ジャングルの中を、四日も歩きつづけて、ふたたび奇蹟の生還をついに成し遂げたのである。まったく超人的な気力の持ち主というほかはなく、二度にわたる敵地からの生還は他に例がない。

ラバウル幽霊零戦隊の猛者・川戸上飛曹

昭和十九年二月の一日だけで敵機二百機を撃墜するという大空戦を最後に、ラバウルの零戦隊はことごとくトラックにひきあげた。あとには、傷病者や新米のパイロットがのこされた。

ところが、ラバウル航空廠では、廃機や破損機をよせあつめ、数機の零戦や艦攻をつくりあげた。

これを、残留パイロットが操縦して、遠くアドミラルティ島にまで奇襲攻撃をしかけ、まさかラバウルに零戦が残っていようとは夢にも思わなかった敵を大あわてにあわてさせたものである。

川戸正治郎上飛曹（丙飛一二期）はこの幽霊零戦隊の猛者で、油断した敵機の撃墜もさることながら、敵機動部隊の空母になぐりこみをかけたり、ロスネグロス島の敵基地を大胆不敵にも単機銃撃して十機を炎上させたのであった。

まるで冒険小説を地でゆく戦功の持ち主で、戦後、飛行学校の教官をしていた。

この人は、落下傘降下の経験は四回にもおよんだ。こめかみの深い傷は、敵地に不時着して豪軍に捕われたとき、敵将校の拳銃をうばって自殺をはかったときのものというサムライである。

アフリカの星マルセイユ大尉

「よっちゃん（ヨッヒェン）」の愛称で北アフリカのドイツ全軍に親しまれたヨアヒム・マルセイユは、地上のロンメル元帥におとらず連合軍の心胆を寒からしめたドイツ空軍のエースである。

この彼も、戦闘機乗りになりたての頃はいたって恵まれず、みずから「ドイツ空軍最年長の見習士官」と称するほどの長い不遇の時期をおくった。独創的な彼は、教範どおりに教えられるおさだまりの戦技にあきたらず、とかく不服従と奇矯のふるまいが多かったからである。

だが、北アフリカ戦線に進出してからは、自由な環境のもとで、ひとり研究と練磨にふけり、独特の空戦技術をあみだした。

この独創の戦技で、彼はみるみるスコアをかせぎ、ついに最年長の見習士官は、一転して最年少の指揮官の大尉になった。

彼のあげた一日に七機撃墜の記録は、空前のものである。

最期も敵機によるものでなく、愛機のエンジン故障と火災から、落下傘降下をはかったが、脱出のさい垂直尾翼で胸をうって失神し、落下傘レリーズをひかぬままに、石のように高空から砂漠に落下して果てたのである。

ゆかしの若武者ノヴォトニー少佐

金髪、澄んだ瞳、彫りの深い顔だちのヴァルター・ノヴォトニー少佐は、その精神も所行も、まったくプロイセンの騎士の現代版そのものといった、花も実もあるゆかしい若武者だった。

彼は弱冠二十六歳にしてよく一個戦隊の長となった。多数の部下の統率も申し分なく、作戦指導にも、戦闘の指揮と遂行にも、水ぎわだった腕をみせていた。

戦勢もドイツにとって決定的な落潮となった大戦末期にも、数かずの輝かしい戦果をあげて華ばなしく散った。

彼が、世界でも最初のジェット戦闘機メッサーシュミットMe262で編成された戦闘機隊長となって、縦横無尽の活躍をして、連合軍パイロットを畏怖させたのは有名である。

また、彼が捕虜になって脱走をくわだてた連合軍のパイロットの助命を、ヒトラー総統に嘆願したことが連合軍側にも知れわたり、ゆかしい戦士として彼らからも大きな尊敬を受けたものであった。彼が散華したときには、惜しい好敵手を失ったとして、多くの連合軍パイロットが哀悼の念にひたったものである。

義足の戦闘機乗りバーダー少佐

少尉のころに、飛行機事故で両脚を太腿で切断されてしまった英空軍のダグラス・バーダーは、退役させられることをがえんぜず、両脚義足の身で飛行機乗りをつづけた。

八年後には大戦が勃発すると、ハリケーン、ついでスピットファイアを駆ってドイツ空軍にいどみ、じつに二十三機撃墜の大記録をたてたのである。そして、義足の撃墜王バーダー少佐として、味方のみならず、ドイツ空軍にも、ひろくその名を知られるにいたった。

バーダーは戦争も前半の一九四一年八月に、サン・トメール上空の空戦で被弾して落下傘降下し、ドイツ軍に捕われの身となったので、撃墜記録はこれ以上のびなかった。もしこのようなことにならなければ、連合軍でのトップクラスのエースになったであろうと思われる。

捕われて後も、バーダーは義足の身にも屈せず、数回にわたって脱出をくわだて、そのうち二度ばかりは、もうすこしで成功のところまでこぎつけながら、ふたたび捕われている。

まさに、不撓不屈の精神をもったジョンブル魂の権化のような男である。

アメリカの撃墜王ボング少佐

第二次大戦でのアメリカ最高のエース、リチャード・ボング少佐は、ロッキードP38を駆って四十機撃墜という記録にかがやく。また、撃破や未公認がほぼこれと同数あると思われる。

いったいに、連合軍のエースたちのスコアが少ないのは、彼らが心身ともにすりへらしつくしてしまうまで前線に定着させられたりせず、よく休暇をあたえられ、ある程度で後方勤務にまわされていたからであろう。

ボングは機体も双発で鈍重なP38で、しかも、はじめは射撃がひどく下手で苦手だったという。

しかし、それがメキメキ腕をあげて、トップエースになったのである。

もっとも、操縦の技量は抜群で、金門湾にかかる橋の下をくぐり抜けたいたずらが、軍司令官ケニー中将の認めるところとなった。

愛人マージの大きな写真を機首にはって戦っていた。その出会いから結婚まで、彼らにはいろいろロマンスがあった。また、その最期は、新鋭ジェット機P80のテストで散華するなど、いかにもアメリカ人パイロットらしい、アメリカ色あふれるヒーローである。

空の暗殺者ランフィア大尉

日本軍の暗号が米軍の解読するところとなり、山本五十六連合艦隊司令長官の、ブイン基地視察の日程を知った米軍では、大統領までのり出し、ノックス海軍長官じきじきの命令で、山本大将を待ち伏せして殺すことになった。

一人の山本を葬ることが、機動部隊をつぶすより価値があると判断されたのだ。

ガダルカナルからブーゲンビルまでの遠距離を行動することのできるただ一つの機種P38がえらばれた。ミッチェル少佐指揮の十八機で、ランフィア大尉の隊の四機が、山本長官一行が座乗する一式陸攻二機を攻撃することになった。

実際の参加は十六機で、ランフィアと僚機のバーバーが、それぞれ一機ずつ一式陸攻をしとめた。時に、昭和十八年四月十八日午前九時四十分であった。

ランフィアのこの大殊勲も、弟のチャールズがラバウルで捕虜になっていたため、日本軍の報復をおそれて、終戦まで公表されなかった。ランフィア大尉はその手記に、この空戦で、さらにみずから零戦一機を撃墜したように述べているが、そんな事実はない。

熱情の超人クロステルマン中尉

イル・ド・フランスの戦闘機隊——祖国フランスをナチス・ドイツに占領され、ヴィシーに傀儡（かいらい）政権をたてられたフランス人が、イギリスにあつまって編成したアルザス飛行隊である。

ムーショットをはじめマックス・ゲジ、マルテル、シュバリエ等々の在外した者たちや脱出したフランス人たちがあつまり、敵手にうばわれた祖国を、いつの日か、自由フランス人の手にとりもどす悲願のもとに、連合軍の一員として戦っていたのである。

しかし、その祖国に帰りつく日も待たずに多くの人たちが散っていった。

ピエール・クロステルマン中尉は、アメリカから英本土にわたってアルザスに馳せ参じ、戦闘機乗りの手ほどきをうけ、後には、英空軍の一員となって祖国の上空に進出して戦い、念願の祖国の土をついに踏み、武運めでたく終戦を迎えた数少ないうちの一人である。

三十三機の撃墜スコアは、自由フランスのエースでは、第一級のものである。

感情も習慣もことなるイギリス人にまじって戦い、ついに占領したばかりの故国の基地に最初に着陸したときの感激を、その手記にかいている。

夜戦「月光」遠藤大尉、白昼の大空に死す

B29撃墜王の素顔

元三〇二空搭乗員・海軍大尉　伊藤　進

マッカーサー元帥があの有名なコーンパイプをくわえて、日本占領の第一歩をしるそうとしている写真を記憶している人も多いことと思う。その搭乗機バターン号が着陸したのは、横浜にほどちかい厚木の海軍航空基地であった。

厚木——この基地こそは海軍戦闘機隊のメッカであり、とくに敗色も濃くなった昭和二十年ごろには、帝都防衛の最大拠点としてつねに国民の注目の的となったところである。なかでも終戦の詔勅が下った八月十五日前後の〝徹底抗戦〟事件は、多くのエピソードとともに国民の中に語りつがれている。

これから私が語ろうとしているのは、この厚木基地に起こった数々の事件、なかでも或る一人の、決して忘れることのできない空の勇者についてである。

伊藤進大尉

そのころ私は、第三〇二海軍航空隊の搭乗員として厚木にいた。その忘れられぬ男——大

戦末期の本土上空の戦いで一躍、日本中に勇名をとどろかせたＢ29撃墜王・遠藤幸男海軍大尉（乙飛一期）のことで、その彼もここにいたのだ。

司令は、これまた勇猛をもって全海軍に名を知られた小園安名海軍大佐であった。遠藤大尉はこの小園大佐の秘蔵っ子として、ラバウル航空隊いらいの部下であった。

彼は月光夜間戦闘機の分隊長、そして私は昼間戦闘機雷電の分隊長として、連日のように来襲する超空の要塞Ｂ29を迎え撃つために飛び立っていたのである。私はそのころを、今さかんに思い出そうとしている。

しかし、残念ながら日本敗戦の日、すなわち八月十五日に私は戦中の記録をことごとく焼却してしまっている。そこで以下の記録も、あるいは記憶にあやまりがあるかも知れないが、どうかお許しねがいたい。

Ｂ29に対抗できるのは雷電だけ

Ｂ29がただの一機で東京上空に現われたのは昭和十九年十一月一日であった。いろいろの記録をみると、十一月三日となっているようであるが、私の記憶ではたしかに十一月一日であったように思う。なぜならその日は、海軍の進級申渡式の日で、当日のわれわれは第一種軍装で厚木航空隊の本部前に整列して、下士官兵にたいする進級申し渡しをしていたときであったからである。

ともかく、その最中に突然、拡声器が「Ｂ29らしき敵機一機、東京上空に現わる。戦闘機

厚木基地の302空夜戦隊。手前に月光5機、後方に彗星7機、彩雲、銀河

隊はただちに発進、「これを撃墜せよ」と、横須賀鎮守府命令をつたえてきたのである。

なみいる搭乗員たちはいずれも、古くは中国大陸でジャワ、スマトラ、シンガポールまたはハワイ沖で、近くはラバウル、ミッドウェーで歴戦の、至宝ともいうべき生き残り戦闘機乗りばかりであった。さすがにこの時は、まったく予期しないB29の来襲であり、しかも、たった一機の偵察飛行でもあったので、みなはいささか慌てぎみであったのはたしかだった。

——なんのB29の一機ぐらい、俺が撃墜してやる、という気負った気持でわれがちに雷電戦闘機、あるいは零戦に飛び乗って舞い上がっていった。

しかし、敵機はすでに南方洋上に姿を消してしまっていた。なにぶんにも一万メートルの上空をやってくるB29である。日本一の上昇力をほこる雷電でも、B29が上空に現われてから飛び上がったのでは、とうてい間に合うものではない。

その後、十二月から一、二月にかけては、B29はほとんど昼間、それも大編隊でやってくるようになった。高度も八千から一万メートルくらいで飛来することが多かった。

こうなると、やつらを撃墜できるのは海軍では雷電だけであった。有名な零戦もさすがに歯が立たない。新鋭の紫電改も残念なことには関東地方にはいなかったし、ともかくB29を迎えて戦っているのはまさに雷電のみ、といった感じであった。

当時、厚木の三〇二航空隊は、戦闘機の雷電、零戦、夜間戦闘機月光などを主力にして彗星偵察機、銀河双発爆撃機をふくむ、かなりの戦力をもつ大きい航空隊であったが、B29を迎え撃って戦果をあげているのは、唯一、雷電隊だけであった。

脚光をあびる月光機

ところが昭和二十年三月にはいると、様相が一変してきた。B29の夜間爆撃がはじまったからである。いまもプラモデルなどで子供たちに人気のある局地戦闘機雷電では〝夜の役〟には手も足も出ない。これに代わって、夜の花形として大きく浮かび上がってきたのが、いわゆる夜間戦闘機月光である。

鈍重で速力がおそく、したがって運動性のわるい双発戦闘機がなんの役に立つものか、とわれわれは無用の長物視していた。それは、われわれ雷電隊の面々ばかりではなく、司令の小園大佐もB29撃墜王とまでいわれた遠藤大尉も、おそらくそうであったと思う。

私と遠藤大尉とは予科練いらいの同期生で、なんでも話せる間柄である。月光の分隊長であるその遠藤大尉までもがボヤいていた夜間戦闘機が、ここにいたって初めて、日本海軍の花形となって登場することになったのであるから、皮肉である。そして、日をかさねるうちに月光分隊長の遠藤大尉の勇姿が、さかんに新聞紙上をにぎわすようになった。

月光は日本に、いな世界中どこにもない特殊な機銃をそなえていた。乗員は二名で、前方に操縦員が、後席に偵察員が乗り、その後方、つまり胴体のほぼ中央部に、機体の軸線と約六十度の角度をもって上向きに、二～四基の二〇ミリ機銃を装備していた。

B29は、昼間は八千メートルから一万メートルの上空を、しかも東京であれば、富士山上空を偏西風に乗って、ものすごいスピードで東京上空を通過するのである。それが夜間空襲となると、一機また一機と、相模湾上空から東京方面に進入してくるのがつねであった。

その高度も、遠藤大尉などの話によると、四千メートルから六千メートルくらいで、速力も月光機がらくに追いついて行けるような低速力であったといわれる。

B29への夜間攻撃がはじまると、月光隊は雲をえた竜のごとく、といってもいささかも大げさと感じないほど、若い搭乗員たちは眦(まなじり)をつり上げて飛び立っていった。

そして巨大なB29の下方約三十メートルくらいから十メートル、遠藤大尉のごときは五メートルくらいまでも接近していたらしいが、頭上いっぱいに重なるようになっている目標に対して、静かに引き金をひく。

一方、サイパン基地を出るときは、B29には三万リットルものガソリンを積んで出発したのだから、東京上空においても、まだ帰りの分が一万二千リットルは残っているはずである。

これはドラム缶にして六十本分は残っている勘定になる。というわけで主翼の中はほとんどガソリンタンクといってもよいくらいだ。その危険な目標が頭上におおいかぶさっているのであるから、弾丸がはずれるわけはない。

さらに機銃弾は二〇ミリで、陸軍では機関砲といっているくらいの代物であるから、もちろん破壊力も抜群である。となると、たちまちB29の翼からはガソリンが滝のように流れはじめる。

四基のエンジンからは絶えまなく青白い排気炎がはき出されている。機体から火を発するのはもう時間の問題となる。もちろん、少々の消火器では消しようもないといった状況となる。

かくして関東上空には、一度に二機、三機とあたかも燃えさかる大きな松明のように飛行するB29が見られる。そしてつぎの瞬間、巨大な花火の爆発よろしく落下していく。

このような光景を目撃するたびにわれわれは、遠藤のヤツまたやりゃあがったな、などと拍手喝采したものであった。

英雄、昼戦に散る

〽貴様と俺とは　同期の桜　離れ離れに　散ろうとも……

この「同期の桜」の唄とともに、第十四期予備学生が映画や本になったが、遠藤や私が厚木で分隊長をしていたころ、昭和二十年に十四期が、十九年に十三期予備学生がわれわれの部下として配属されてきた。

十四期生はどうやら零戦がこなせるていど、十三期の技量優秀組がすれすれで雷電に乗せてもらえるくらいであった。しかし、なにぶんにもガソリンがなく、訓練もできずに、たまに訓練でもやろうものなら、カンがにぶっていて大切な飛行機をこわしてしまう、といった始末で、大いに困った記憶がある。

厚木の隊では愛機に撃墜マークをつけていた。もちろん遠藤大尉機につけられた桜花の撃墜マークがいちばん多かった。戦死する前日までについていたのは十四個ではなかったかと思う。たしか戦死した当日にまた二個をくわえて、全部で十六機撃墜となっていたと思う。

遠藤大尉は鈍重な双発の月光で、ひとたび飛び上がれば、必ず一機～二機は撃墜してきたものである。この十四個の撃墜マークも三月ごろから戦死するまでの、ごく短期間の戦果である。もちろん、彼の戦果も偉大であったが、それ以上に、彼が全航空隊にあたえた士気の高揚は大変なものがあった。

こうして遠藤大尉のあげた戦果によって〝斜銃（ななめじゅう）〟は零戦の背にも、彗星偵察機の背にも、銀河双発爆撃機にもみな装着されるようになった。そしてB29の夜間爆撃がはじまると、われもわれもと迎撃に飛び立って、それぞれに戦果をおさめて地上に舞いもどってくるようになったのである。

この斜銃の着想は司令小園大佐、実用化したのは遠藤大尉ということになりそうだ。ところが、遠藤大尉の戦果と比例して、B29の本土来襲は日を追ってはげしくなり、反面、われ

遠藤幸男大尉。月光隊分隊長として、Ｂ29撃墜８機、撃破８機を記録した

われ昼間戦闘機の数は減る一方となった。遠藤大尉も夜間ばかり戦闘しているわけにはいかなくなってきた。――そして、死は刻々と近づきつつあったのである。

それは、あの名古屋大空襲のときであった。例のように月光に乗って昼間の迎撃に飛び立った彼は、第一回目には二十数弾をうけながらも一機を撃墜して厚木に帰り、ただちに燃料と弾丸を補給して、第二回目の離陸をした。そして、おそるべきＢ29の十五機からなる大編隊の真っ只中にとびこみ、たちまち一機を墜とし、一機に白煙をはかせながらも自分の機に被弾し、ついに火災を起こしてしまった。

とっさに落下傘降下しようにも、下方は渥美半島沖の海上である。それでも横すべりして火災をさけながら降下、高度二千メートルでようやく偵察員を脱出させたが、パラシュートの吊索が翼端にかかって切れ、偵察員はあっという間もなく墜落してしまった。

遠藤大尉も高度千メートルであやうく脱出したが、全身に火傷(やけど)をおい、ついにふたたび生きて地上には降り立たなかった。もし、勇敢比類なきこの遠藤大尉を、夜間戦闘のみに飛ばせていたなら、撃墜マークは十六個にとどまらず、まだまだ増加していたにちがいない。


素顔は〝平均的日本人〟


B29撃墜王遠藤大尉といえば、いかにもするどい刃物の切れ味を想像されることと思われるが、一言にしていえば、まったくその逆であった。

彼は、第一期の海軍飛行予科練習生として横須賀海軍航空隊の中にあった練習部に入った。私とは三年間、おなじカマの飯を食った仲であり、同期生はみなで七十九名であった。その中で遠藤は、決してするどく切れる秀才ではなかった。しかし八千名の中から選ばれた七十九名であってみれば、まんざら凡才でもなかったことは事実である。

戦争がなければ、いや、戦争があったとしても、小園安名大佐という名伯楽と会わなかったなら、B29撃墜王として活躍できたかどうかは疑問であろう。前記のように彼は決して俊敏、隼のごとくというような英雄らしい英雄ではなく、きわめて平均的日本人であったように思う。

生まれはたしか山形県だったが、そのせいか最後まで少々ズーズー弁が残っていた。未亡人でいられる奥様とはどうして知り合ったのか知るよしもないが、たしか二十二歳くらいのときに結婚したときく。私がまだ子供子供していて、いたずらがしたくてたまらないのに、彼はすでに親父になっていたのであった。

何事につけても親切な男で、面倒見のよい男だった。頼まれればもちろんだが、頼まれもしないのに人の面倒をよく見ていたようである。あの奥様もそんな親切さで落城させたのかも知れない。こんなことをズケズケ書いたとしても、地下の遠藤幸男は、きっとヘラヘラと笑ってゆるしてくれるだろう。

そのうえ筆まめな男で、ヒマさえあれば何か書いていた。とくに手紙はずいぶん書いたらしい。われわれの人生に最大の影響をあたえたと考えられる予科練の最初の教官であり、分隊長であった当時の海軍大尉浮田信家氏（終戦時海軍大佐）に、戦後になってたびたびお目にかかっているうちに、遠藤が浮田大佐にもちょいちょい手紙をさし上げていたことを知り、その筆まめぶりを改めて認識したしだいである。彼がもし、現在まで生きていたとしても、相かわらず親切で、筆まめな一市井人として地味に暮らしていることであろう。

知るひとぞ知る、彼のことを、ありし日の帝国海軍航空隊が余命いくばくも無くなったころ、パッと咲いた一輪の桜が、そして、それがひときわ高く舞い上がって散って行ったと形容したら、ロマンチックに過ぎるだろうか。

神雷特攻一家の〝大親分〟野中五郎という男

空戦になったら遠慮はいらねえから、全部叩き落とせ。戦場は快晴だ

元 神雷特攻桜花隊員・海軍大尉　細川八朗

空襲の小康をついて、一機のダグラス輸送機が着いた。

当直将校から、『七二一空転勤者細川少尉、今井少尉は、ただちに便乗出発せよ』と連絡をうけて、司令、飛行長や同僚への挨拶もそこそこに、エンジンをかけたままの機にとび乗って、台湾台中の飛行場を離陸した。

機内は座席や内張りを取りはずしてガラガラだし、被弾のあとは応急処置の張り合わせ。ちょうど取りこわし中の応接間に通された感じだ。

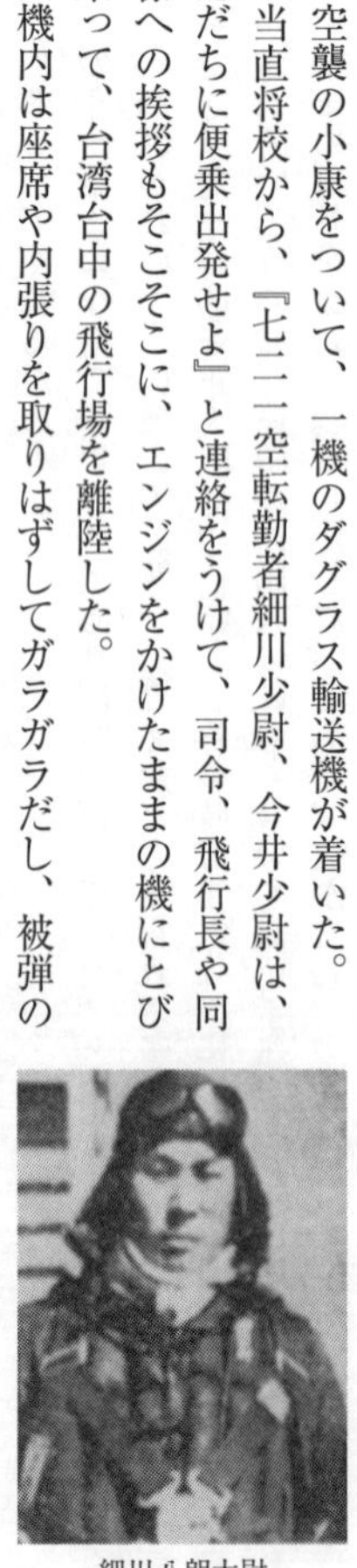

細川八朗大尉

操縦の飛曹長から「後方の見張り、よろしくお願いします」と頼まれる。聞けば、ある重要器材を高雄まで運んできたのだが、危険なので台中分遣隊に降ろしての帰りだという。

「搭乗員が足りなくて、三人だけの丸腰道中なので、戦闘機搭乗員の便乗は有難いです」

「でも、一緒に乗ってても援護ができねえ」「ハハハ……」

途中、何度か敵機を発見しては雲の中にかくれながら、沖縄で燃料を補給してやっと鹿児島航空隊へ着陸した。

鹿児島からは汽車で、目的地は茨城県百里原の海軍航空基地第七二一海軍航空隊。途中の東京には懐かしのわが家があるが、今井迫三少尉は新潟の男。彼は家にも帰れないし両親にも会うこともできない。まして転勤の途中は公用である。時刻表を見つめてしばし誘惑とたたかった結果、「一八ヒ一〇ジ　トウキョウエキトウルハチロー」と父宛に電報を打った。

東京駅のホームに「細川八朗君」と書いた幟を持った、父と母の姿を見つけた。父は片手に花束、片手に数珠と線香。母は赤飯、にしめの折詰とビールを持っていた。

台湾沖航空戦が真っ最中の転勤である。内地ではちょうど、わが方の損害三百数十機と新聞報道されていたところへ、「トウキョウエキトウル……」と電報がとどいたから、父は遺骨が通るのだろうと覚悟を決め、母は生きていると頑張っての、吉凶両備の構えで東京駅に待機していてくれたのだ。今にして思えば、今井を家につれて行って一晩ゆっくりすれば、何のことはなかったのだが、純真なあのころ、青年士官の教育を叩きこまれていた当時、今井少尉にも私にもそのくらいの応用さえもきかなかったのだから、可愛らしかったものだ。

常磐線石岡駅から隊に電話をした。

「高雄空から細川少尉、今井少尉着任しました。迎えの車ねがいます」「わかりました。すぐ迎えの車を手配するから駅で待っていて下さい」

二度目の転勤なので、だいぶ要領も心得てきた。任官したての少尉さんがポコポコ歩いて

野中五郎少佐（中央）。左は桜花隊長の柳沢少佐。右は五十嵐副長

転勤したり、タクシーで乗りつけたりすると、なめられて仕事が出来ないから、堂々と当直室に車を要求しろと教わったものの、はじめのうちは恐縮するものだ。

　百里空の庁舎前に二人の当直士官が立っていた。一人は一種軍装短剣の百里空副直将校。一人は三種軍装で蔣介石バンドに軍刀をつった六尺近い七二一空の日直将校。見れば彼は中練が一緒で中攻にいった斎藤三郎少尉だ。

着任届をして、

「なんで戦闘機の俺たちが貴様と一緒になるんだ。七二一は攻撃機だろう」

「貴様たちは大搭乗員だよ」

「大ってなんだ」

「スゲエ飛行機で、ペラも車輪もねえやつで、頭部は炸薬一トンだ。格納庫に番兵がついて一機だけ見本がある。あとで見てこいよ。俺も昨日着任したんだ。飛行隊長は野中少佐だ」

　岡村司令、岩城飛行長に型どおりの着任の挨拶をおえて、飛行隊長の野中五郎少佐の私室に挨拶にいった。

「細川少尉、今井少尉、高雄空よりただいま着任いたしました。よろしくお願い致します」

名刺の右肩に第七二一空付とペンで書き添えて、これも型どおり提出すると、

「オー物資節約の折柄だ、名刺はおひかえなすって、名メェーは電報で先刻承知だ。若ぇーみそらで遠路はるばる御苦労サンでござんすねえ。マー、ヅーと入んねえ……あんまり入りゃー突きぬけラー……。ちょっとそこらで聞こうじゃねえか」

飛行時間、飛行経験の内容などを簡単に質問され、

「シッカリやんな！　お茶でも入れようか」

ひらに御辞退、度胆を抜かれて部屋にもどれば、先着の斎藤三郎、柳正徳、宝満克夫少尉などの中攻隊（攻撃七一一飛行隊）野中隊長直参の子分どもも集まって歓迎会である。

「野中隊長は二・二六事件の野中四郎大尉（陸軍）の実弟で、海軍航空隊の至宝、雷撃の神様だ。大小二百数十度の合戦、とくに車掛りの戦法は……」

子分どもの隊長自慢はつきるところがない。

隊長の疥癬風呂騒動
やがてわれわれ搭乗員は正式に桜花隊と命名され、基地は茨城県神ノ池(こういけ)海軍航空基地につうり、正門に「第七二一海軍航空隊」「海軍神雷部隊」の門札が両側にかかった。
昭和十九年十一月のある日、第一陣の出撃を前にしての、神ノ池航空基地では連日、中攻隊、桜花隊は、「桜花」の投下を中心にした本格的な訓練がつづいていた。

胴体下面に桜花を懸吊、出撃準備をいそぐ鹿屋基地721空の一式陸攻

指揮所には桜花の旗と、中攻野中隊の「非理法権天」「南無八幡大菩薩」の大幟が鹿島灘の身を刺すような寒風にはためいている。

「ドドーン、ドドーン、ドドドーン」太鼓がひびく。「搭乗員整列」である。

「桜花隊宜シイ」「中攻隊宜シイ」

段上でとどけを受けるのは、大小の合戦二百数十度という飛行隊長の野中五郎海軍少佐である。

「エー、きょうはメッポー天気がエー。中攻隊の野郎ども、グウェーのいいところまで連れて行ってからオッパナセ。桜花隊の野郎どもは、眼の玉ヨーク開いて飛行場にオッパズレねえように降りてこい。掛れえ！」

夕闇が迫る。きょうは一人の犠牲者もなく、好調な投下であった。

隊長もしごく機嫌がよい。

「ドドドド、ドドーン、ドドドド、ドドーン」飛行作業終わり、搭乗員整列である。

「桜花隊宜シイ」「ウォーイ」

「中攻隊宜シイ」「ウォーイ、アー今日はうまくいった。ウムー、カイー、カイー、終わり」

二百幾十度の合戦の間に、隊長は強烈な疥癬にかかっている。段上で股に手を入れてポリポリ。

神ノ池名物の砂埃りはすさまじい。早いところ風呂へでも入りたいところだが、ガンルーム士官が八時前からバスに入ってもいられない。飛行服を脱いで、ガンルームに集まってガヤガヤやっていると、岩下英三少尉と久保明少尉が、

「別棟の方に小さい風呂がわいていて、誰もいないぞ」と入ってきた。

「小さい方なら偉い人が入って来ないだろうから戴くか」

桜花隊の分隊士連中はそろって出かけた。

「硫黄の臭いがするぞ。温泉気分がでるな」などとよい気分で帰ってくると、戦闘三〇六飛行隊の綿引少尉、宮武三郎少尉たちが、

「貴様ら、もうバスへ行ってきたのか」「あっちに小さいバスがあるんだ」「そうか、俺たちもゆくか」

ガンルームですき焼を特注して湯上がりの一杯をやっているところへ、野中隊長が入ってきた。

「ガンルーム士官、総員集合だァー」「誰だ、俺の疥癬風呂に入りやがったやつは、前へ出ろ」

われわれの盟約は、〝総員が一時に戦死することなく、被害は最小限度に止めて目的を達成する〟ことになっていたので、今回は一応私が代表して、

「私が入りました」と前へ出ると「バッカヤロー」と一発で引き上げていった。

「疥癬風呂」とは知らなかった。

隊長に申し訳ないことをした。謝りに行った方がよかろうということになり、私はついでに謝り役も買って、隊長室へ。

「隊長、入ります。先ほどは申し訳ありません。薬風呂とは知りませんで入りました」

「イッテエありゃ何匹へーッタンんだ。ドロドロじゃネェカ、疥癬がなおりゃシネーヤ。立て替えさせて今へーッタところだ。まあ、お茶でも飲んで行きな」と、野立道具を取り出して抹茶をたてて下さった。

ある時は、「畜生、夜間雷撃を思う存分やらしてもらいテェーもんだナー」と独語ともつかず洩らしておられた。

「月も星も光ってる。車がかりの戦法で野中一家の殴り込みだ。オッくれネーように付いてこい」と指揮官先頭の猛攻で、二百幾十度の合戦に赫々の戦果をあげてきた「猛将野中」だ。

「神雷岡村一家にゃ野中がいる」

全搭乗員の自信と勇気を奮い立たせる中心だった、野中隊長！

社団法人白鷗遺族会名簿の終わりの方に、

神風特別攻撃隊員（連合艦隊布告分）中の士官戦歿者数一覧表

階級	人数	
少佐	一名	計七六九名
大尉	四四名	
中尉	二七四名	
少尉	四二五名	
少尉候補生	二四名	

という、厚生省で調査した表がかかげてある。この少佐一名が「神雷」飛行隊長海軍少佐の野中五郎である。

派手にやった出撃前の宴会

神ノ池基地は、鹿島神宮のさらに奥の高松村にあった。上陸といっても、朝と夜一度ずつの士官バスで、潮来（いたこ）を通って佐原に出て、汽車で東京に入るか、千葉で国電に乗りかえるのだが、それでもやはり娑婆（しゃば）は恋しいものだ。

まだ内地では三種軍装は珍しいころで、外地戦闘部隊の服装だった。野中隊長がある日、われわれ若い連中と談笑していたとき、

「このあいだの日曜日、東京で子どもが、〝ああ雷撃隊出動だ！〟って俺の格好みていうから、こちとらちょっといい気持でいたら、千葉でなー、男の子と女の子の兄妹だろう。〝兄ちゃん、あの兵隊さんどこの人〟〝ウーンと、あれはお前、満州の海軍だ。あれは偉いんだぞ、少尉だ〟ていうじゃーネーかよ、無理もネェー。あの服は格好悪ィなあ」

昭和十九年の末には、神雷部隊は全編成がととのった。
司令　海軍大佐　岡村　基春
副長　海軍中佐　五十嵐周正
飛行長　海軍少佐　岩城　邦広
攻撃七一一飛行隊長海軍少佐　野中　五郎
攻撃七〇八飛行隊長海軍少佐　足立　次郎
桜花飛行隊長　海軍少佐　柳沢　八郎
戦闘三〇六・三〇七飛行隊長　海軍大尉　神崎　国雄
と、つぎつぎ着任して、大航空隊が結成された。
一同そろったところで、顔合わせの宴会を潮来の〝あやめ館〟で開こうということになったが、潮来にはお酌をしてくれる芸者もいない。
どうすりゃいいんだと幹事役は頭をかかえた。
ましてや出撃前の宴会だ。宴会は半ば公用とされている。主計長、内務長などはもっとも頭の痛いところだったろう。すると野中隊長が、
「よーし木更津は俺の古巣だ。木更津へ行って芸者を全部カッツァラッテ来イ」
野中隊の一式陸攻二機は芸者をカッツァライに出撃し、間もなく十六人の着飾ったり、三味線箱を持ったりした女たちが、ぞろぞろ飛行機から降りてきたのにはブッタマゲタものだ

った。

　宴もたけなわの最中に、野中隊長はふとつぶやいた。

「いまごろ木更津空の野郎ども、上陸してあわててやがるだろうなー、そのうち挨拶しておくさ」

　明けて昭和二十年一月、宮城、明治神宮、靖国神社に出撃搭乗員訣別の参拝をして、「南無八幡大菩薩」の大幟をひるがえした野中隊長の一番機を先頭に、沖縄決戦のために南九州鹿屋基地に進出した。

　三月二十一日、神雷攻撃第一陣の総指揮官として三百数十名の部下を前にして野中少佐は、「まっすぐに猛撃を加える。空戦になったら遠慮はいらねえから、全部叩き落とせ。戦場は快晴だ」と胸のすくような、訓示をした。

「司令！　征きます」と一言。必殺の兵器桜花を搭載した神雷特別攻撃隊は、ぞくぞくと沖縄の決戦場に飛び立っていった。

飛行一〇四戦隊「疾風」鞍山製鉄所を死守せよ

二度にわたる成都発のＢ29邀撃戦の顚末

当時 飛行一〇四戦隊長・陸軍少佐　瀧山　和

昭和十四年のノモンハン事件いらい、空中戦に加わった回数は六十九回におよぶが、「会心の一撃」として想い出せるものはほとんどない。ことに戦技未熟期のノモンハンでは、つねに幾倍かの敵機の中で彼我の識別、射弾回避に終始した苦い想い出が多かった。

以後五年、中支での対地攻撃のほかは防空待機、関特演、陸大学生、明野教官と、実戦からはずれていたが、ようやくベテランと自他ともに認められた時機に、対Ｂ29戦に参加し得た。この戦いでの部隊指揮、直接戦闘、捕虜の扱いなどでは、まあ「会心」の想い出と考え得るので、そのあたりのことを書いてみることにする。

昭和十九年十二月、私は鞍山（満州国）に八月から編成をはじめた新編の飛行第一〇四戦隊長として駐屯していた。任務は南満州の防空だが、ことに鞍山製鉄所の防衛が第一義とされた。そして同製鉄所を「死守すべし」との趣旨のもとに、同所を中心とした三十キロ圏が絶対侵入阻止圏で、当時流行の「鉛筆計画」が枠組みされていた。

装備は計画では四式戦（疾風）だが、実態は一式戦（隼）と二単（二式単戦。鍾馗）が主力で、ようやく十月末から四式戦がさみだれ的に割り当てられるようになった。しかも、自隊の操縦者によって内地まで受領に出向かねばならず、未修教育も終わると、半数はつねに内地まで出張不在（もっとも彼らは大変よろこんで出かけたが）という状態であった。

こんな雰囲気のなかで昼夜心がけたことは、まず戦力の急速な充実であった。空中勤務者は訓練を継続的に行なわねば、腕が鈍ってしまうものである。幸い大挙して比島方面に移動した在満飛行部隊の残していった一式戦と二単の相当数があったので、まずこれらをかき集めて当座の訓練用に使用した。

ついで十月に入って四式戦割り当ての通知をうけるや、「わが方から受領参上」と申し出て、補給廠の快諾を得、最初は私をふくめて既修者五名のうち三名を、ついで未修教育修了者の半数をつぎつぎと派遣した。

未修修了直後の操縦者の内地〜満州間の空輸は、たいへんな冒険であった。しかし、同時に航法訓練用の燃料を他に依存でき、また操縦者一人ひとりが自分で戦闘整備の一部を修得してくれるなどの効果があり、戦力充実に役立った。受領のために出張する操縦者には、補給廠係あて、満州特産のタバコ「スペヤー」や日本酒などを持たせたのはもちろんである。

つぎに出撃の終始を通じて決心をゆるがせた問題は、「鞍山製鉄所死守」条項である。地上戦ならいざ知らず、死守などということは不可能事と投げやりな気持が湧いてくる。しかし戦局をみると、「鉄は血よりも貴し」と認めねばならない。

対策は当時すでに比島方面で敢行されていた「特攻」以外にないと思われた。あらかじめ訓練中の空中勤務者にピストでの談話中に、直前に指令することで同意を得ておいた。なかには永田曹長のように夜、私を訪ねてきて「ぜひ」と申し出る者もあった。

つぎは大事なことだが、飛行部隊の連中が外出先の鞍山の街で、冷たい対応にさらされていることであった。これは先の再度のB29の来攻時、鞍山製鉄所はもちろん、その官舎街に相当な被害が生じたにもかかわらず、戦果はゼロに等しかったためである。

一方、台湾沖航空戦をはじめ南方各地では、誇大な報道が街を賑わしていた時機でもあった。こうなれば、ぜひとも大衆の眼前で戦果を挙げねばならなかった。同時にわが方が撃墜されるような惨めな状態は、極力避けねばならなかった。

対策はただひとつ、訓練を対B29戦の戦技にしぼることである。そして、その攻撃方法は前上方攻撃（予測目標上に待てば、侵入時と退避時の二回の攻撃機会がある）に限り、これのみを訓練することである。（訓練用の燃料制限で当時、一人当たり月六時間）

以上のような状況下に、緒戦を迎えたのであった。

緒戦はまずまずの成果

十二月七日の早朝、いまだ暗いうちから飛行場は騒然とした状態にあった。前夜から「成都方面のB29出撃の兆しあり」にはじまり、「B29多数黄河の線通過、東北進中」にいたって、「非常呼集」の態勢に入った。

操縦員みずからが空輸、補充された飛行一〇四戦隊の四式戦闘機疾風

さいわい将校以下全員が飛行場内居住をつづけていたので、対応部署は順調に進んでいった。東の空に明るみが差しはじめたころ、戦隊指揮所前のエプロンに戦隊全員および関係者（飛大幹部、対空無線等）を集めた。

もちろん整備はすべてを完了し、試運転は全機が終了していた。

あたり一帯は静寂そのものであった。まず東方を遙拝ののち、敵情、企図など合同命令の様式で処置し、全員の前で特攻四名を指名し、「特別攻撃隊菊水隊」と命名した。

その実行の困難性も説明して、不能時は再興のため帰還すること、同時に可能条件にめぐまれた者の追認などを付け加えた。そこへ上級司令部の営外者バスが到着し、特攻隊名などの追認が参謀より伝えられる。

滑走路は一本しかなく、一式、二単、四式戦とそれぞれ航続時間に大差がある。まず一式戦七機（うち特攻二）を製鉄所の直掩に上げる。僚機はいずれも訓練中の百時間級の操縦者である。特攻指名の尾崎少尉には、進入機編隊の最先頭機に特攻と指示する。

時間があまったので解散してピスト待機に入る。二単特攻に指名した永田曹長がきて、

「自分の搭乗機は、機銃も無線も装着してありません。特攻にはもったいない。ちょうど修理廠から戻ってきてまだ機銃を装着していない『涼風号』で特攻につきたい」

と申し出る。その至情に動かされて「諒解」の返事をしてしまった。あとで悩まされた一事であった。

山海関通過中の報で、本部の四式戦（わずか四機）を率いて離陸する。航続力のきわめて少ない二単隊（機数は最多の十二機）の離陸は、私が空中より命令することとする。

山海関方向を索敵しつつ上昇をつづける。快晴で視程は百キロにおよぶほどであった。高度三千メートル付近で左方向、われよりさらに上空に長い白雲の筋を発見する。凝視すると、白雲筋の尖端に多数の黒点が見える。白雲筋と黒点の線の延長を求める。何度こころみても、奉天の方角である。一瞬、「製鉄所死守」の文句が脳裏をかすめる。

鞍山はと振り返ると、すでに航跡雲空域に達して白い円弧を描いている。

「奉天上空、高度八千メートル、集まれ」

生文で無線に叫んでしまう。二単隊はすでに土埃り（つちぼこ）をあげて離陸中である。矢は放たれた。しかし、鞍山は果たして大丈夫だろうか？　気になるが、白雲の線はいっこうに転進しない。そのまま直進し、奉天南方沙河の線、高度計は八千を示した。

さて二単は、少しおくれていた中村編隊は、と振り返っているうちに、急に四周が暗くなる。煙霧だった。せっかくの目標を見失ってしまう。以後、幾分か霧の中の模索がつづいた。二番機の金城中尉が辛うじて従ってきている。左側下にB29一機が見える。編隊から離脱したものか、あるいは先行偵察機か。金城中尉に攻撃を命ずる。彼はただちに反転して良好な後上方攻撃を敢行し、第二エンジン部に着弾発火を認める。

索敵を前方に移すと、直前にB29がほぼ同高度、正面に見え、これに全機関砲の引き鉄をひく。巨体の正面の風防に孔のひろがる様子が眼に残ったが、そのまま操縦桿をひく。巨大な尾翼が左翼スレスレに消え去る。そして、煙霧圏から抜け出した。

前方五キロにB29の二機編隊が、隊形をくずさずに垂直に近い旋回を行なっている。見事なものである。これにも二千メートルから残りの全弾をぶち込む。敵機の速度修正は不要で、射線はやや上方をねらう。わが方の弾丸のとどく時機には旋回を終わって、編隊のいずれかに当たるであろう。

すれ違って右に旋回し、さらに索敵をつづける。煙霧圏外に錐揉み状態のB29一機を発見する。はるか遼陽方向に黒煙二条を望見する。金城中尉の撃墜した機のものであろうか、それとも私が撃って機首に大孔があいたやつかな、とも考える。

なおも索敵をつづけるが、四周に機影は認め得ない。ふと鞍山は、製鉄所は大丈夫か、という思いが頭によぎり、帰還を決意する。単機になって基地まで急降下する。その二十分ほどの間に黒煙の柱十本以上を見る。今日は少しは戦果を挙げ得たようだ。

製鉄所の上空にあって凝視すると、発煙筒を焚いたらしく薄曇りの状態だが、どうやら被害はなさそうだ。上空には、一式戦がまだ編隊群のまま航跡雲を引いている。隊形に乱れのないのは、敵機来襲のなかったあかしであろう。

ひとまず安心して着陸する。すでにほとんどの二単は帰投していた。わが方は損害も少なかったようだ。機体から離れて真っ先に問うたのは製鉄所の様子であり、ついで特攻指名の永田曹長のことであった。

永田曹長は単機で基地上空を通過中のB29に対して、後上方攻撃を数回くり返し、南方の湯崗子付近でついにその尾部にかじりつき、視界より消えた由で、いま収容隊を派遣中であるという。

永田機の後上方攻撃に対し、敵は全機の砲で対抗、しかし、永田機は無音（機関砲なし）である。その様子を聞くにおよんで、さぞ心細かったことだろうと初めてわかる。悔やまれたが後の祭りである。

昼食時ごろ、奉天上空で衆人環視のなか、特攻攻撃でB29一機と心中した明野軍曹の遺体が、これを目撃して感激した満州国軍の輸送機により届けられた。明野軍曹は機体外に放り出されたので大きな損壊もなく、遺体は満足げに微笑をたたえた穏やかな顔つきであった。

夕刻、ラジオからは来攻B29は六十八機、うち撃墜十一機、その他多数撃破の報が伝えられた。翌日には、営口沖の海底の一機が加わり、さらに成都への帰還飛行中、支那派遣軍の戦闘機により三機撃墜されたことが報ぜられた。

戦後の米軍資料によると、奉天上空は極寒で、多数の戦闘機の蝟集攻撃をうけ、被弾多く、また被弾機は寒気を避けて単機で高度を下げる結果となり、損害を多くした云々とある。この緒戦の経過を総括すると、

①まずは「鞍山製鉄所の死守」条項に応え得たことであろう。直掩の制空に当たったのは、全機が一式戦闘機である。乗員は隊長（襲撃機出身で五百時間）のほかは全機一式戦で戦技訓練中の百時間前後の者ばかりであったが、敵側から見ればその内容、戦力まではわからない。

現に奉天上空で被弾後、寒気を避けて中低空で離脱をはかった数機のB29が、帰途、大連付近に投弾したのであった。投弾の好目標として、鞍山は当然考えられたことであろう。しかし、上空には編隊の航跡雲が往路時より変わらず円弧を画いていた。したがって、帰還を決心した彼らが、あえて火中に飛び込むことはまずしないであろう。易きにつくのとおりで、無防備に近い大連付近に荷を棄てて、帰路を急いだものであろう。

②私の編隊は鞍山に気をとられたこともあって、奉天東南の煙霧溜りに突入してしまい、会心の一撃はできなかった。しかし、敵が侵入した西側は快晴そのもので、戦隊の二単隊は奉天に直行した関係で、また遼陽より発進した独立第二十五中隊の二式複戦（屠龍）は、存分の攻撃ができたのであった。

部下たちが善戦し得たのも、その部署にも一因があったのであろうと自負するしだいである。

幸運に恵まれた第二回邀撃戦

十二月七日の防空戦では、鞍山基地の一本の滑走路に拠ったため、前述のような「時差出撃」を余儀なくされた。そこで、直ちに申請して鞍山南方二十キロの湯崗子に、訓練中の第三中隊（一式戦）の移駐を完了させた。

そして十二月二十一日、前回とほぼ同じ経過で、ふたたび成都からB29の奉天来攻があった。しかし、このときは敵側の無線封止が厳重だったのか、わが方の油断からか、前夜からの兆候情報などはなかった。

「北京付近通過、東北進中」との情報を受けてからの邀撃戦となったので、わが方はやや受け身の立場に立った。それでも先に第三中隊を疎開しておいたのが、幸いした。

前回同様、一式戦隊を製鉄所の直掩部署につけたあと、「山海関通過」の情報で、急遽、本部編隊（二番機橋口軍曹〈少飛七期、戦力甲〉、三番機中村少尉〈少候二四期、戦力甲〉）の最精鋭で離陸する。

山海関、錦州方向を索敵しつつ上昇をつづける。高度三千メートル付近で、前回と同様の索敵経過により敵を発見し、僚機に知らせる。僚機もすぐにこれを認めて、右側に散開する。製鉄所の上空には一式戦の航跡雲が認められた。

（よし、最良の攻撃開始点をもとめて接敵をつづけるのみだ）と逸る心をじっと抑えつつ、高度七五〇〇メートルで同一高度となる。機関砲の試射を行なう。首尾は上々。僚機もすでに間隔五百メートルに開いて、自己接敵の態勢に移っている。

敵編隊群の隊形、機数を読みとる。二十一機、三群である。その最先頭機を狙うこととする。高度八千メートル弱、敵進行方向の軸線上で攻撃を下令し、左旋回後に突進を開始する。軸線上の直距離は、四千メートルぐらいであろうか。

約二千メートルで、敵先頭群の七機より一斉に曳光弾の集中射撃をうける。三十条をくだるまい。一発でもガンとくれば、一巻の終わりである。操縦桿の後ろにでも隠れることができたらと思う。

距離一千メートルでついに我慢し切れなくなって、引き鉄四門分の全部をひく。ドッドッド……と機関砲は快調にリズミカルに震動を伝えてくる。

先ほどまでの不安がいっぺんに吹き飛ぶ。

幾秒たったか、離脱のために操縦桿を引く。巨大な尾翼が直下を過ぎさる。上昇、宙返り姿勢で僚機を見ると、かねて指示したとおり、二、三番機も私のねらった最先頭機に軸線に乗って攻撃を行なっている。

三番機が離脱した直後だった。先頭機が右横すべりで隊形からはずれだした。（おやッ）なおも凝視をつづけていると、幾秒かして脚を出しはじめた。同時に黒い粒を機体の後方へつぎつぎと吐き出したと思ったら、やがて真っ白い落下傘となって開花した。

まもなく、巨体は錐揉み状態に入って大地に向かって失墜した。撃墜だ！　傘の数は？しかし、すれ違いで失った敵との距離を縮めねばならず、傘の数なんて数えていられない。

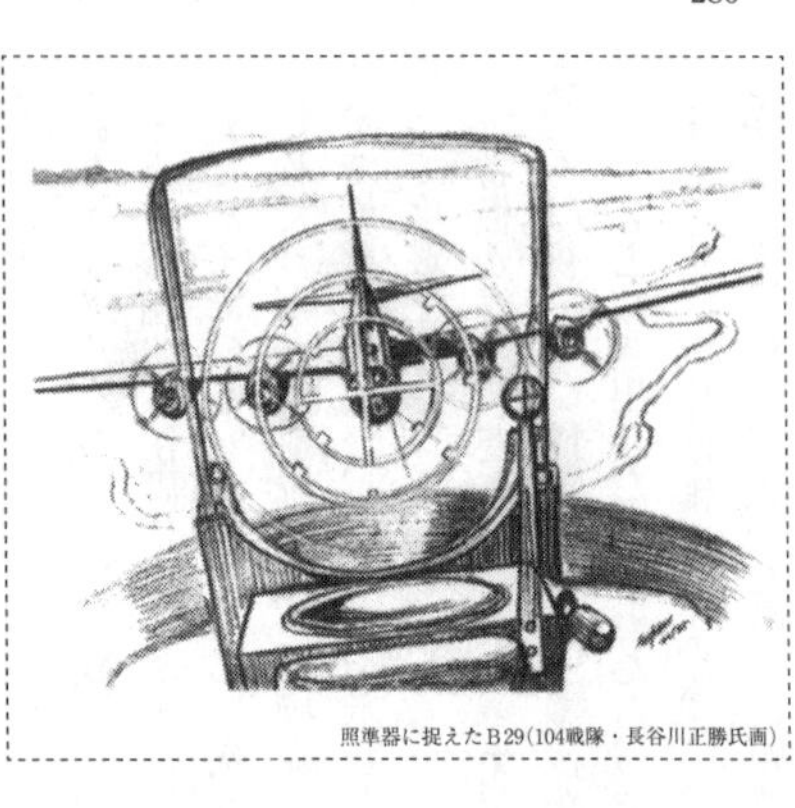
照準器に捉えたB29（104戦隊・長谷川正勝氏画）

レバー全開で追撃に移る。

敵方を凝視していると、投弾をはじめた模様で、奉天南方約十キロの沙河の凍りついた氷原上に、爆煙が連続して立ち昇る。そして、敵機群中に花火のような大爆発が起こった。同時に編隊群はバラバラに分解し、これらに蝿のような小型機が突き動いている。

反転して単機になったB29がわが軸線上に乗りそうなので、しからばいま一機ご馳走になろう、と接敵する。念のため突進開始点で四周に眼をやると、いけない。友軍の武装司偵が真横百メートルぐらいで、私と同一目標にやや斜線ながら突進をはじめようとしている。離脱時に接触する危険があるので、やむなく突進を中止する。

さて、落下傘降下した敵先頭機の乗員は十一人で、大尉の機長以下、全員を捕虜にした。落下点が鞍山基地から西へ約二十キロの地点だったので、戦隊の協力飛行場大隊の収容隊によって捕らえられたもので、昼過ぎには基地内に連行されてきた。

製鉄所から急遽きてもらった通訳を通じて、さっそく簡単な尋問をこころみた。機長の大尉はいわゆる米国の学徒荒鷲であった。日米開戦と同時にカリフォルニア大学を中退し、米陸軍航空隊に入隊した由である。右足先に小火傷（焼夷弾が彼の足先で発火）を来たしたので、ただちに全員脱出を命令したという。

「消火器は？」と聞くと、「搭載しているが、それより引火爆発を恐れて云々」とのこと。航法士の中尉は答えを拒みつづける剛の者だった。他は大したやつはおらず、敵軍先頭機としてはお粗末なしだいであった。お粗末といえば、全員が夏服のような木綿服で寒さに震え上がっている。カルカッタよりヒマラヤ越えをしたときのままの装備だという。

夕刻近くなって、まず鞍山の在郷軍人会の面々が、ついで愛国婦人会のオバハンたちが訪ねてきた。それぞれ一時間以上歩くか、あるいは馬車でやってきたのであろう。捕虜に対し軍人会の連中は木銃の的にと、そして婦人会の面々は、

「一針でよいから、針で突かしてくれ」と申し出る。それを断わるのに一苦労したが、酒保別棟の仮収容所の彼らを一瞥させて、お引き取りを願った。

さて、夕食時になって困った事態が発生した。

彼らはわれわれの食事、すなわち味噌汁やメンコ飯はもちろん、飛行大隊の主計がわざわざ用意した暖かい肉うどんも、いっこうに食べようとはしない。

「わずかにアジア系らしい二人がうどんに箸を付け出しました。あとの奴はどうしますか？」と聞かれたが、さて困った。酒保軍曹も加わってアレコレ知恵をしぼったが、どうやら花林糖だけは口にすることがわかった。しかし、これもたちまち在庫が底をついてしまった。

こんなわけで、一晩だけストーブ当番まで付けてご宿泊願ったが、とても戦隊や大隊が扱う品物にあらずとして、翌日、早々に憲兵隊にお引き取りを願ったしだいであった。

さて、この十二月二十一日の戦闘をふり返って見ると、「会心」と想われることは、まず幸運に恵まれたことであろう。他にあげてみると、

①最精鋭の僚機が編成し得たこと。

②攻撃目標を分散せず、最先頭機に集中攻撃したこと。

③先頭機撃墜の結果、敵は過早に投弾を行ない、防空すべき奉天はきわめて被害軽微で、損害はゼロに近かったこと。

④今回も製鉄所直掩隊におそれをなしたか、一機も分派することなく、製鉄所は無傷であったこと。

などであろう。

さらに十二月七日と二十一日の防空戦を総括してみると、

①七日の緒戦を比較的整斉裡に遂行し得て、戦果も挙げ得た有力な原因は、全員が飛行場内に起居していたという、当時としては異例の態勢による。当時、関東軍では内地と同様、管外者は通勤勤務が当然とされていた。

一般地上軍なら、あるいは対満州国大衆への宣撫上、当然であろう。しかし、こと防空となると、ことに比島ではすでに陸海航空の特攻攻撃が報ぜられている時機である。防空任務部隊の戦場はその就任地であり、飛行隊は飛行場である。休日は情報にもとづいて決めるも

ので、決して日曜のことではない。最初に官舎の要否を問われたときに叫んでしまった広言に、ついに終始せざるを得なかったのかも知れないが……。

②戦果を直接満州国内の大地に、大衆の面前に提供し得たこと。撃墜し得たB29の残骸は、初めて南満州諸都市の広場に積み上げられた。満州人の対日信頼に寄与したものと考えられる。

③捕虜の扱いについては、もし木銃の標的や木綿針の相手にさせていたらと思うと、「良かったなぁ」と思わざるを得ない。もちろん、戦隊や大隊等から戦後に捕虜問題の戦犯該当者は出ていない。

テスト飛行黄金時代を築いた十人のサムライ

大空で神技をきそった一匹狼あの顔この顔

元 陸軍航空審査部員・陸軍中佐 荒蒔義次

昭和十六年十二月八日未明、米英側は西太平洋の各地において、日本軍の飛行機によって攻撃され、大損害をうけた。この攻撃に参加した飛行機は、何年も前から計画試作し、飛行実験の結果、優秀とみとめられたものを制式として採用、部隊にわたして初めて実戦にのぞむという大変に時間のかかったものである。

世界の列強間の諸情勢がしだいに第二次世界大戦に向かいつつあった頃の、わが国の航空技術は世界の水準に追いつき、そして追いぬいて、小型機では第一位といわれるほどになっていた。

支那事変の解決策として南部仏印にまで進駐するようにな

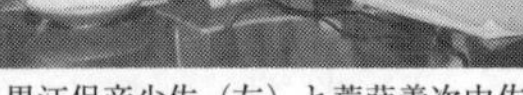

黒江保彦少佐（左）と荒蒔義次中佐

ったのは、もはや欧州ではじまっていた世界戦争に自然に突入していったようなものである。このような情勢の変化により、いよいよ優れた飛行機の早急な出現を上層部より要望され、テスト関係者たちは昼夜休みなくテストを強行した。

そのころ私たちはテストに立川、横田（福生）の両基地を主につかっていた。

みな腕利きの第一人者ばかりがあつまっていて、わが国の陸軍航空審査部の黄金時代ともいうべき時代であった。とくに戦闘機は試作研究の種類も多く、したがって「サムライ」たちも多くあつまっていた。

しかし、戦争が長びくにつれて、皆それぞれに審査担当した機種の戦隊長として出陣したが、大部分の者は新機種で戦功をうち立てたが、ふたたび審査部へは帰って来なかった。

当時の今川一策実験部長は、人格頭脳とも優秀な人で、わが陸軍の審査体系を立案実施した中心的人物である。多くのテストパイロットを駿馬とすれば、今川さんは不世出の名伯楽といえるのではなかろうか。

私たちの時代は、戦闘機関係者は先輩格の陸軍士官学校三十六期の横山八男中佐、つぎは四十期の石川正さん、四十二期の私、四十三期の木村清、坂川敏雄、四十五期の岩橋譲三、若手には四十八期の神保進、五十期の黒江保彦なども顔をのぞかせ、のちに依託出身の坂井奄なども参集し、パイロットたちの憧れの場所でもあった。

だが戦争の苛烈となった昭和十八年後半から二十年にかけて、横山先輩をはじめとして、木村、岩橋、坂川、神保とつぎつぎに戦死してしまった。

生き残って審査部に帰ってきた黒江も、自衛隊の小松基地司令在任中に、空戦とはちょっとおもむきの変わった魚釣りで、先輩たちのあとを追うようにして海に没してしまった。それで開戦当初にそろっていた八人のサムライも、いまは二名だけになってしまった。

沼沢地に墜落して命びろい

横山八男中佐は、任官と同時に航空兵科に転科、操縦術を習得した。優秀な技術の持ち主で、すぐ所沢飛行学校の教官となった。私が操縦学生として所沢へ入校したときは、操縦担当教官の一人であった。

眉目秀麗という言葉があるが、そのまま当てはまる人で、とくに睫毛（まつげ）はいまのファッションモデルの付け睫毛のように長く、大変な男前だった。数名の教官がいたが、そのうちで学生の目にも操縦技術は抜群に見えた。

そろそろ単独飛行が出来そうなころになると、着陸のとき教官は操縦桿に手をふれず、後席から地面を見ながら伝声管に口を当て「引け引け」と、機首の引き起こしの時機や、引き起こし量の加減を注意するのが常であるが、横山教官の「引け引け」の声が大きく、ピストまでよく聞こえたものである。そのうち、まどろっこしくなったか「引けったら。バカッ」の連発がはじまってくることもあった。私などもはやく横山さんのように上手になりたいと毎日思っていた。

私たちが卒業してからしばらくたって、横山さんは技術研究所のテストパイロットとして立川に移って、さかんに活躍した。その後ドイツに行って無線航法をやり、欧州の定期航空路を飛びまわっていた。

私が所沢の航法科の教官をしていたとき、やはり教官として来られた。そのころの無線航法も、現在の世界航空路の飛び方とほぼおなじであった。横山さんはなかなかの猥談の大家で、ピストにいる時間の長い航法教育では、ややもするとその話におちいりやすく、在ドイツ時代の欧州でも、だいぶ持てたらしく、その手の話になると真にせまるものがあった。

ノモンハン事件のときは六十四戦隊長であった。これは重傷を負ったときの話であるが、横山さんはイ16との空戦中に機関銃を引きっ放しのまま、意識不明となってしまった。そのまま真っ逆さまに落下したのであろうか、機首を沼沢地に突っ込んだまま、大破もせず座席に気絶していた。その間、洩れたガソリンの蒸気を吸いつづけていたらしい。

三日後のことである。蒙古騎兵が馬に水を飲ませようと沼沢地に近寄ったところ、日の丸をつけた飛行機を見つけ、息のある横山さんを助け出して、後方につれて来た。たいへん生命運の強い人であったが、昭和十八年八月、ニューギニア戦線で敵機動部隊を攻撃せんものと、戦隊をひきいてダンピール海峡に向かう途中、高空より奇襲してきた敵機のため、こんどは南溟の海深く没して、ついに帰って来なかった。私はニューギニアで会い、おたがいの無事を祈ったのが最後で、それから間もなく戦死されたのである。

マレーを暴れまわった坂川

坂川敏雄少佐は航空兵科士官候補生の第四期である。背はあまり高くないが、がっちりした身体つきで、淡路島の出身。あだ名はチョウさん。チョウさん、チョウさんと言って皆からしたしまれていた。

いつもゆっくりしゃべるタイプで、決して物に動じないといったら適切かも知れない。戦さに強いし、また戦さ上手でもあった。そして決して自分の功などは誇らない。また、自ら「戦争で俺は死なない」と信じていた男である。

ドイツからBｆ109二機が日本に送られてきた。それを昭和十六年六月、岐阜の各務原飛行場で組み立て、飛行試験や空戦試験を実施した。彼はその担当者格でいろいろと気を使っていた。そのときドイツからはメッサーの会社の首席テストパイロットと、ドイツ空軍大尉の二人が飛行および空戦についての説明役として同行してきた。

そのとき坂川はハルピン時代に一人でおぼえたらしいあやしげなロシア語で、首席パイロットと片言会話をやってのけた。相手もまた坂川と同様のロシア語ときているので、必要なことはどうしても黒板に書く下手な画と、身振り手振りになってしまうので、おたがいにあまり理解できなかったようだ。が、しかし飛行に必要でない話は、万国語のせいか、わりあいに通じたらしい。

ハンサムな若い空軍大尉がわれわれに四機編隊の戦法を説明した。それでさっそくその隊形を空中でやってみることにして、坂川と私で、代わるがわる編隊長になって実施してみた。いままでの日本式の三機編隊とはちがって、なんだか間延びしていた感じである。

戦争の開始直前、審査部でキ44（鍾馗）二式戦の独立四十七中隊を編成し、独立中隊長として勇躍サイゴンに向けて出発した。いわゆる「空の新選組」で、彼はさしあたり近藤勇の格である。したがうものどもは神保大尉、黒江中尉という腕利きばかりの十二機で、さかんにマレー半島の上空を暴れまわった。

ふたたび昭和十九年、キ84（疾風）の大部隊とともにフィリピンのネグロス島に進出したが、坂川の率いる勇士たちも全滅し、マニラへわずかの手兵とともに引き上げる途中、彼の乗っていた輸送機が敵戦闘機から攻撃をうけ、鬼のような彼も、なす術もなく死んでいった。決して墜とされることのなかった坂川もまた、輸送機のなかでは如何（いかん）ともできなかったので、おそらく最後に一言「こんチクショウ」と大声ではじめて怒鳴ったことであろう。

数百機の敵機と戦った木村少佐

木村清少佐も坂川少佐と陸士の同期である。彼も横山さんとおなじようにスラリとした美青年であって、どこへ行っても、持てどおしであった。非常に真面目で、積極的な人柄でみなから尊敬されていた。

私とは中学時代から顔見知りで、幼年学校も一年後輩として入校してきた。明野時代おなじ下宿にいて、彼は二階、私は下であった。

気が合っていつも一緒で、電灯がともるころになると、どちらからともなく散歩にさそって出かける有様で、とくに土曜日の晩ともなると、決まったように「出かけるか」と行きつ

審査中のキ84。審査後すぐに岩橋少佐は中支に進出、還らなかった

けの料亭などに上がりこんだものである。そして何となくさわいで帰って来る。

真面目な木村は、それだけで満足していたようで、下宿まで送ってくれる芸者にしてみれば満足しなかったらしい。

そんな彼であるから、おそらく結婚するまで品行方正そのものであったにちがいない。操縦術はとくに優秀で、テストパイロットとしても第一人者であった。

木村とはキ45複戦（屠龍）、キ61単戦（飛燕）のテストを一緒にやった。彼は自分の課せられた仕事は、キチンと立派にやってのけた。

キ61の熱地試験のため、シンガポールへ、立川～沖縄～台湾～広東～三亜（海南島）～ナトラン～サイゴン～コタバル～シンガポールのコースで飛んだ。そのとき私が編隊長であった。どこの着陸地でもこの試作機に、ものめずらしく皆あつまって来る。すると木村は、いつもていねいに説明してから私のところにやって来た。

サイゴンとマレー半島の中間がちょうど雨期で、なかなか突破できないでサイゴンで数日すごした。しかし、そう日数をつぶすことはできないので、いよいよ決心して雨期前線に突っ込んだ。海上十数メートルの低空を雨中飛行しても、彼はピタリと横について、どこまでもついて来るので安心して、あるだけの力をしぼって雨中を突破した。

木村が僚機であったからできたことで、こんな最悪な気象状況のときに、編隊で一時間ちかくもかかって通過することは、通常は不可能に近いことである。

昭和十八年八月下旬、マニラで木村と会った。私はニューギニアからやっとマニラに辿りついたところだし、彼は私と交代にニューギニアに行くところであった。二人は久しぶりに御神酒どっくりとなって、マニラの街をうろついた。もちろん、このときは木村も本当にハメをはずしたようであった。私も転任報告のため、彼とともにニューギニアのウエワクの飛行団司令部まで、何千キロもの空路を引き返した。そしてウエワクの飛行場で別れたが、それが最後となってしまった。そして木村はそれから三、四ヵ月して戦死したのである。

その間の彼は空戦に明け暮れた。わずかの手兵をしたがえ、いつも最先頭に立って数百機の敵戦闘機隊のなかに突入していったが、ついに運命の神は木村をも帰らない客の一員にしてしまった。

岩橋ガンちゃん頑張る

岩橋譲三少佐は和歌山県の人である。通称ガンちゃんの愛称で通っていた。背は小さい方で丸顔、紅顔の美少年のタイプであるが、どうしてどうして喧嘩犬みたいに、すぐ嚙(か)みつく気性のはげしい人で、空戦の練習でも、試験でも決して負けることのきらいな人であった。戦闘機乗りは気性がはげしい人が多いが、なかでも彼は随一である。自分の思ったことは決して黙っていない。しかし、それだけの実力を発揮できる人であった。

岩橋は大東亜決戦機キ84（四式戦）の審査後すぐ、四式戦の部隊を編成して中支に出動した。そのころ在支アメリカ空軍のP51部隊のため、しだいに揚子江沿岸は制圧され、昼間は揚子江の航行が不可能になり、日本軍の大動脈は寸断されたかたちになっていた。

岩橋ガンちゃんの率いる四式戦部隊は、たちまち彼らを駆逐してしまった。ジェット機出現までの間、世界一をほこったP51も、わが陸軍の四式戦部隊の前にはグーの音(ね)もでなかったことは、じつに愉快な話である。

気の強いガンちゃんの前に現われなくなった敵を求めて、彼は敵の前進基地を一つ一つシラミつぶしに対地攻撃をはじめた。しかし、これが岩橋の生命取りとなってしまった。わずか二機を率いて、西安の飛行場を対地攻撃したとき、機関砲の弾丸を地上の敵機に思い切り撃ち込んだ。つぎの敵機にむかって突進にうつったとき、地上砲火は彼の致命部を打ち砕いたのであろう。そのまま地面に激突してしまった。そして彼の死後、ふたたび米空軍に揚子江上の制空圏をうばわれていった。

岩橋と二人でキ44二式単戦（鍾馗）の熱地試験のため、台湾へ飛んだことがある。往航のとき那覇に泊まり、彼を街に案内したところ、たいへん気に入って帰りにもぜひ泊まるんだと言い出してきかなかった。那覇でおぼえた例の〝サアヨイヨイ〟が当分の間、口から出っ放しであったから、おそらく飛行機の上でも、いつでも歌っていたことだろう。

議論が好きだった神保少佐

神保進少佐は秀才型のタイプである。操縦もうまければ歌もよく、理路整然としていて、着眼もよかった。おそらく士官学校は、操縦も学業成績でもトップであったろう。四十六期に川原幸助中尉（支那事変中、加藤建夫中隊長のもとで戦功を立てた人）がいたが、神保の方がするどさがあった。

昭和十六年十月末、実験部にきたが、すぐ独立第四十七中隊編隊長要員として坂川のアシスタントとして南方に出ていった。

昭和十八年三月、私に在ラバウル十二戦闘飛行団に転任の命が出たので、航空本部に挨拶にいくと「君にいま出られては困るが仕方がない。それで後任には誰がよいか」ということなので、ぜひ神保か、さもなくば坂井がよいと思うが、というと、「明野飛行学校で二人以外なら誰でもよい」との返事だったそうだが、戦局はついに明野をおさえて航空審査部に坂井、神保をよこした。

神保はかつて木村の部下として中支で戦ったことがあったが、その真面目さをそっくり受けついだような男であった。しかし酒はよく呑んで、皆と持ち前の大声でよく議論していた。もっとも呑まなくても議論は好きな方であった。彼がシャベリ出すと、皆は黙ってしまうようなこともあった。

神保とは期のへだたりもちょっとあったので、坂川、木村、岩橋のような親しみのある話はあまりなかった。彼も自ら下司話に進んで入ろうとつとめているようであったが、神保の真面目さがそれを邪魔しているようでもあった。

昭和十八年の秋ごろ、戦闘班の会議があったそのとき、神保が石川さんによく、喰ってかかっていた。私も彼と話をする時はやられると困るので、よく考え考え話をした。神保も人に言っていたそうだが、

「荒蒔さんと話をするときは、よく考えて話さないとやられる」と言っておったとか、思いはおなじだったらしい。彼のことを良い後継者ができたと喜びもし、油断していたら追い抜かれるぞ、という気分にもなった人である。

私が昭和二十年初めに、三たび審査部に戦地から帰ったときは、神保はもう第一線に転出していなかった。ロケット機研究、部隊編成といそがしいある日、私は彼の戦死のうわさを聞いた。神保らしい死に方である。朝鮮の京城付近に陣どった神保の四式戦戦隊は、そのころの沖縄付近から来襲する敵機にたいして邀撃していた。ある日、敵機の来襲を知り飛び上がった彼は、逃げる敵を追って仁川沖に消えたまま、誰もそのあとを知らないのであった。

体つきに似ずやさしい黒江少佐

黒江保彦少佐というよりも、黒江保彦空将補といった方が皆さんにはよくおわかりだと思う。彼は戦闘機出身者である。彼が士官学校で操縦をならったころは、戦闘機があまり重視されなかった一時期であったので、戦闘機の同期は五名しかいなかった。もっともその後で、ぞくぞくと戦闘機に転科してきた。

私が黒江を知ったのは、昭和十四年のはじめのことである。私は中支漢口飛行場に独立司偵中隊長として着任した。戦後、空幕副幕僚長をつとめた大室(おおむろ)猛空将が中隊付古参将校で、私を出迎えてくれた。

隣りのピストは今川部隊で、そこの中隊に、体は大柄だが可愛いい少尉がいた。柄に似合わず可愛いい声を出していつもニコニコとし、決しておこった顔を見せたことのない人であった。

黒江の中隊長は私と同期の山田隊長なので、たまに話にピストに行くと、黒江はいつもそばにいて聞き役にまわっていた。

神保とおなじく昭和十六年の十月末、実験部にきたが、すぐ彼らとともに転出していった。昭和十九年二月、私が小牧で戦隊編成をしなければならなくなって、私の後任としてビルマから審査部に着任した。

昭和二十年初め、私が審査部に三たび帰還すると、もはや、ほとんどの主任クラスのパイロットは前線に出動してしまっていなかった。そしてこの世の中にもいなかったのである。

私だけが一人運があって、ふたたび審査部に帰って来たような格好となってしまった。そのとき黒江、坂井両君が中心になって戦闘班のために活躍していた。しかも、しょっちゅう泊まり込みで防空任務に服しながらの上である。

私はさっそく、人のいやがるロケット機とジェット機を担当した。そしてレシプロ機は両君が担当した。ビルマ戦線で「ビルマの魔王」の異名をとった黒江である。そこで私が彼に「ビルマの魔王の魔の字は、色魔の魔」とからかうと、彼はとてもいやがって「何んですか」と、はにかみながら言い返してきた。そのさまがなんとなく、黒江の体や技術にそぐわない、内面的なやさしさがにじみ出ていた。そのころ、彼は拝島に新婚の奥さんと居をかまえていた。なんだか夫婦雛（めおとびな）でも思わせるような武士の生活であった。

戦後、自衛隊に入り、上下から嘱望され、彼の人格技術は抜群で、自衛隊の本当の中心人物であった。また文筆にもじつにすぐれていた。敵との戦いでなく、魚との戦いにその生命を日本海にのまれたのは、かえすがえすも残念である。

石川さんは粋人さん

生き残った二、三の人についても若干書いて見よう。

石川正さんは陸士四十期で、航空兵士官候補生の一期生で、私の二年先輩に当たる。幼年学校のころはこわい三年生であった。ちょうど同じ三年生に宇都宮徳馬さんがいたが、石川さんが実験部に来られたころは人が変わったような円満な人格ぶりで、「石川さんは粋人さん」なんていわれたほど、何んでもかみわけておられた。

こよなく戦闘機を愛していた人である。よく戦闘班をまとめて研究テストを進めていくように努力していた。一匹狼式の自己の腕や頭を信じきった男たちのあつまりのようなところでは、ぜひ必要な人であった。

とくにそのころ、評判の悪かったキ43（隼）をなんとかまとめるように指導し、私などは大いにその尻馬に乗せられて走りまわった。

彼はわずかのあいだに結論を出して、とにかく南方進攻作戦に「キ43」が使えるようにまで持っていってしまったのである。

よく大声を出して「なんだ」と怒っていたが、けっして腹の底から怒ったのではなく、むしろ優しい面があったように思われる。だが若い皆にはあまり分からなかったかも知れないが、私はそれを感じとることができた。猥談などはあまりしないが、それかといって人後におちるようなことはなかった。

開戦と同時に南方へ転出してしまったが、とくに激烈なビルマ戦線にまわっても、石川さんらしい計算で戦争に終始したようである。

酒合戦で〝討死〟した坂井少佐

坂井奄少佐はちょっ風変わりな出身者である。岐阜県の産で岐阜中から逓信省の依託学生となって操縦をならったのち、現役を志願して飛行隊に入隊した。

私とは所沢飛行学校の操縦教官を一緒にやったことがある。彼は一見ずぼらのように見えるけれども、実際は真面目になかなかよくやるたちである。

大きな声をはり上げて、すすんで皆を猥談に引き込むので、つねに用のなくなった連中が、坂井君を中心にあつまってオダを上げていた。

私は昭和十八年の秋、海軍空技廠飛行実験部に、水上機を練習するため二週間ぐらいいたことがあった。海軍の超一級のパイロットたちが私の歓迎会を横浜の料亭でしてくれることになったが、もともと酒に弱い私には大変に苦痛なことであり、陸軍の名誉にかけてもこの酒合戦を受けなければならない。

艦攻をかりて横田へ飛んで帰り、大急ぎで坂井君に同行を求めたところ、すぐ賛成してくれたので出張の手続きをとって、後席に乗せ横浜へ帰った。

その晩、二対八の宴会になったのだが、真っ先に私はのびて眠ってしまった。二時間くらいして目をさますと、上衣をぬいだ大柄の飛行艇屋さんがただ一人あぐらをかいて、おなじピッチでグイグイと呑んでいる。ほかのネイビィたちはあるいは横になったり、あるいはすでに退散した者もいた。

私の身代わりの坂井君は、座ったまま体を横にきゅうくつな姿勢で討死にしていた。なにしろ私は戦力にならず、八対一ではさすがの豪傑坂井も仕方なかった。

彼は太平洋戦争には出陣しないまま終戦を迎え、岐阜に帰ったが、航空の再開後、川崎航空機会社の主席テストパイロットとして長くつとめていた。

焼鳥寸前に助けてくれた小田切中尉
最後に、これは戦闘班ではなかったが、実験部時代の名物男、小田切春雄中尉について一言付記しておこう。

彼もまた変わった出身者である。九州帝大の在学中に操縦をならい、操縦候補生第二期生として所沢飛行学校に入校した。卒業後、部隊に配属され、ノモンハン事件には軽爆隊の操縦者として、勇敢に戦った。

実験部では双発司偵、重爆などの担当をしていたが、研究心の旺盛なことは誰にも負けなかった。いつもトテモ早口で、つばを飛ばしながら、しゃべっていた。

大型機をよく研究して、操縦も上手であった。いまで言うなかなかのプレイボーイで、われわれのほうが小田切に逆に振りまわされがちであった。だが、ただプレイボーイというのではなく、非常にタフで精力的に仕事をした。また飛ぶことが好きで、いつも飛んでいないと気がすまないような男であった。

昭和十八年秋、軍を退いて日航に入った。勇敢でアメリカ海空軍の跳梁する東シナ海を、よく進んで南方まで飛んでいた。

戦後、航空が再開されると同時に日航に再入社して、いつも最っ先に、誰よりも多く飛んでいたようである。ジェット機を採用するようになったときも、第一番に米国大陸を横断し、大西洋のときもシベリアのときも、第一便はかならず彼が飛んでいた。また皇太子御夫妻が外国に行かれるときは、かならず機長をつとめた。

その小田切も日航の常務になって管理職についたわけである。よく思い切って降りたものであると見なおした。このあいだ電話で話したら「とても忙しくていそがしくて」とこぼしていた。

彼はパイロット出身の日航常務としては、その学歴、経歴からいって、やはり最適任であろうと思う。私と小田切とはよくコンビで飛んだ。そして彼とともに不時着したことが二回ほどある。さいわい怪我もなくおたがいに無事だった。

またある時、不時着したときにエンジンがもげて、火がチョロチョロと出たことがある。みな大急ぎで、機外へ飛びおりた。私だけがバンドが喰いこんで動けない。

火は消えそうにもない。早くしないと爆発でもしたら焼鳥だ。一生懸命に脱しようとするが脱せない。すると彼は機内に一人もどって来た。そして「バンドがはずれるまで私も出ません。一緒にいます」といいながら馬鹿力を出して、私のバンドをはずしてくれた。立派なことである。

小田切の真の人格がにじみ出て、非常にうれしかった。立派なパイロット精神を身につけていたのである。うわべばかりの者が多いなかで、彼の立派さ加減はこんなときになると、ほとばしるのである。

小田切のキャップであった酒本英夫少佐は、重爆機のテストパイロットとして、最後まで頑張った。口をひらけばの方であるが、男気もあり、大型機では真の第一人者である。自分の本分をまもって、最後までそのペースをくずさなかった。

ちょっとずぼらのように見えるが、どうして古武士的な人であり、私の好きなタイプである。いまも健在で、東京で薬品の大きな販売会社の重役をやっている。ポツリポツリと切りながら、そして、ちょっと引っかかりながら喋（しゃべ）る特長は、忘れることができない。

どんな人がテストパイロットに多いかというと、操縦にすぐれ、皆それぞれ強い個性を持ち、そのなかに普通の人とちょっと変わったところがあるのが多いようである。それが名パイロットの特色でもあろうか。

腕利きで気のよい神様のような奇妙な奴ら

破天荒の野性味を発揮した陸軍航空の暴れん坊たち

元 飛行四十七戦隊整備隊長・陸軍大尉　苅谷正意

夜空に明滅するあの星は、雲を血に染めて散った、若き大空のサムライたちからの語りかけでもあろうか。彼らはみんな、意外に気負いたったところの微塵もない、静かな、しかも底抜けに明るくて気のよい野郎どもばかりだった。

粟村尊中尉（二階級特進）は、朝鮮の平壌飛行第六連隊いらいの朋友だったが、かわせみ部隊（独立飛行四十七中隊）編成時にえらばれてきた彼と久しぶりにあったときは、熊谷陸軍飛行学校を開校いらいの成績といわれる九九・七の平均点で卒業、銀時計のレッキとした戦闘機乗りに成長していた。が、なんとその彼は、書記の資格でくわわってきたのだった。

卒業後、飛行実験部付となってテストパイロットの卵とな

刈谷正意大尉。加藤建夫大尉の乗機を背景に

った栗村は、ついハネをのばしすぎて試験飛行中、ところもあろうに熱海の女学校のポールでそのハネを折られ、真っ先に『飛行停止』のプラカードをブラさげられた哀れなヒコーキ野郎だった。

南方では連絡飛行オンリーの裏方をつとめ、私も九七戦に同乗して、マレーのトレンガンの海岸を飛んだこともある。

雌伏半年。部隊の内地帰還とともに、部隊長の坂川敏雄少佐から『閉門解除』された私が士官学校から帰ったときには、天下晴れて、栗村は人も恐れるキ44「鍾馗」のヒコーキ野郎となって、神保進少佐の、いわゆる『脚なし鍾馗』の真似などやっていたのだから驚いた。

鍾馗の脚は引込装置がよくできていて、アッという間に引っ込むのだが、神保少佐のは、離陸した時にはすでに脚は引き上げられており、あたかも最初から脚がなかったかのように見える。原理はいたって簡単だが、そのタイミングのよさは誰にも真似のできないものだった。

が、かれ栗村はやった。見事にやれた。しかし、矢っ張り神保サンがやってこその『脚なし鍾馗』で、それにはそれなりの研究と秘伝がある。真似は結局サル真似にすぎないのだ。百発百中の神保教祖のように、いつでもできるわけはない。

そしてある日、成増飛行場の北の隅に、三枚のペラブレードをきれいに曲げて擱座(かくざ)したその愛機の座席にすわり込んだままの栗村の頭の中には、あの苦汁に満ちた『飛行停止』のプラカードの想い出が、矢のようなスピードで駆けめぐっていたにちがいない。

飛行四十七戦隊が編成となり准尉の粟村は、真崎康郎飛行隊長の第三小隊長となったが、それからの彼の進歩はめざましい。人よりも多くを試み、そして失敗もした。

ミッションスクール出身で、語学力もすばらしかったが、その粟村をささえたヒューマニティは、連日連夜の猛訓練に鍛え上げられ、とぎすまされて行く戦闘機魂のうらづけとなって、滞空時間をつみかさねるとともに、上下の信望を一身にあつめ、その相貌のせいもあって、ついに、『元帥・粟村の尊(みこと)』の愛称で呼ばれることとなった。

ジャジャ馬ならしの達人

二式戦闘機「鍾馗」には、あまり知られていない妙な悪癖があった。それは、離陸直後にエンジンがデトネーションを起こして不調になることである。原因はいろいろあったが、これが離陸直後の、高度五十メートルか百メートルで起きるのだから始末が悪い。

こんなとき、処置さえよければまず何ということもないが、大半のパイロットは急いで飛行場に引き返そうとして、旋回、失速、錐揉み、墜落、炎上の運命をたどることが多い。一八〇度旋回すれば、たったいま飛び立った飛行場に帰れるのだ、と思うのが人情だが、それが失敗のもとで、一八〇度はおろか、九〇度もひねれば急激に失速してあわれ一巻の終わりだ。

なにしろ、翼面荷重が一七八キロと隼戦闘機の倍近くもあるし、わずか十五平方メートルの翼面積の鍾馗では、つねに速度を保持することが絶対に必要条件だった。

鍾馗。速度や上昇力は抜群だが、前方視界が悪く離着陸とも難しかった

着陸もアプローチが二六〇キロ、ファイナルが二二〇キロ、引き起こしが一八〇キロであり、この引き起こしの速度を見ても、現用のセスナ機の巡航速度より速いのだから大変だ。この着陸のプロシュディアを厳密にまもらなければ、いささかオーバーだが、滑走路が無限にないと絶対に着陸できない。

頭デッカチで着陸視界の悪い鍾馗は、第一次の明野戦闘飛行学校の実用テストで、「こんな暴れ馬に乗れるか！」と教官たちの悪評でペケにされたくらいである。飛行四十七戦隊でも、どうしても着陸できなくて地面に激突したりする者もあった。

ある時、この着陸病になった鍾馗が、アレヨアレヨと一同の見守るうち、飛行場東側の神社の大杉を引っ掛けた。機体はそのままスッ飛んで、真崎第二飛行隊舎の屋根に落ちたものだからたまらない。

エンジンは分離して、ピスト内を突っ走り、首なし機体は屋根をすべってのめり、あやうく列線機に突っ込むところだった。これを西地区から見ていた私が、ただちに始動車で駆けつけたときは、隊長以下、頭から土埃(ほこ)りをかぶり、なにごとが起きたのかと呆然としていたが、かれ粟村〝元帥〟は、すでに事故機の座席から、重傷を負ったパイロットを引き出しているところだった。

その〝元帥〟自身、鍾馗の離陸病にかかったことがある。

「タンタン、ターン！」激しいデトネーションの音に、われわれが思わず振り向くと、機体に黄色い帯をかけた粟村の鍾馗一六号が、真ッ逆さまに林に突っ込むところだった。

「ヤッタ！」みなは固唾(かたず)をのんだ。

しかし、火災も起きないし、なにごともない。狐につままれたような不安な気持の一同の視野に、着陸進入中の彼の愛機が現われたものである。期せずして一同の中から起こったどよめきは、粟村の機敏なトラブル処理への嘆声だった。

一瞬の引き起こしの遅れから、夜間照明のスペリー車の光芒の端に、脚を折りモンドリうって殉職した老練パイロットの事故も目撃している私は、〝元帥〟がいかなる処理をしたかわかっているだけに、そのグッドタイミングと、技術にあらためて最敬礼した。

『荒馬を乗りこなす』ロデオではないが、この言葉がピッタリと当てはまる、彼の乗りッぷりの一端をしめす出来事だった。

発明でも飯がくえるやつ

粟村の真価は、操縦および空中戦闘指導で遺憾なく発揮されたが、飛行機野郎のあくなき追求はとどまるところがなかった。余暇のあるかぎり、彼は何かを考え、そして何かに没頭していた。

昭和十八年のある日のこと、われわれの前に提示されたものがあった。それは今流にいって、双発ターボプロップ機、という百式司偵の模型だった。現今のそれが、エンジンおよびテールコーンの配置など、粟村のアイデアを盗用したものとしか思われないほどである。

ある日、彼に話しかけられた。

「空中射撃教程を持ってないかァ」「あるだろう。どうするんだい」「いやなに、ちょっと調べたいところがあるんだ」

学校で習うには習ったが、私には実際に必要ではないしろものだ。気前よく彼に提供したまま、そのことはとっくに忘れていたのだったが、ある日、浜松市の堀航器の社員が、直径三十センチくらいの計算盤をもって、成増基地に粟村を訪ねてきた。それには『空中射撃計算盤』ときざまれていたのである。

それまでにも、空中航法のコンピューターは広く利用されており、性能計算尺も、技研の大森大尉（のち中佐）により考案実用となっていたが、空中射撃にかんするかぎり、手ごろなコンピューターはなかった。

器材の進歩とともに、七・七ミリ機銃の時代は去り、ホ一〇三（ブローニング、ブレタなどから開発、一三ミリ）、ホ五（二〇ミリ）などが、戦闘機用に実用されてきたし、照準器も八九式（眼鏡）から百式（光像式ＯＰＬ）へと進歩していた。なお、米空軍で実用されていた直接照準式（ジャイロ利用で目標、射手などの修正量は自動的に行なう）のものは、陸軍では「メ10」として開発中だった。

　これらの機銃の性能をいかして、確実な命中弾を得るためには、対気および対機速度、高度（気圧気温）、射角などで変化する修正量を算出する要がある。的確にしかも簡便に算出して、戦闘パイロットに徹底的に教育する必要はみとめられていたが、従来は黒板式の教育だったわけである。

　粟村の発明は、飛行師団長にみとめられて奨励金をもらったはずであるが、B29の空襲がはじまったので、全軍にまでは行きわたらなかったようだが、私だけは彼のかたみのその計算盤を今も大事に所蔵している。

　戦争もたけなわのこの忙しいときに、航空士官学校のたった一冊の教程から、実用のコンピューターを案出した天才的な、しかも戦闘機乗りの粟村が、もし今も生きていたら何をしでかしていたことか、これは今になっても思う楽しい想像である。

本土上空が〝元帥〟の墓標

昭和十九年十一月一日、B29の東京偵察に、帝都防空戦闘隊はがぜん色めき立った。

　一万メートルのジェット気流に乗ったB29の対地速度は、六百キロ時をこえていた。こうなると、さすがの機械式二速スーパーチャージャー付の鍾馗も、排気タービン付のB29には苦労する。俊英鍾馗すでに老いたか。

つまりは戦術思想の敗けである。が、そうも言ってはいられない。幾多の邀撃戦、そして撃墜もしたし、壮烈な体当たり攻撃も敢行されたが、敵のB29は、墜とせども墜とせども、ますますその機数を増し、そしてしだいに大胆不敵な攻撃方式をとってきた。

成増戦隊は昭和二十年一月、キ84四式戦闘機「疾風」に機種改変した。二千馬力、最大速度六二四キロの決戦戦闘機を受領して、部隊の士気は最高にあがり、B29の撃墜破もすでに百機をこえた。

一月中旬、〝元帥〟は出水、三瓶、山家の部下三機をひきいて、東京湾上空八千メートルに在った。先刻、自ら撃墜した敵機の行方などをたしかめる暇もなく、すでにエンジン二基を停止して、煙を引いている二機をガッチリ編隊を組んでまもりながら、鹿島灘に逃れようとする敵B29の編隊を急追した。敵の第七梯団である。

そして「逃してならじ」とばかりの大胆な直上攻撃をかけていった。だが敵は、なかなか火を噴かない。そのうち敵の後上砲は〝元帥〟機の風防を吹き飛ばしていた。鮮血したたらせた粟村は、いちど引き上げるかに見えたが、反転してそのまま敵機の尾翼に肉弾となって体当たりした。

尾部を吹き飛ばされた敵機は、モンドリうって巨大な腹を見せながら、太平洋の黒潮に爆発した。吹き上げた灰色のその爆煙のはずれに、大きなクラゲにも似た粟村の純白のパラシュートが偏西風にあふられながら、静かに降下していった。銚子沖三十キロ。救助船の配置のない、濃紺の海上に向かってである。

あれほど強くヒューマニズムをとなえて、部下の体当たりを厳禁した人気者〝元帥〟粟村尊。彼こそ、すばらしい『大空のサムライ』であった。

熱血のテスパイ片岡の心意気

「グォーン……」槍のように突き出た機首のプロペラは、初夏のまぶしい陽光をつっきり、一四〇〇馬力の液冷発動機は、両側に一列に並んだ十二の排気管から、腹わたをゆさぶる雄叫びをあげて、それが特徴であるうすい黒煙をひきながら、真一文字に、急上昇していった白銀色の飛行機があった。

その風防ごしに、右には濃紺の日本海が望見され、左翼下には紀伊半島の山々が、志摩半島を基点とする出入りの多い海岸線にせまって、渺茫たる太平洋につづいている。

生まれたばかりの新鋭キ61（飛燕）試作二型である。たったいま、各務原飛行場を離陸したはかりのこの機体の中の童顔は、ファイトに満ちあふれた片岡載三郎操縦士にほかならない。

彼は川崎航空機が陸軍大臣まで動かして、陸軍航空技術研究所から引き抜いてきた秘蔵のテストパイロットである。

その彼が今、あの大目玉をキッとむいて、ただごとならぬ顔つきをしているのは、よほどのことであろう。

「情報々々、敵大型機編隊は、八日市上空東進中。高度八千。くり返す……」レシーバーがわめいている。

「よしやるぞ！」戦闘任務を持たない一航空会社のテストパイロット片岡飛行士が、なんと単機でB29を撃墜しようと決心したのであった。彼もやはり戦闘機乗りの、しかも典型的なヒコーキ野郎だったから無理もない。

曲線が語る操縦の腕前

「ドレドレ！　チョイ見せ……」

各高度全速テストを終わって着陸したキ44（鍾馗）から自記高度計と自記速度計をとりおろして、測定室へ持って上がろうとした平野技師は、どやどやと駆け寄った四、五人のテストパイロットたちに囲まれた。

さきほど、このキ44の二号機を操縦して計測テストをしてきた田宮君（第一期操縦生徒出身、恩賜組）より先に、ヌッと手を出して自記高度計をひったくったのは、片岡飛行士だった。

「ウーム。さすが田宮サン、キレイな線ですな」

ほめているのか、けなしているのかわからぬ口調で、吉沢テスパイに手わたすのだった。

このキレイな線というのは、自記高度計の記録用紙と、自記速度計のカーボン紙に描かれたそれぞれの線のことであり、その軌跡が、操縦の上手下手を物語る何よりの証拠となるのである。だから、テスパイたちはこの二つの証拠物件を前にすると、さながら法廷に立たさ

片岡飛行士が数々のテスト飛行をして完成をみたキ61「三式戦」飛燕

れたような気持になるのだった。

陸軍航空技術研究所（立川飛行場）のある日のピスト風景である。この騒ぎを、笑いながら眺めている人は、これまたベテランパイロット、老練の小田万こと、小田万之助氏だった。

彼のえがく飛行軌跡はみな、あたかも定規で描いたような直線で、各高度がちょうど階段を見るように正確で、いわゆるキレイなことこの上もなく、だれもが努力目標としたお手本の製作者なのだった。もはや、彼らテスパイたちにとって、この線の解析結果が速度記録であろうが予圧高度が何百メートル上がろうが、問題ではなかった。ペン先の描く一本の線は、そのまま、テスパイたちの哀歓のバロメーターであった。

その「線」の前には、すでに軍の階級も権威もなんら意味を持たない。彼らこそ、生粋のヒコーキ野郎ともいえる。空では一城の主であり、サムライ大将だった。

試作機の性能は、すべて彼らのこのときぎすまされた科学的追求心から測定されたもので、信頼するに足りないのである。

最大速度が大きく出ても、測定の五分の間に、高度が低下していたのではペケであり、信頼するに足りないのである。

解析の基礎となる測定用ピトー管エラーは、風のない、平穏な朝を選んで、福生〜羽村間の三キロ基線上を高度五十メートルで、各速度で往復して定めるのだったが、なんといっても試作機のこと、いつ、どこが吹っ飛ぶか知れたものではない。まったくの命がけである。

軍刀をせしめた熱血漢

ある朝、片岡飛行士は、キ58爆撃機の速度検定をおこなっていた。と、突然はげしい震動とともに、右エンジンが火を噴いたのだった。カウリングが吹き抜けて、真っ赤な炎の噴出するのを見て、同乗の新保技手はふるえがとまらない。

このとき片岡飛行士は少しもあわてず、右エンジンを絞って、静かに旋回した。高度はわずかに五十メートル。下の測定台の計測員たちの、どうなることかと固唾（かたず）をのんで見まもるなかを、片舷のまま、立川基地に無事着陸したのだったが、前列第一シリンダーヘッドが、ちょうど頭髪を分けたようにパックリ割れていたのには私もおどろいた。

しかし、こんなことは、テスパイにとっては日常茶飯事のことで、御茶の子サイサイというところだろう。

猛烈なのは、やはり映画「テストパイロット」にも出てくる、例のパワーダイブをおいてほかにない。

九七戦などは、計器速度が五〇〇キロをこえると、前面風防にピリピリッと亀裂が走るのだが、頭を上げてモーメントを支えるのに、満身の力で操縦桿を前に圧していなければならず、その支えの限度が終局速度とみなされたが、構造部分に危険な変化は見られなかったようだ。

こうして、考えられるあらゆる飛行状態について、苛酷なテストをくり返して初めて制式となるのだが、ところが実際に部隊配属になると、猛者も多いと見えて、キ43隼のように、主翼に「しわ」をつくることもあった。そこで実験部隊をつくって、実戦そのままの実用テストをすることとなって、飛行実験部（後の審査部）が生まれたわけだ。

つまり結論的には、テスパイたちはうまく試作機を使い過ぎたともいえるわけであろうか。

こうして、川崎航空機に引き抜かれた片岡飛行士は、前記の邀撃戦でB29一機を撃墜して、時の東条首相から軍刀一振りと感状を授与されたが、熱血漢の彼としては、やむにやまれないものがあったのだろうが、余りほめられた話ではない。

不死身の片岡と、人も信じたベテランの彼も、キ74高速度研究機の困難なテストには、「俺は、この飛行機で死ぬかも知れぬ」と、山本峰雄教授にもらしていたというが、死の深淵は、思わぬところにあった。

昭和二十年一月十九日午前十一時、キ61（飛燕）二型戦闘機のテストに飛び立った片岡飛行士は、ついにあのエネルギッシュな勢い込んだ童顔を、ふたたび人々の前に現わすことはなかった。木曽川上空で空中爆発したといわれているが、いまだに謎である。

けだし、彼こそ空に生き、大空をわがものにして、そして空に殉じた、余りにも見事といえるサムライだった。

ドイツが生んだ不滅の撃墜王ハルトマン

出撃一一〇〇回以上を記録したエースの空戦哲学

戦史研究家　峰岸俊明

小さいとき犬に飛びかかられた子供が一生、犬を嫌うように、エーリヒ・ハルトマンはコミュニストが嫌いだった。嫌うというより本能的な嫌悪といった方が、それを体験した六歳の子供にとっては、ぴったりした表現かも知れない。

一九二七年、暴徒と化した中国人の共産主義者たちは、突然、日ごろ彼らが「成り上がり帝国主義者」と呼んでいたイギリス人、フランス人、ベルギー人たちの屋敷を襲った。

ドイツ人であるエーリヒ・ハルトマンの一家も、物理学者として中国にわたって研究をつづけていた父とともに、遠く東洋に移住していた。チュートン人として見られていた彼らは、直接その暴力を浴びることはなかったが、結局、一家を

二次大戦撃墜王エーリヒ・ハルトマン大尉

まとめてシュツットガルトへ引き揚げなければならなかったほど、周囲の状況は緊迫していた。

子供は共産主義者たちの暴力を見ることを両親から禁じられていたが、子供の好奇心で何回となくその光景を目撃した。暴徒たちは外国人の住宅に押し入り、住人を街路にひきずり出して撲殺、あるいは射殺し、死体をさらしものにした。さらに、住居内のあらゆる品物を掠奪し、最後に火を放って逃走するのが常だった。

賢明な彼の母は、学者であり同時に医師でもある父に提言し、一家は本国へ引き揚げたのである。しかし、少年の心に焼きつけられたコミュニストの残虐行為は、時間や距離によって消え去ることはなかった。

母はハルトマンが十四歳のとき、グライダーに乗ることをすすめた。一年後には、天性の素質がものをいって、彼はベテランのグライダー乗りになっていた。

一九四一年、ドイツがソ連に対して戦火を浴びせたとき、十九歳のハルトマンは、すすんでルフトヴァッフェに入隊した。彼がドイツ空軍に身を投じたということは、彼がヒトラーの唱える第三帝国の建設やファシズムに共鳴したわけではない。プロの飛行士として、プロの軍人として生きたかっただけのことだ。

このような冷徹な生き方は、彼の父が物理学者であったことが大きく影響している。生活のあらゆる場で、ハルトマンはつねに冷静であり、ものの見方も傍観的であった。したがって、のちに戦闘機乗りになってからも、つねに冷徹であり、狂乱の戦場にあっても、あまり興奮することがなかった。

一九四二年、訓練の終わった彼は、東部戦線行きを志願した。そして、秋から四五年まで戦いつづけたのである。ソ連との戦闘を希望したのは、もちろん少年時代のコミュニストに対する嫌悪感によるものだった。

だから、その希望を容れられ、JG52に配属されたとき、ハルトマンは素直に喜んだ。戦闘という場での対敵行為も、見も知らぬ、しかも彼自身とまったく利害関係のない人間を相手にするより、子供のとき彼の眼前で残虐行為を演じたコミュニスト相手の方が、張り合いがあるからだ。

こうして、この二十歳の若きパイロットは、一九四五年まで出撃千百回以上、一日平均一・五回という驚異的な戦闘をつづけたのである。

空戦に頭脳を生かせ
エーリヒ・ハルトマン——彼は一九二二年四月十九日、ドイツに生まれ、四二年秋、東部戦線の主力戦闘機部隊JG52のパイロットとして参戦、公認撃墜記録は三五二機である。これは二つの大戦を通しての最高記録保持者である。
ナチズムとは無関係のプロの戦闘機乗りとして、東部戦線で連日空戦をかさねること三年、ここに人類として空前の記録を樹立したのである。
ヒトラーをして「君とルデルのような人間が、あと一人ずついたらなあ」と言わしめたこ

Bf109。ハルトマンはBf109で352機目のP 51を撃墜後、被撃墜となった

の人物について、あまり語られることがないのはなぜか？

ひとつには、アドルフ・ガーランドのような高官でないため、目立たなかった存在であったこともあるし、また東部戦線で戦いつづけたということもあろう。しかし、もっとも大きな理由は、彼が政治的なイデオロギーを強く表面に打ち出さなかったことと、生来の冷静な性格によるものである。

柔和な面持ちは、若き日のビング・クロスビーによく似ている。瘦せぎすの身体をみると、誰でも「この人が！」と驚きの目をみはる。

ハルトマンの撃墜記録は、他の数多くのエースの記録と比較すれば、全く信じられないくらいの数字だが、開戦当時のソ連機の性能とパイロットの質が、メッサーシュミットＢｆ109の性能とハルトマンの腕に較べると、あまりにも低かったことが、彼の記録樹立を大いに助けたことは否定できない。

しかし、一九四三年中頃から、アメリカ製の新鋭機P51、P40、P39、A20などが登場するにおよんでは、戦いは激烈をきわめた。このような戦場にあってハルトマンは、たとえば四四年八月、圧倒的多数の敵大編隊に三度にわたって突入、十一機を撃墜するという超人的な記録をうちたてている。

「頭を使うことだ。空戦は頭脳によって決せられる。九〇パーセントの撃墜可能性がない限り、冒険はすべきでない。これを忘れたとき、君は墜とされる」

これは、彼がつね日ごろ、部下にいっていた言葉だ。

また、攻撃のタイミングについては、こう言っている。

「攻撃するのは風防が敵機でいっぱいになった時だ」

ハルトマンの主義は、プロの戦闘機乗りとして徹することだった。戦場においては兵士は常に消耗品だ。しかし、彼はいかなる苦境に陥っても、常に生きのびることを第一に考えた。したがって、敵に後ろを向けることや、トリックで危機を脱することは多かったが、その反面、ねらった目標を逃したことは一度もなかった。

彼の頭脳的戦闘と生来の操縦技術が、非凡なものであったとしても、長い戦場生活には数多くの危険があったことは当然である。ただ彼の場合は、自からこの危機に直面し、これを克服するだけの信念と生命力をもっていたようだ。

三五二機という多数の敵機を墜とす間に、ハルトマンは十六回の不時着のほかに、敵地から足で脱出するという放れ業を演じている。ヒトラーが彼をよびよせ、自らの手で彼の軍服に「剣とダイヤモンド付鉄十字章」をつけたとき、彼は英雄になった。

ドイツ軍人として最高の栄誉を与えられたとき、ハルトマンは軍人として素直に喜んだ。だが、人間としては、その後に与えられた特別休暇を利用して、フィアンセのウルスラと結婚できたことの方が、喜びは数倍であったろう。

ソ連の収容所にて

東部戦線で敗色を増したドイツ軍は、ハルトマンにハネムーンを与えてくれなかった。皮肉なことに、敗戦直前のドイツ軍パイロット、ハルトマンの敵は彼の望んだソ連人ではなく、アメリカ人だった。稀代の名戦闘機といわれたP51ムスタングをものにした米軍は、東部戦線にまで進出してきたのだ。

いかにハルトマンといえども、質量ともに圧倒的に優れたアメリカ空軍を前にしては、墜とされるのは時間の問題だった。

三五二機目のスコアであるムスタングを墜としたとき、彼の周囲はP51によって壁ができ上がっていた。愛機メッサーシュミットBf109がハチの巣になって黒煙をひきはじめたとき、彼はキャノピーを開いて空中に跳んだ。

ぶじに降下したハルトマンは、チェコに進駐していた米軍に投降した。だが、身柄はただちにソ連軍にひきわたされ、もっとも彼がきらっていた共産主義者のプリズンに放りこまれたのである。対戦国の捕虜にたいする扱いは、どの国でも決してよいものではないが、ソ連のそれは、不当に人間性を無視したもので、捕虜を単に苦しめるだけとしか思えない扱い方が多かった。

とくに三五二機のスコアのうち、大部分がソ連機であるハルトマンは、憎悪の対象として、まったく苛酷な扱い方をされたのである。

飢え、脅迫じみた訊問、強制労働、仲間の密告、これらが彼の生活のすべてとなり、これに黙々として耐えつづけることが、生きのびる唯一の途となった。

仲間のある者は脱出をはかって射殺され、またある者は耐えきれずに発狂した。ハルトマンのコミュニストに対する感情は、少年時代の嫌悪から怒りに変わった。だが、彼はそれを表面に出すことなく、じっとチャンスを待った。

そのチャンスは、ある意味ではその反対であったが、一九四九年にやってきた。当時、イワノーゲビット収容所にいたハルトマンのところへ、ソ連の将校がやってきて、ドイツに帰る気はないか、と聞いたのである。

しかし、この帰還には、東ドイツ空軍のパイロットとして働くという条件がついていた。再建東ドイツ空軍といっても、ソ連の空軍力の一部であることは明らかであり、それをハルトマン自身もよく知っていた。

飢餓と訊問と強制労働に明け暮れした四年間の収容所生活にもかかわらず、彼は「イエス」とは言わなかった。それは彼のプライベートな共産主義者との戦いであると同時に、彼自身の精神と肉体に対する戦いであった。

ハルトマンの返事をきいたソ連軍首脳は怒った。ただちにその返礼として、彼になぐり書きの文書を収容所長を通じて送ってきた。

「最高首脳部の命により、エーリヒ・ハルトマンを二十五年の懲役刑に処す」

悲しみは果てしなく

ソ連軍に寝返らなかったハルトマンと、一万人のドイツ兵は、そっくりシベリアの強制労働監督所に送られた。ここは、もともと重罪犯の刑務所としてつくられたところだけに、彼らの生活は、一段と苦しいものになった。

一日十三時間という不当な労働条件で、道路の補修、石炭や銅鉱石の採掘、森林の伐採に酷使され、満足な住居もあたえられなかった。人間にとってもっとも大切な食事も、一日一ポンドのパン、スープ二杯、三十グラムの砂糖という粗末なもので、連日の過労と栄養失調で倒れる者が続出した。

形式的ではあるが、彼らの労働の代償は支払われた。それは、ドルに換算して十二ドルという、お話にならない金額であり、それも外出を許されない彼らにとっては、使用することができず、収容所に出入りするヤミ屋によって巻き上げられる仕掛けになっていた。

そんな環境にあっても、ハルトマンは戦いつづけた。しまいには、彼を支えているのはソ連人に対する怒りだけとなり、それゆえに一層のファイトを燃やして収容所生活がつづけられたのかも知れない。

かくて十年の年月が流れ、世紀の撃墜王エーリヒ・ハルトマンも、このままシベリアの奥地に朽ち果てるかに見えたが、運命の神は、まだ彼を見すててはいなかった。一九五五年、西ドイツのアデナウアー首相がモスクワを訪問した。ソ連は、これに対する友好のしるしとして、ハルトマンをふくむ九千人の旧ドイツ軍兵士に自由をあたえた。

外部と遮断された収容所生活は、ハルトマンの感覚を大いにくるわせたが、ドイツにもどった彼を待っていたのは、三歳の息子と尊敬する父の死であった。さらに彼に致命的な打撃をあたえたのは、彼の死が誤報されて、妻ウルスラが離婚していたことだった。

しかし、ハルトマンは悲しみをかくして、とにかく生きることを考えねばならなかった。プロのパイロットとしてしか生活したことのない彼に、全く違った生計を立てさせるのは不可能に近かった。

「私は薬剤師になろうと考えたが、なるには年をとり過ぎていた」と、三十三歳のハルトマンは言っている。しかし、実際のところ、年ばかりではなく、若くして軍隊に入った彼は、高校も十分に出ていなかったのだ。

二年間、シュツットガルトで開業医をやっている兄のアルフレッドの手伝いをしてみたが、いくら努力しても、とうてい無理だということがわかっただけで、結局のところ、失業中の復員兵に逆もどりすることになった。

よみがえった翼

一九五六年末、エースの中のエース、ハルトマンに運命の女神が微笑んだ。強化をつづける東ドイツ空軍と東西陣営の緊張から、NATOの一翼として、西ドイツ空軍が設立されることになったのである。

ランズバーグの戦闘機学校の第一期生として、彼が入校したことはいうまでもない。メッサーシュミットBf109Gで撃墜されてから十年以上も操縦桿を握っていない彼は、スピードに対する感覚がにぶっているのを心配したが、生まれながらの素質は、少しも失われていなかった。むしろ、英語にたいする語学力を養うことに全力をあげる必要があった。

T6練習機からT33ジェット練習機へ、彼の上達ぶりは急速だった。学校を卒業するとハルトマンは渡米し、アリゾナ州ルークフィールドで、ジェット戦闘機F86Fのパイロットとして訓練をうけた。

異国の地で、言葉に不自由なハルトマンを元気づけてくれたのは、第二十空軍のパイロットたちだった。特にフランク・バジー少佐は、しばしば彼を夕食にまねき、夫人ともども何かと面倒をみてくれたのである。

ふたたび天職を手に入れ、収入も安定した彼は、全貯金をはたいてドイツからアリゾナまでの航空券を買って、別れた妻ウルスラに贈った。

しかし、ハルトマンの給料は、同じ階級でも、アメリカ人にくらべてドイツ将校の収入は半分だった。だから、ハルトマン少佐夫妻の生活は楽ではなかった。だが、二人は生活と人生に満足し、彼らなりにエンジョイしていた。

アメリカ人将校たちは優美な住宅にプールとスマートなスポーツカーを持ち、休日には家族でグランドキャニオンへキャンプに出かけた。ハルトマンにしてみれば、彼らが何故こんな素晴らしい土地に住んでいながら、よそに遊びに行くのか、どうしても理解できなかった。

休日になると、ハルトマン夫妻は近所のスーパーマーケットに出かけ、安くて不味(まず)いアメリカ産の食料を買ってくるのが常だった。

一九五八年、ハルトマンはドイツにもどった。西ドイツ空軍最初のジェット戦闘機大隊を編成するためである。五九年から六〇年にかけて、さらに二つの戦闘機隊をつくるために、彼は不眠不休の働きをつづけた。部隊の編成はもとより、隊員の配置、ドルニエ軽飛行機を自ら操縦して、NATO首脳と月数回の会議、戦闘機隊長としてのパトロール飛行、若いパイロットの育成などが主な仕事であったが、自分自身の練成にもつとめた。

ハルトマンは、自分の飛行技術が少しも劣っていないばかりか、若い将校との模擬空戦において、常に優位に立てることを知り、プロのパイロットとしての自信を一〇〇パーセント取りもどした。

また、ジェット機の空戦においても、頭脳と技術によって勝負がきまることを知った。

西独空軍の指導者として

ハルトマンは、あまり自分の意見は述べたがらない。これはプロの軍人として当然の行為だが、ソ連に対するNATO陣営のあり方については、静かな口調に熱意をこめて語る。
「ソ連に対するもっとも効果的な戦術は、より大きな、強力な戦力をもつことだ。彼らも、それをよく知っている。彼らにアマイ態度を見せてはならない。奴らは原始人と同じ考え方をする。——ロシア人が優しい態度を見せたら、大いに注意しなければいけない。そうしないと、二ヵ月以内に、生命を奪われてしまう。彼らが君に向かって、ファシストだとか、盗賊だとか言いはじめたら、君は間違いなくマトモな人間なのだ」

太いアルミサッシ以外は、厚い偏光ガラスがはめこまれている司令室は、ハルトマンの若々しい顔立ちと同じように明るい。痩せた金髪の、年よりも遥かに若く見える部屋の主は、皮のコートに両手を突っ込んだままガラス越しにアルホーン飛行場のハンガーを見つめる。

やわらかな陽を浴びて、列線にグリーンとグレイに塗りわけたロッキードF104Gスターファイターが待機している。空気採り入れ口に画かれたRの赤文字は、彼の指揮するJG71「リヒトホーフェン」大隊を示すものだ。さらにそのRの上にNATO空軍であることを示す細い十字星が書き込まれている。

西欧陣営の最先端である西ドイツ空軍の主力戦闘機部隊は、連日、猛訓練をつづけている。かつての撃墜王エーリヒ・ハルトマンが最も重要な地位についていることを知る人は少ない。だが、西ドイツにとって、彼以上の人物を得ることは不可能であろう。またソ連陣営にとっては、これほど恐るべき人物は他にいないことが痛いほどわかっていることであろう。

P51ムスタング撃墜王メイヤー少佐の極意

撃墜二十四機、地上撃破十三機。ドイツ空軍を相手に欧州戦線を制した男

戦史研究家 太田迪夫

一九四五年一月一日は、第二次大戦のヨーロッパ戦線においては記念すべき日となった。米陸軍航空部隊の第三五二部隊の副部隊長であるJ・C・メイヤー少佐は、朝の七時にたたき起こされた。宿舎の前にとまっているジープにとび乗って、作戦指揮所に辿りついたのは七時十五分であった。

作戦指揮所でウェザーレポートをもらったが、外は霧が深いため、昨夜うち合わせたパトロールは中止しなければならないのではないかと思った。Y29型機の上には霧がとっぷりとかかり、これでは朝のうちには発進できないような状態であった。

この基地から東へ何マイルも離れないところで、同じようにドイツ空軍のパイロットたちも霧の中をのぞきこみ、天候の回復するのを待っていた。メッサーシュミットBf109、フォッケウルフFw190型機などが、発進をいまやおそしと待ちかまえていた。ドイツ軍パイロットの志気はフォン・ランデステッドの攻撃成功により、とみに上がっていた。

メイヤーはかんたんな朝食をながしこんで、指揮所へ帰ってきた。二十分後、エルラード・ケサド将軍は決断を下した。〝発進待て〟であった。

しかし、これしきのことでへこたれるメイヤーではない。電話で将軍にたいし、直接、発進させてくれるよう頼んだ。

将軍は翻意した。そのとき八時四十五分であった。

間髪をいれず、メイヤーは第四八七部隊の指揮官であるビル・ハルトンを呼びにやらせ、パイロットをブリーフィングルームに集合するよう命じた。整備員たちは夜分から各機にドロップタンクをとりつけ、長距離飛行が可能なように準備していた。しかし、今では急いで取りはずさねばならなかった。

第四八七部隊の十二機がパトロールにつくことになった。普通の中隊規模よりも四機少ない。この四機と第四八六、第三二八部隊からの三十二機が掩護任務につくことになった。九時五分、全員がブリーフィングルームに参集した。

メイヤーがホワイト・フライトとハルトンガレッド・フライトを、ビル・ライスナーがブルー・フライトをそれぞれリードすることになった。

パトロール地区はサンヴィスであった。ここは、バルジの交通の要衝にあたっているところである。ドイツ軍にとっては、西への補給の中心地にあたり、連合軍との間に争奪戦がはげしく演じられている箇所であった。

基地はまだ霧の中にあったが、天候は次第に回復してきていた。メイヤーは落下傘をつけ、愛機P51ムスタング「ペティ」に乗り込んだ。メイヤーはすでに二十二機の撃墜数をほこっていた。二十三機目をめざす出撃がなにか奇異に思われた。コクピットにおさまってから、ふと空を見上げた。メイヤーは、そのまましばらくじっとしていた。

鉄十字を叩きおとせ

九時四十分に霧が上がりはじめた。メイヤーはキリッとした表情にもどると、腕を大きく振り、エンジン・スタートをつげた。P51ムスタング全機が高らかにエンジンをスタートした。中隊は離陸地点へと向かった。メイヤーは西東のランウェイの端にでた。

メイヤーはスロットルハンドルをぐいと前に倒した。ひときわ高くムスタングのエンジンが轟音を発すると、ムスタングはぐんぐんスピードを上げていった。

離陸しようとするムスタングの速度を次第に上げながら、ふと前の方をみると、奇妙なものが目についた。対空砲火の炸裂するような弾幕が、空いっぱいに広がっている。

メイヤーはラジオを入れると、コントロールタワーを呼び出し、コントロールタワーからは、「何かあったのか？」と聞いてみたが、

「何もありません」の答えが返ってくるだけであった。

しかし、何かあったに違いない。基地の東端の空は、対空砲火の弾幕でいっぱいである。ドイツ軍機が爆撃にやってくるのは夜であって、いまの時間ではない。

メイヤーは東端の方へと機首を向けた。いたいた、ドイツ軍のフォッケウルフFw190戦闘

高速力、強武装、大航続力をほこる米陸軍のＰ51ムスタング戦闘機の列線

機が木立の梢スレスレに狂ったようにかけ抜けていくではないか。

心臓がドキンと鳴った。メイヤーの直進方向に低く旋回しているドイツ軍機がいるではないか。Ｆｗ190は左に旋回すると、機首を下げて機銃掃射に入った。二機が一直線となって突っこんでくる。Ｆｗ190はあきらかに、十分なスピードに達していないメイヤー機をやっつけようという気だ。

そのとき、Ｐ51ムスタングはすでに最高速力に達していた。メイヤーはぐんぐん大きくなってくる敵機を見ながら操縦桿をひいた。空中に浮くやいなや脚をひっこめた。機首が上がったので、敵機を見失った。

操縦桿をかるく前に倒すと、敵機が視界に入ってきた。滑走路前方にはＣ47輸送機が駐機している。これを銃撃してから、メイヤー機をやっつけるつもりらしい。敵機のかげが次第に大きくなり、ガンサイト・リング一杯にひろがった。メイヤーは操られているように引き金をひいた。まっ正面から突っこんでゆき、一瞬のうちにすれちがった。

まるで弾丸が敵機に吸い込まれるように突きささっていった。驚いたドイツ機のパイロットは、不覚にもぐいと機首をあげた。その瞬間、メイヤー機の弾丸がスカイブルー色のドイツ機の胴体をかきむしり、主翼をひきさいた。

Ｆｗ190は機首を下げた。パイロットには脱出する暇がなかったらしい。そのまま真っすぐに墜ちていく。またたく間の戦果にメイヤーはヒューと口笛を吹くと、大きく息を吸いこんだ。Ｆｗ190は火も噴かないで墜ちていった。メイヤーには確かめる暇もない。すでに上空に別の敵編隊がいるメイヤーは、そのまま上昇をつづける。

強敵メッサー現わる

機位を少し修正すると左へ旋回し、空のあらゆる方向に目をやり、戦況を偵察した。対空砲火の弾幕が低く、高く、まるで気ちがいのように炸裂する。メイヤーはすでに戦果をあげたが、安心できる状態ではない。ほかのＰ51ムスタング機はどうなったであろうか。離陸中に敵の機銃掃射を避けられたであろうか。

ロールス・マーリンエンジンは唸りをあげ、愛機Ｐ51ムスタングは十分なスピードに達した。いまでは下のコントロールタワーからも、僚機のムスタングからも、味方の声を耳にすることができる。

「畜生、ドイツ野郎め」「海賊の野郎め、空のどこにでもいる」

ドイツの戦闘機は谷合いに突っこみ、地上にいる機とビルディングの間をたくみに縫いつつ、銃弾をあびせていく。しかし、迎撃してくる連合軍機を押しとどめることはできない。敵襲の間を縫い、P40ウォーホーク戦闘機がつぎつぎと舞い上がってくる。

霧は依然としてまったく消え去らないので、基地の向こう側はかすんで見える。メイヤーの目は敵機を探しつつ、上昇をつづける。八百フィート、一千フィート……二千フィート、下では何が起こっているのであろうか。

前方右側に機影らしいものが見える。次第に点となって近づいてくる。メイヤーはラダーを踏み、操縦桿を右へ倒した。右主翼が沈み、後方へとまわりこんだ。

高度は三千フィート、水平飛行に移り、スピードも巡航速度にする。愛機「ペティ」と二機の機影のギャップは次第につまってくる。メイヤーは六時方向に機首を向けた。まだはっきりとは識別できない。多分、敵機に違いない。メイヤーは後方をたしかめる。敵影はない。しだいに機影は大きくなってくる。P51ムスタングか、P47サンダーボルトか、いやドイツ軍機のはずだ。機首があまりにもグロテスクだ。東に近づいてみる。この時にはムスタング機はトップスピードに近くなっている。フォッケウルフFw190型機だ。もう疑うべくもない。

メイヤーは神経質に引き金に指をあて、二、三度、指を開いたり閉じたりした。次第しだいに敵機の後ろへとまわりこむ。敵の主翼が黄色いリングの中いっぱいに広がったなら、射程に入ったときだ。敵のパイロットはメイヤーに気がついて、右へ曲がるだろうか、左へすべるだろうか? たぶん、機銃掃射に気をとられて、メイヤー機には気づいていないに違いない。

グレイのＦｗ190戦闘機の機体がメイヤー機の前にいる。ドイツ機のパイロットは全く気づいていないらしい。Ｆｗ190の主翼がリングの中いっぱいになった。主翼の上にえがかれた鉄十字のマークが目を射る。

今だ! メイヤーは引き金をひいた。ムスタング機は上下にはね、こきざみにゆれ動いた。なおも引き金をひきつつ、メイヤーはちょっぴり感傷的であった。機体を安定させ、さらに追尾しながら、引き金をひきつづける。曳光弾が敵機の上下、左右と流れ、飛びはねる。いや敵機の上ではない。メイヤー機の鼻先を流れているのである。

メイヤーは首をすくめて上を見た。上空からメイヤー機に突っ込んでくる鋭い機首が見えた。あきらかに、Ｆｗ190を救うために、メイヤー機の後方にまわろうとしている。メッサーシュミットＢｆ109だ!

決定的瞬間だ! 攻撃を中止して上方からの敵機の攻撃をさけるべきであろうか? Ｂｆ109戦闘機はあきらかに射程外から射ってくる。メイヤーの攻撃意図をそらすためであることは十分に受けとれる。メイヤーは引き金をひきつづける。Ｂｆ109がメイヤー機を射程内にとらえる前に、目の前の敵機をかたづけることができるはずだ。

緊張の何秒かがつづく。Ｆｗ190は被弾した。しかし後流の中に入ったメイヤー機はとびはねて、なかなか、安定してくれない。上空の敵機は執拗に喰いついてくる。Ｂｆ109が喰いつく前に、目の前のＦｗ190をやっつけることができるであろうか。

問題は間もなく解決した。敵のパイロットはいきなり背面飛行に入った。そしてＳ字形に下降した。これは低空においては危険なやり方である。案の定、敵機はそのまま、真っ逆さまに墜ちていった。

脱出する時間などあるはずがない。梢にぶち当たって、ばあっと燃え上がるに違いない。メイヤーは左へ急旋回した。いまはメッサーシュミットＢｆ109の射程から逃れることだ。前方にはＢｆ109の姿は見えない。左へ急旋回したので、血がいきなり頭へのぼってきた。

よろめくなペティ

この急旋回でＢｆ109の射弾を避けることができたが、メイヤーのまわりには敵機しかいない。メイヤーはＢｆ109を見失った。Ｂｆ109のパイロットはメイヤーよりも有利な位置にある。たぶん、メイヤー機の後ろにまわっているに違いない。

メイヤーは首をねじって後方を見た。Ｂｆ109はどこにもいない。ぐるりと見わたしたが、他のＢｆ109も見えない。いや、いた。しかしその後ろにはＰ51ムスタングがついている。ムスタングが急に間にあったのだ。メイヤーはそのとき三機の敵機の射程内にあった。

右の方、相当に遠いところで、ムスタングがＢｆ109一機を血祭りにあげた。Ｂｆ109のパイロットがメイヤー機を追いつめたときに、他のムスタングのパイロットがその後方にひそかに、にじり寄っていたのである。

ホッとしてメイヤーは下方のフォッケウルフFw190を見た。高度三千フィートから、S字形の下降姿勢から脱出しようとしているようだ。煙をひき、地面の方へ機首を向けながら、Fw190はゆっくりと機首をもち上げた。上から見ると、Fw190はすでに木立の中にいるようにさえ見える。

Fw190は梢をなで、葉を散らし、小枝をはじいているが、何んということか！　信じられない。ドイツのパイロットは遂にスピンから脱け出た。フラフラしながら、梢スレスレにのたうつように飛んでいる。メイヤーは敵ながらあっぱれ、と思いながら、左へ機をひねって、この仕事を終えるために急降下していった。

スピードが三〇〇から三二〇と上がってくる。P51ムスタングはスピードを増して降下していく。下方の敵機は右へ、左へとフラつきながらも、米軍の基地方向へと向かっている。メイヤーは差をつめていく。ぐんぐん追い上げたムスタングは、照準の中に敵機をとらえると、射撃の距離をちぢめていった。

その時である。ゴツン、ゴツンというショックがあり、ムスタングはよろめいた。一陣の煙がパッと上がった。メイヤーは後ろを振りかえった。敵機はいない。これは地上砲火だ。地上の味方が敵も味方もわからずに、撃ってくるのだ。

逃げようか、あくまでも痛手を負ったFw190を追うべきか、もう一機、戦果がほしい。ほとんど敵機は射程内に入っている。もう少しの辛抱だ。しかし、下からの突き上げはひどすぎる。まるでムスタングは悪路を跳びはねながらゆく車のようだ。

メイヤーは主翼に穴があいているのに気がついた。六インチ程もあろうか。しかし、愛機「ペティ」は飛びつづける。幸いなことに、燃料タンクは撃ち抜かれていないようだ。遂にメイヤーは右へ急旋回した。主翼にあいた穴が気になったからである。ペティは右へ流れて、地上砲火の射程の外に出た。

いったい下の連中はどうしたんだ。ムスタングかFw190かは機首を見れば分かるじゃないか！　腹だたしげに主翼を見ると、穴は一つだけではなかった。エンジンは被弾していないだろうか？　もし冷えて、油でも漏れていたら、不時着するほか仕方がない。

メイヤーは地上砲火をさけて左に機体を傾けると、Fw190をふたたび視野の中にとらえた。地上砲火はどうやらFw190を撃墜することはできないらしい。メイヤーは右側からスピードをあげて迫り、機首の左を狙った。

ふたたび後方にもぐり込む。ドシン！　また当たったらしい。たぶん、機関砲弾であろう。しかしメイヤーは意に介さない。彼の銃弾が敵機に届きはじめた。これに勇気をましたメイヤーは射撃をつづける。敵機の翼幅がガンサイトの中に大きく広がった。

敵機は機を右に左にすべらして逃れようとする。メイヤーの銃弾はエンジンに当たった。エンジンカウリングが破片となって吹きとぶ。Fw190のプロペラの回転がおそくなった。さらにプロペラのまわり方がおかしくなり、完全に風車のようにまわっている。

メイヤーはさらに追い、敵機の上を通りすぎた。もう一撃を加えんものと右へ機をひねった。敵機は逃げるには高度がない。どうやら胴体着陸をするらしい。木々の梢を腹をこするように越していくと、野原に胴体着陸を敢行した。

一度、二度とバウンドをうつと、三度目に機はバラバラになり、火がパッと燃え上がり、煙が宙天にまった。これで二十四機目だ!

大空は狂っている

まだ敵機はいる。しかし、弾薬もつき果てたらしい。できるだけ早く着陸せねばならない。方向を失ったメイヤーは、ボタンを押してコントロールタワーを呼びだした。ところが、コントロールタワーからは「まだ攻撃されている」との返事がかえってきた。着陸するには安全でない。

ドイツ野郎のやつ、終日、攻撃するつもりかな! メイヤーは機首を西に向けた。エンジンは快調にまわりつづけている。友軍の基地を別に見つけだすに十分な燃料もある。主翼には大きな穴、小さな穴があいている。まあ、よくもエンジンに被弾しなかったものだ、と感心する。先方に大きな飛行場が見えてきた。

メイヤーは注意してあたりを見まわした。ところが右後方に黒点がある。五時方向に三機のメッサーシュミットBf109が全速力で突っこんでくる。左へブレーク、エンジンをフルにする。メイヤーはふたたびはげしい戦闘意欲にかられる。

メイヤーは後方の敵を十分に警戒しながら、左へ垂直急旋回をおこなう。彼らも左方に旋回し、六時方向から追尾してくる。しかし、メイヤーの旋回は間にあったようだ。四機が一つの環になってかかってくる。メイヤーは、三機目の敵機の後方にまわりこもうとした。先頭機は、メイヤーの後方にまわり、射撃有効範囲に追いつめようとした。

とつぜん、別の戦闘機が現われた。P51だ。この飛行場も攻撃されているはずなのに！しかし、そんなことを考えている余裕がない。Bf109に神経を集中しなければならない。メイヤーはスピンに入る寸前まで機をバンクさせた。

おたがいに後ろにまわろうとする、おかしくも真剣なゲームが始まった。メイヤーは三番機を追いつめた。一連射、しかし何事もおこらない。他のP51が次からつぎへと挑みかかった。メイヤーはホッとした。

三番機がとうとう撃墜された。メイヤーはここで戦列を離れたかった。まわりは戦闘機だらけになった。みんな気ちがいのようにぐるぐるまわっている。メイヤーは弾丸を撃ちつくしたので、戦列を離れようとした。

突然、右へバンクし、ふたたび西の方向へと向かった。フルスピードでぶっとばす。Bf109がついてこないかどうか後方を見て、全速力で離脱をはかった。Bf109はついてこなかった。他のムスタング機がドイツ機を圧倒している。メイヤーは戦列から離れることができたことに満足した。

燃料ゼロですべり込み

十分ぐらい飛んだ。操縦桿を後ろに倒して高度を上げ、視界をよくしようとした。道路や橋が小さく見える。メイヤーは地形を偵察してみた。街並みが見えてきた。ゲントにちがいない。

何かが上空で動いている。じっと見ると、戦闘機であることがわかった。メイヤーは操縦桿をもどし、相手に発見される前に逃げようとコースをかえた。何分間か北西へ飛んだ。燃料計の針が次第にゼロに向かってふれていく。しかしまだ十分だ。

コントロールタワーを呼び出し、どうなっているか、聞いてみた。すぐに答えが返ってきたが、まだ交戦中とのことであった。誰もメイヤーにどうすべきか、言ってくれる人もいなかった。メイヤーは操縦桿を引いて高度をとった。東へ向かって、高度を上げた。

前方に大きな町が見えた。近くに飛行場があることはたしかである。近づいていくにつれて、おかしな気がした。この町はきわめて大きい。港町だ。アムステルダム？　そんなことはない。そんなに北へきたわけがない。町のまわりと飛行場のまわりに黒点がしきりに動いている。ドイツ軍の戦闘機だ！

対空砲火も撃ち上げられてきた。メイヤーはすぐに高度をあげ、右へ一五〇度バンク、南へ向かった。いたるところにドイツ機がいる。ここはハンブルグではないのか？　コンパスが故障し、北へ向かったのであろうか？

地上に目を向けたが、何も確認することができない。

時計は十一時近くをさしていた。どこまで行っても、見知った地形を目にすることができない。どこもかしこも雲に包まれている。

五分たった。前方の窓に目をすえてみると、草原が見えてきた。古びた建物がいくつかあるほか、飛行機は見られない。

多分、代替飛行場であろうか。地表は草地で雪が積もっている。草地でないところに飛行機がいる。十二時の方向だ。低翼、単発、戦闘機だ。メッサーシュミットBf109ではないか！　千五百フィートも高いところを飛んでいる。心臓がドキドキした。メイヤーは次第に大きくなってくるBf109を心配気に見やった。

彼らは向かってくるようだ。少し右の方向を狙ってくる。メイヤーは左へ操縦桿を倒した。もし、彼らが気がつかないなら、そのままやり過ごしてしまいたかったからである。プロペラガバナーの色が、黄色に赤く見える。Bf109のガバナーは灰色のはずだ。何事もないかのごとく上空を迫ってくる。しかしコースは変えないようである。

ムスタングはすんなりと左へバンクした。ほとんど彼らの腹の下にいる。Bf109はそれでも何事もないかのごとく飛んでいく。やり過ごしたところで後ろを振りかえって見たが、そのまま飛んでいくようだ。

燃料計の針は、ほとんどゼロをさしている。さあ、基地を見つけねばならない。いままでは敵機もいないはずだ。主翼の穴は気にしなくてもよいようだ。コントロールタワーを呼んでみた。敵機はいなくなった、と言っている。

メイヤーはコースを決め、十分から十一分かかるかな、と推定した。三十分以内には基地にかえっている勘定になる。空には敵機は見えない。朝方のあのひどい霧は、いまではウソのように消え失せている。

ようやくおぼえている地形を見つけることに成功した。基地の方角だ。いままでメイヤーの心にわいていたすべての疑念と恐怖感が消え失せた。メイヤーは着陸の許可を得た。そして着陸のため高度を下げていった。

彼の生命を救ったC47輸送機は破壊されていた。二機の戦闘機も、地上でやられた。しかし、今朝のあの長かった攻撃にくらべてみれば、損害は軽いようであった。

P51ムスタング戦闘機はスムーズに着陸した。メイヤーはタクシーしながら、キャノピーをあげた。エプロンに近づくと、彼を待ち受けていた人たちが目に入った。なにか興奮気味にしゃべっているようだ。機を止めると、みんなが穴があくほどメイヤーのムスタングを見つめている。十一時十一分であった。

機付の整備員たちがわれ先にあつまって、何かわめいている。よかったですねえと言うもの、どうしたんですかと聞くもの、みな興奮している。

「あとのパトロール隊の連中はどうしたんだい」とメイヤーは聞いた。

四機を失ったが、P47サンダーボルトは相当の戦果をあげていることがわかった。その上、エスコートミッションの三十六機は離陸した、とのことであった。ドイツ機はいくつかの建物をこわし、数機を破壊したが、損害は予想していたほどに大きくはなかった。しかし、近くの基地が大きな被害を受けた、とのことであった。

彼のムスタング機は、修理しなければならない。そしてキャノピーの下には、三十六機目と三十七機目の戦果が描かれるであろう。メイヤーは空中で二十四機の戦果をあげた。十三機は地上で破壊した戦果である。全体で三十七機、アメリカの戦闘機パイロットとして、ヨーロッパ戦線であげた最高の撃墜王である。

私はP47を駆ってエースの座についた

ターボ採用、前代未聞の重戦闘機で二十八機を撃墜した男

当時 米五六戦闘群・米陸軍少尉　R・S・ジョンソン

ついに命令がきた。

一九四二年七月十九日までに、ジョンソン少尉は第五六戦闘群第六一中隊に勤務せよ――というのだ。とうとう私は、戦闘機パイロットになるのである。

ブリッジポート飛行場の大格納庫のそばにある小さな事務所のドアを、私は緊張してノックする。コチコチになって着任の申告をする私に、デスクの向こうに座っていた大尉は、笑顔でうなずくと立ち上がって、私にものすごい力のこもった握手をしてくれる。

「ジョンソン、君の着任を歓迎する。まあ気楽にしたまえ」

愛機を背にするジョンソン少尉

マッコロム大尉は、彼の第六一中隊について説明する。中隊には優秀なパイロットと地上員が集められており、目下、さかんに編成中である。第六一中隊は、第六三中隊と第六二中隊とともに、第五六戦闘群を構成するが、この第五六戦闘群こそ、米陸軍最初の新鋭Ｐ47により装備される戦闘群である。

「君はサンダーボルトを見たことがあるかね？」

「いいえ、まだです」

「そうか。それは楽しみだ。見たらびっくりするぞ。あんなすばらしい戦闘機は、ほかにない」

なるほど、どの点から見ても、サンダーボルトはその名にふさわしい機体である。ＢＣ１やＡＴ６練習機にくらべると、まさに巨人機である。地上でのＰ47は、あまり美しくは見えない。だが、どの部分も戦車のように頑丈にできている。まるで彼女と私は、おたがいのために存在しているようだ。大きな四枚プロペラ、幅の広い主脚、二千馬力をつつむ巨大なエンジンカウリング、そして両翼に四門ずつの五〇口径機銃。サンダーボルトは一分間に七二〇〇発の弾丸を敵にたたきつけるのである。

訓練飛行をかさねるうちに、私たちはサンダーボルトに絶対の信頼感をもつようになった。サンダーボルトでなら、どんな飛行をしても大丈夫なのである。しかも、その構造の頑丈なこと。

米戦闘機で「音の壁」にぶつかった最初の機体は、サンダーボルトとライトニングである。サンダーボルトで初めて「音の壁」にぶつかり、しかも無事だったのはH・F・コムストックとダイヤー両中尉で、それは一九四二年十一月十三日のことだった。二人は速度テスト中に、三万五千フィートからダイブし、操縦の自由を失ってしまったが、低高度に達してから、サンダーボルトはダイブから立ちなおったのだ。

私も早速ためしてみたところ、一万二千から八千フィート付近でようやく操縦桿がきいたが、ダイブからの回復時にかかる大きなGのために、瞬間的に気を失ってしまった。

一九四二年十一月の末、第五六戦闘群に、ついに海外出動準備命令が下った。サンダーボルト戦隊の初陣である。

ベテランたちのP47評

一九四三年一月末、ようやくP47と、地上員の第一陣がイギリスに到着した。昨年の感謝祭いらい初めて見るサンダーボルトに、私たちは文字どおり飛びつき、さわりまわった。しかも、このサンダーボルトは最新のC型なのである。

しかし、その日は悪天候で飛行ができないため、私たちは各自の愛機をすみからすみまで点検し、念入りに整備した。そして、それからは毎晩、私たちのあいだでは、だれの機体が戦闘群のなかで一番いいかという議論がやかましく、くりかえされた。

最初の出撃をまぢかにひかえて、私たちは英空軍のベテラン戦闘機パイロットたちから、

2000馬力、両翼４門ずつの強武装をほこるＰ47サンダーボルト戦闘機

いろいろと戦訓を学んだ。彼らによれば、ドイツパイロットは優秀であり、その戦闘機も、われわれのと同様か、それよりもすぐれている。要するに、メッサーシュミットやフォッケウルフにかかっては、サンダーボルトはイチコロだろうというのだ。

「サンダーボルトは……」と一人がいう。「たしかに悪い飛行機ではないようだ。しかし、Ｂｆ109やＦｗ190と空中戦をやるには大きすぎるし、重すぎる。格闘戦にひきこまれたら、君たちにチャンスはないさ」

「いいか諸君」と、もう一人のイギリス人がいった。「僕はスピット５型のパイロットだ。スピット５型は、すばらしい。とくにその操縦性は天下一品だ。ところが、フォッケの奴は上昇力もダイブスピードも、こっちよりすぐれている。おまけに、機関砲と大口径機銃の重武装を持っている。フォッケにできないことといえば、われわれの内側にまわり込めないことただ一つさ。スピットの9型なら、きっと互格な戦闘ができると思うが、それまでは、苦戦の連続さ」

彼らのサンダーボルトに対する評価は、じつにショッキングなものであった。しかし、彼らベテランたちの言葉は、血みどろの体験にもとづいているのだ。安全な戦法は、スーパーチャージャーを利用して高度二万五千フィート以上を保持すること、襲われたら逃げること、この二つだと彼らはいう。

だが、私たちは知っている。サンダーボルトは、彼らが知っているよりも、もっと素晴らしいヤツなのだ。

ただ、それを立証するには、出撃する以外に方法がない。いまいましいイギリスの悪天候め。

苦い初撃墜の日

二月十七日、ついに奇蹟がおこった。空には一点の雲もなく、太陽がいっぱいである。三ヵ月ぶりに私は、ピカピカに磨きあげた愛機に乗り込む。そして三ヵ月ぶりに、サンダーボルトで空を飛ぶ。そこで私たちは、あらゆる飛行をやってのけた。

四月八日、第五六戦闘群はじめての作戦出撃が、四人のパイロットによって行なわれた。第四戦闘群のベテランたちとともに爆撃機を護衛して、フランスにあるドイツ戦闘機群に挑戦したが、彼らとは、ついに空戦の機会がなかった。ただし、スピット二機が撃墜されるのを目撃してきた。この飛行での戦果はゼロ。

四月十七日、やっと私の名が出撃リストに見つかる。目標はオランダのウォルシュレン。目的は戦闘機のみによる制空。だが、敵は完全に私たちを無視した。対空砲火もなく反撃機もなし。

六月十二日、ついに第五六戦闘群は初めてドイツ機を撃墜した。過去二ヵ月の作戦で数回の空戦があり、私たちのパイロットが数名戦死したが、戦果はゼロだったのである。

私たちはブランケンベルグ・カレー地区上空、二万フィートの制空を行ない、オステンド付近にいた。このとき、「敵機、真下にあり。攻撃（レッツゴウ）」の声。

たちまちブルー小隊がフォッケ編隊におそいかかる。だが、敵も私たちを発見した。八機のフォッケがダイブで逃げる。四機のフォッケは一八〇度の急旋回で、ブルー小隊をかわす。

だが、このチャンスをイエロー小隊のクック大尉がうまくとらえた。彼は太陽を背にして、イエロー小隊をひきいて攻撃をかけ、フォッケの最後尾機を三百ヤードでとらえた。八つの機銃が吠えると、フォッケの胴と左翼に煙があがり、次の瞬間には、左翼の大部分がすっ飛び、フォッケは墜落した。

六月十三日、私はガブレスキー大尉の四番機として飛ぶ。昨夜、私と約束した男は、三番機である。約束というのは、二人が何番機の位置にあろうと、敵を見つけたら攻撃をかける、そして片一方が、僚機として後方を守るというものである。

十二機のフォッケの密集編隊を真下に発見したとき、私は、一瞬の躊躇もしなかった。

「敵十二機、真下にあり。いくぞ」とさけぶと、私はダイブに入っていた。後ろには、彼がついているにちがいない。

私の目前いっぱいにフォッケの編隊が入ってくる。

突然、黒十字のマークをつけた彼らは散開する。気づかれたのだ。しかし、私は敵の編隊長機にけんめいに喰い下がった。すべてが順調で、まるで演習のときのようだ。私は慎重にチャンスをねらって発射する。ガーンという音とともにサンダーボルトがふるえる。やられたのか？　いや、私の機銃それ自身の発射音なのだ。

と、たちまち私の目の前でフォッケは、煙と火の固まりとなった。一撃で命中したのだ。つぎの瞬間、私はフォッケの破片をつきぬけて高度をとった。見まわすと、私は単機である。相棒はどこにいるのか？

基地に帰ると、彼が私の単独行動についてゼムク大佐に苦情をいったことを知り、彼を殺したくなった。彼はぬけぬけと約束を破って、最後まで編隊にとどまっていたのだ。

この日、ゼムク司令自身が二機を撃墜したので、私の分をいれて戦果は三機である。私は初撃墜の祝いの言葉のあとで、単独行動をとったことで、イヤというほど小隊長からしぼられた。そして、とどのつまり私は二日間の飛行停止をくらってしまった。


ダイブはこちらが専門だ！

十月中の作戦の結果、私たちの第五六戦闘群は、いまや効果的で恐るべき戦闘単位に成長したことを立証した。ゼムク司令のもとで、私たちは狼群のように、一糸みだれぬチームワークを発揮した。必要とあらば、戦闘群は小隊単位にわかれて逃げまわる敵機を追った。パイロット一人ひとりが、自己を守るのに十分な技量を身につけた。

指揮官の優秀さと、サンダーボルトの優秀さと頑丈さ、それに各パイロットの猛烈なファイトが、第五六戦闘群の成功の原因である。

十月以前の五週間の戦果は、撃墜四十三、損失八であった。すでにガブレスキー、私、ボッブ・ラム、ジミイ・スチュワート、ジェリイ・ジョンソン、ジョー・パワーズ、フランク・マコーレイ、ドン・スミスなどがエースとなっていた。

十月中に第五六戦闘群は、撃墜三十九機を記録したが、損失は一機にすぎなかった。戦果は、さらに撃墜不確実五、撃破十二をふくむものであった。

一九四四年一月三十日、私は十三機目の撃墜を記録する。それはブレーメンを攻撃中のことであった。二万七千フィートを飛ぶ私たちの編隊の下に、十二機のドイツ編隊を発見した。

絶好の体勢で私たちは、このドイツ編隊につぎつぎと突っ込んだ。だが敵は、ちぎれ雲の中にばらばらになって逃げこんでしまった。敵は双発のメッサーシュミット410だった。

「パワーズ、掩護をたのむ」

私は、この双発戦闘機の一機を追いかけた。敵は全速でダイブしているのだが、サンダーボルトのスピードから見れば、まるで赤ん坊が、はいはいしているようなものだ。一五〇ヤードに接近して、私は発射ボタンを押しつづけた。

二百機の敵のなかに

三月六日、私たちはベルリンを攻撃する。いまや第五六戦闘群は、全ドイツをその翼下におさめつつあった。新しい燃料増槽によって、サンダーボルトの航続距離が増加し、私たちは爆撃機隊をベルリンまで護衛し、ドイツ戦闘機群と交戦することができるのである。

ベルリンまでの飛行に、私たちは地図を必要としない。対空砲火の道(フラック・ハイウエイ)が、北海からベルリンまで通じているのだ。幅五マイル、高さ三万フィートの空間に絶え間なく高射砲弾が爆裂し、煙と閃光のリボンをつくる。それが絶好の道しるべとなる。

ハノーバーの西方、ダンメル湖の見えるころ、私はいままでに見たこともない、ドイツ戦闘機の大群を発見した。私ははじめ、彼らはサンダーボルトだと思っていた。

「右側のモンキーどもに注意。やつらは、あっ、フォッケウルフだ」

あっという間に、私たち八機は、フォッケの大編隊の中に、真正面から飛び込んでいた。もう照準などしている暇はない。私たちは一斉に発射しながら上昇、反転して、敵の後ろにつこうとする。だが、そこへまた、別の敵編隊がやってきた。

最初の編隊約五十機の上空に、第二の五十機編隊があり、さらに第三の五十機編隊が左にいるのだ。私たちの付近には友軍機もなく、八機で一五〇機から二百機の敵機の中に飛び込んでしまったのだ。

私たちは、全速で敵の先頭編隊に追いすがり、ガブレスキーに救援をもとめたが、それを得られぬうちに攻撃にはいる。敵は、前面のわがＢ17六十機の編隊に全速で近づきつつある。さらに先頭の編隊につづいて、一群また一群と、約二百のわがＢ17の編隊が続航している。ふつうＢ17の密集編隊は、六十機単位で編成される。したがって、一つの編隊には二百人以上がおり、これが合計一万三千以上の機銃で、ドイツ機に対抗するのである。

ドイツ機の黒い機影が、この編隊に群がると、一瞬のうちに空は曳光弾と煙と破片にいろどられる。ドイツ機を追尾する私たちにも、Ｂ17からの弾丸が飛んでくるくらいだ。

このとき、ドイツ機二百機がつぎつぎと発砲した。七百以上の機関砲と数百の機銃から、弾丸の雨がＢ17編隊にそそがれる。さらにフォッケは、数百のロケット弾を発射する。いまや狭い空間で、敵味方機が衝突する。それは、爆発しながら突っ込むフォッケであり、その破片を避けようとしてぶつかるフォッケ同士でもある。私は六回も撃墜のチャンスをつかんだが、私の僚機を助けるために反転しなければならなかった。なにぶんにも敵が多すぎた。

一マイルほど頭上でＢ17が一機、エンジンから火を吐いた。乗員が飛び出した。だが、パラシュートにぶらさがっている彼らに、メッサーシュミットＢｆ109が二機、機銃で攻撃をかけている。これを見た私は、スロットルを全開して急上昇する。私の全身は怒りにふるえていた。この二機のうち、一機でもかならず撃墜せねばならない。

このとき、先頭機から突然、煙の尾が消えた。彼はエンジンを切ったのだ。私もスロットルをしぼり、右に横すべりしてから、左へ旋回する。敵は思ったとおり左へ旋回する。いまや、私の機は完全にメッサーの内側にまわり込んだのだ。

　このとき、敵のパイロットが後ろをふり返って、私の姿にびっくりしたような顔を見せる。たちまちメッサーは引き起こすと、ダイブに入る。ダイブでサンダーボルトにかなうものはないのに。

　私は発射ごとに命中弾を得ながら、彼とともにダイブする。ついに火と煙がメッサーからふき出した。一瞬、空中に停止したように見える。やがて、オーバーシュートした私が、ふたたび上昇するころには、敵は地上に墜落していった。

　これを見ていたサンダーボルト二機が、私に接近する。

「サム、あそこに落ちたのは、アイツか？」

「そうだよ」私は思わずにやりとしていた。

採用された私の戦法

　この日、私はさらに一機を撃墜した。第五六戦闘群としては合計十機の戦果をあげた。だが、爆撃機隊の損失は、あまりにも多かった。被弾や故障で、基地までもどらなかったのは、合計六十八機――まさに信じられぬ大損害であった。

　私は、この日の戦闘報告に、私の意見を書き込んだ。つまり、このような重爆の大損失は、戦闘機の護衛戦術の改良によって防ぎ得るものであると。

　私の主張はこうだ。

――サンダーボルトは今までのように、爆撃機編隊のそばにとどまらず、その前方と左右に散開しているべきである。

そうすれば、ドイツ戦闘機が爆撃機編隊に到達するまでに、サンダーボルトは敵に被害をあたえることができる。サンダーボルトの各編隊は、小規模なもので十分である。要するに、敵を早めに攻撃して、その戦闘力を弱めることが、爆撃機隊を守る第一の手段である。

三月十五日、私の主張した護衛戦術が採用された。敵味方約三百機の戦闘機が空戦をしているあいだに、約二百機の重爆撃機は、ぶじにベルリン攻撃を終了することができた。重爆編隊に近づいたドイツ機は、ただの一機もなかったのだ。

この日、損失した三機の重爆のうち、二機は高射砲弾によるもので、一機は、酸素呼吸装置の故障によるものだった。

欧州の戦争が終わった一九四五年五月までの二年間に、私たちの第五六戦闘群は一二八機を失い、ドイツ機一〇〇六機を撃墜した。この記録は、欧州で戦った第八空軍の十五の戦闘群の中で最高のものである。

この間にはまた、激しい空中戦のなかから数多くのエースが生まれたが、全欧州戦域のトップエースはジョン・Ｃ・メイヤー中佐で、撃墜二十四機、地上撃破十三機、合計三十七機であった。私は十二番目のエースであった。撃墜二十八機、地上撃破はゼロであった。

零戦と戦った米海兵隊の男たち

日米対談／零戦とF4U&SBDの対決

台南空搭乗員・海軍中尉　坂井三郎
米海兵隊十一航空部隊・海兵中佐　F・C・トーマス
米海兵隊十一航空部隊・海兵少佐　E・R・ジョンソン

坂井　太平洋戦争がなかったら、私たち三人は話もできなかったし、話どころか顔もおがめなかったかも知れない。ところが〝事実は小説よりも奇なり〟で、今日お出でいただいた米海兵隊搭乗員のトーマスさんもジョンソンさんも、ラバウルの周辺で、しかも大空という檜舞台で活躍していたばかりに、私と対談させられた。これが十二、三年も前に戦場で顔を合わせていたんだったら、私も得意の戦法で〝オ命チョウダイ〟に及んだんだが……いやいや、案外、私のほうがイタダカレテいたのかも知れない。

こうして、かつての敵味方同士が一堂に会してみますと、お互いに生命を的(まと)に戦ってきた同士でなければ、とても味わ

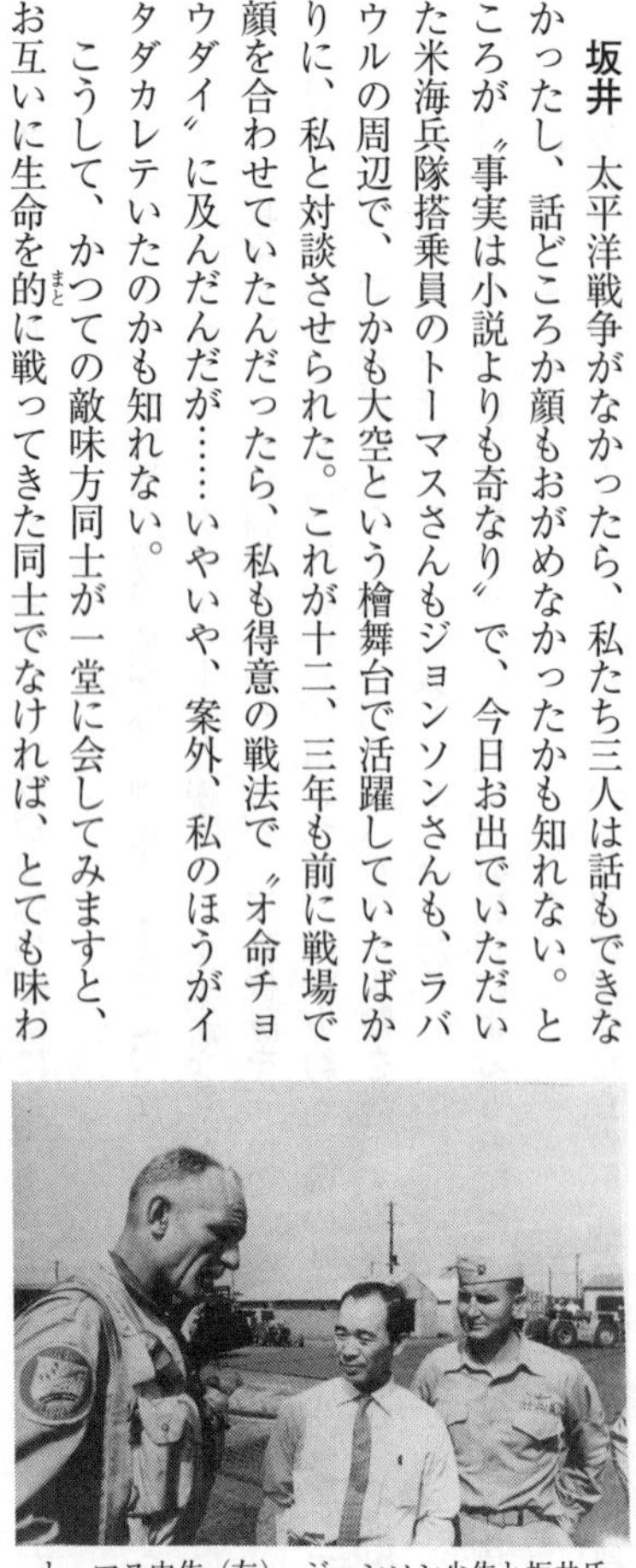
トーマス中佐（左）、ジョンソン少佐と坂井氏

えそうもないような一種の感慨が湧いているんですが。あれから十二年もたってしまうと、自分でいうのも変だが、恩讐を乗りこえて、かえって何かほのぼのとした心が通い合っているんじゃないいんですかね。

戦争ほど悲惨なものはないし、反面、戦争ほど人間を奇妙な関係に結びつけるものはありませんね。私も、こうしてトーマスさんやジョンソンさんとお話ができるのも、いわば〝戦争に取り持たれた縁〟ということになる。

ジョンソン　そういうことになりますかな。

坂井　もういまや勝った敗けたの問題ではない。

トーマス　そうですそうです、勝ったの敗けたのということではない。

坂井　ところで、トーマスさんが一番最初に出撃されたところ、つまり最初の戦場はどこだったのですか。

トーマス　私が最初に出撃したのは、ガダルカナル島のすぐ北にあるブラッセル島からです。当時、私はニュージョージア島のムンダや、ブーゲンビル島にあった日本の大きい基地や、ニューギニア島のブナ攻撃をやっていた。

坂井　ブーゲンビル島の大きい日本の基地というのは？

トーマス　それが思い出せないんですがね。ブーゲンビル島の最南端に飛行場だけでなしに、日本軍の本部があったんですが。

坂井　ブインですか？

トーマス　いや、そういう名前じゃなかったですね。とにかく私たちは、その南のブラッセル島からそこを攻撃していたんですがね。そうして、もう安全だと思われるときに、私たちは湾に沿ってタロキナに三つの飛行場をつくった。それが、だいたい昭和十八年のクリスマス時分だったが、ここへ基地をつくったころには、日本軍の基地は完全に孤立化してしまっていて、もうその基地を確保していることができなくなった。

坂井　当時あなたは何をやっておられたんですか。

トーマス　私は少尉でF４Uコルセアに乗っていましたが、当時も私たちは現在と同じように、マリーン・エアー・クラフト・グループ11に所属していました。

坂井　ジョンソンさんは当時どこにおられたんですか。

ジョンソン　MARINE・DRIVE・HOMIHER・SQUADRON236。急降下爆撃隊に所属して、S・B・DAUNTLESS（ダグラスSBDドーントレス）を使っていました。

坂井　私もダグラスとやったことがありますよ。

ジョンソン　私は最初ガダルで、これが昭和十八年の夏だった。基地はヘンダーソンで、最初に我々はムンダの日本軍基地とコロンバンガラの爆撃をやりまして、その後の我々の任務は、日本の基地における港湾ならびに施設にたいする急降下爆撃だった。それで初めて日本の零(ゼロ)ファイターと遭遇したのは、チョイセルというところに行った時でした。また、ハレルというところにある日本の基地爆撃をやらされたんだけれども、そこへは本当に行きたくなかった。

坂井　どうして、行きたくなかったんですか？

トーマス　場所が非常に狭いうえに対空高射砲がもの凄かったからです。我々はいつもこれを避けて、ずうっと廻りこんで攻撃していた。

ジョンソン　当時、我々はＳＢＤドーントレスで行って急降下爆撃やると、零ファイターは上から攻めてきた。当時、わが方の戦闘機隊の援護というのは、コルセアやＰ38がやっていたけれども、十分ではなかった。つまり、そういうのが急降下爆撃機の上を飛んでカバーしていたが、零ファイターが攻めてくると、こっちの戦闘機隊の編隊がくずれて、お互いにマンジ型になって戦闘するようになる。

トーマス　しかし、本当に熾烈な戦争をやったのは、その後ラバウルに来てからだったが、当時の我々のシステムというのは、六週間戦争をしたらニューへベレスというところへ帰って六週間休んで、また出て行くと、こういうシステムだった。

坂井　羨ましいことで、日本の搭乗員はただ働きずくめで、そういうことは全く許されていなかった。

ジョンソン　この制度は非常に効果があって、いつでもフレッシュな気持で戦えたし、つねに立派にやれる操縦士が最前線にいるというふうな結果になった。

トーマス　それに休んでいる間に、オーストラリアのシドニーへ行って一週間遊んでくることができる、という制度もあったし、シドニーで一週間遊んだら、またニューへベレスへ帰ってきて練習する。そして六週間また出て行くと、こういうことでした。

昭和十八年のクリスマス頃に、ブーゲンビルのタロキナへ進出し、ブーゲンビルの湾のところに滑走路だけつくった。ところが周囲は、ずうっと日本軍がいるんだから、時によると滑走路のすぐ上の山から日本軍が射撃してきた。当時、私たちはムンダあたりからF4Uコルセアなんかで出撃するわけだが、トロシャアイルランドからB24の爆撃機がやってきて、このタロキナで一緒になって、ラバウルへ攻めて行くという状態で、最初、私たちがラバウルを攻撃に行ったのは、昭和十八年の最後の週で、クリスマスの直後でした。

当時タロキナへ集まった戦闘機は三十六機、それに対して爆撃機の方は二十四機で、ラバウルへ攻めて行ったが、当時、日本の戦闘機は無数に邀撃してきた。私はあんなにたくさん日本の戦闘機を見たことがなかった。

ジョンソン　当時、アメリカの陣容は準備をととのえつつあったときで、まだ飛行機をどんどん出して日本の基地を攻撃することができなかった。だんだん基地の建設ができて、それから次第に数を多くすることができたが、当時のアメリカ軍の攻撃というのは、まだ大したことはなかった。

坂井　ガダルカナルの初日には、戦場におられたんですか?

トーマス　ノー。昭和十七年八月のガダルの最初の攻撃のときは、私はいなかった。当時はまだアメリカで訓練を受けていて戦闘には出ていなかった。

零戦さえ与えてくれれば

坂井　ところで、零戦と空戦をやられた感想を一つ。

トーマス　（笑いながら）大変いいと思った。あまり速力はなかったが、行動半径がとても小さく、サッと廻ってくるし、その行動時間が早い。

坂井　その点はたしかにありましたね。私が米軍の飛行機を見て感じたことは、グラマンよりもＦ４Ｕコルセアの方が優秀で勇敢だった。

トーマス　そう、たしかにグラマンは、コルセアほどいい飛行機ではなかった。

坂井　しかも、マリーンが一番強かった。

トーマス　グラマンには二種類あった。すなわちガダルで使ったＦ４Ｆワイルドキャットと、ラバウルで使ったＦ６Ｆヘルキャットの二種類です。

坂井　その二つの機種はどういう点が違っていたんですか？

トーマス　ヘルキャットの方がエンジンが大きくて大型であったし、速力もガダルで使ったワイルドキャットより早かった。しかし私の印象では、コルセアのほうが零戦より優秀だったと思う。というのは、私たちのコルセアは弾丸が当たっても、そのままで飛行をつづけることができる。たとえば私の飛行機は、かつて一〇四発も弾丸を受けて機体に穴をあけられたが、それでも帰ってきた。そこがコルセアの特徴です。ところが零戦の方は、弾丸が当たるとすぐ燃えてしまう傾向があった。

坂井　零戦には、防禦装置というものが全然ほどこされていなかった。

トーマス　（笑いながら）その点が零ファイターと違うところだ。しかし、それだけに零

ラバウルを発進、ソロモン上空の雲海を越えて敵地攻撃に向かう零戦隊

戦は機体が軽いから、その点では早いし、我々が追っかけて行ってもさッと体をかわされると、追いつけなかったので、なかなか当たらなかったけれども、当たったらもろい。

坂井　それは当時の搭乗員の技量が非常に優秀であったので、防弾装置なんかをやって鈍重なものにするよりも、軽快にして攻撃一点張りの飛行機に設計された。だからその当時、私たちクラスの搭乗員に零戦さえ与えてくれれば、絶対の自信があった。

トーマス　当時、ラバウルには零戦以外に、アメリカでトニーと呼んでいた飛行機があったと思うが……P40に似た、そしてリックエャークーラーを持っていて、相当早かった。

坂井　それはいつ頃ですか?

トーマス　昭和十九年の初め頃で、ラバウルの上ではじめて見た。

坂井　P51に似たやつですか?

トーマス　ちょっと、そういうようなものです。

坂井　それじゃ陸軍の戦闘機でしょう?

トーマス　そう、陸軍の飛行機。トニーは零戦とくらべて色が違っていて、ちょっと褐色のような色であったが、それが急降下する時にはとても早かった。だから私がスーッと急降下すると、後ろから零戦がきても、零戦は同じ角度でもって急降下できないから逃げることができた。ところが、この陸軍機は私がダイブすると、後からつづいてダイブしてきた。

坂井　その飛行機は液冷エンジンであって、日本はもともと空冷エンジンで発達したために、どうも工合が悪くてあまりたくさん造らなかった。

トーマス　私たちも、やはりあまり遭遇しなかったけれども、来たやつはとてもいいと思ったが、どうしてあの飛行機は悪かったんですか？

坂井　エンジンの冷却関係がうまくいかなかった。それで、それをやめまして三式戦のあとに四式戦や五式戦を造りました。五式戦は日本の本土上空でB29やP51とやった。

トーマス　四式戦を我々の方では「フランク」という名前で呼んでいた。

羨ましい米空軍のシステム

坂井　三式戦と五式戦を比較して、どっちが優秀だと思われましたか？

トーマス　自分は昭和十九年の二月か三月だったと思いますけれども、ラバウルの攻撃で射ち落とされて負傷したために、病院へ入ったので、不幸にして五式戦の方は見ることができなかった。

坂井　なんに落とされたんですか？

トーマス　地上の施設を銃撃しているとき高射砲でやられたんです。

坂井　それでどこへ不時着したんですか？

トーマス　デューコーブという島とラバウルの間の水上に、私は落下傘で降りた。つまり私は高度を保つことができず低空を飛んでいて、少し高度を上げようと思って上へ行ったときに、翼がふっとんでしまった。それで落下傘で降りた。

坂井　海面に降りて、なんに助けられたんですか？

トーマス　ＰＢＹ飛行艇が出てきて、それに助けられたが、五時間ぐらい水の中につかっていた。しかもパラシュートがうまく開かなくて、水面に身体をひどくぶっつけたので、そのとき右の足を骨折した。

坂井　ＰＢＹにどうして発見されたんでしょう?

トーマス　私が落ちたところは浜辺から近くて、日本の大砲が浜辺から射ってくるが、まず私の僚機が基地へ知らせた。そして戦闘機が上を飛んでいて、ＰＢＹがくるまでずうっと守っていてくれた。

坂井　日本ではそんな贅沢(ぜいたく)なことは考えられなかったですね。(笑声)

トーマス　ラバウルを攻撃した後は、必ずＰＢＹが出てきて、大体その周りの海面に落ちた搭乗員がいないかどうかと、調べるようになっていた。で、その当時、こういう不思議なことがあった。というのは毎朝五時ごろ、私たちの戦闘機が守って、たとえばＢ25やＢ24というのがラバウルを攻撃に行く。そしてそれが帰ってくると、今度は海面にパイロットがいるかもわからないというので、ＰＢＹ飛行艇が出るわけですが、その際、ＰＢＹ一つに戦闘機は四機しかついて行かない。そのくらいの数で、私たちが空襲した付近の海面を調べて歩くんだから、そのとき邀撃されたらこっちは困るんだが、日本の戦闘機は、朝の攻撃のときには八十機も九十機も上がってくるのに、そのときはぜんぜん邀撃しない。これは当時、どういう理由でこないんだろうと不思議だった。

坂井　それは、日本では当時、そういう攻撃隊の被害を受けたものの救出作業はぜんぜん計画されていないし、一空戦終わってしまえば全部帰って行くから、救出しているのを知らない。また知っていても、それは大事なことなんだけれども抜けていたんですね。

トーマス　アメリカ側の方は、たった四機しか守っていないから、いまに零戦が来はせんか来はせんかと思って、ビクビクしながら救助作業をやっていた。

坂井　おそらく戦闘機が一機もついていなくても行かなかったでしょう。

ジョンソン　ガダルカナルあたりから、ずうッとラバウルあたりまでの間を、私たちは渡り廊下と呼んで、毎日のように行っていたが、そこへ行くと、飛行場の砂煙りによって零ファイターが飛び立つのがわかる。そこで〝また零がきた〟というわけで、この道を通るのが怖くてならなかった。

恐ろしかった空中爆弾

トーマス　それから当時、われわれが攻撃に行くときには、爆撃機が下を行って、その上を戦闘機が行くんですが、日本の戦闘機がスーッと下から攻撃してくるときに、バッと白い燐酸の弾丸みたいなものを投げると、それが花火みたいに拡がって飛んでくる。

坂井　タコの足みたいなものでしょう。

トーマス　そうそう。あんまり当たらなかったが、私が見たとき一度だけB24の右翼に当たって爆発し、その結果、飛行機が落っこちたことがあった。あれは何ですか？

坂井　あれは三〇キロの空中爆弾で、零戦に二発積んでいったが、ロケット推進の爆弾です。これは着想はいいんですが、照準器がなってないから命中するのが少なかった。この爆弾は三式砲弾を空中に生かしたもので、三式砲弾というのは大きな親の砲弾があって、それが途中まで行くと爆発する。爆発と同時に中から小さな弾丸がとびだして、目標物にとびかかる。それを生かしたものです。

トーマス　こちらでも、たしかに照準が悪いということは気がついていたし、なかなか当たらないということはわかっていたけれども。

ジョンソン　ちょっと怖かったな。

坂井　そこが狙いだったんです。つまり、そういうことを一ぺんやると、向こうもその威力がわかる。そうすると爆弾をだいた爆撃機が目標から避けるわけですね。それで爆弾が落ちても目標物からはずれる。

トーマス　たいがい急降下して上がるときに、そのロケット弾を射っていた。

坂井　大体そうですね。あれは爆発までの時間を五秒なら五秒、七秒なら七秒ときめて、その時間がたてば爆発する。同時に命中しても爆発するようにしてあったが、当時、まだ実験中だった。

トーマス　一時、日本の戦闘機パイロットが、どうも後ろに気をつけていないという印象を受けたことがあった。それで一度、ラバウルへ攻撃に行って、一日のうちに零戦を三機落としたことがある。それは零戦がスーッと急降下すると、私も降下して行くが、三機とも後ろを見ないでさッと上がってくるから、その上がってくるところを、バッとやって三機落とした。

坂井　僕らはそれを一番注意していたんですが、その当時では、すでに搭乗員の技量が若くなっていたから、どうしても後ろを見ることを忘れていた。

ジョンソン　当時、私が感じたことは、やっぱりパイロットのいいのがいて、とっても強かったけれども、同時に技術的にとっても悪いのもいた。

坂井　そのころは技術的に悪いのが大半で、強いのは日茶苦茶に強かった。

ジョンソン　昭和十八年のパイロットというのはとてもよかったが、昭和十九年になってからガタッと落ちたし、タックルにおいても同様に落ちた。自分たちの急降下爆撃機が編隊を組んで行くというと、日本の戦闘機が後方から攻撃してくる。そうすると後ろのガーナーがやるわけですが、後方が急降下爆撃機のもっとも強いところだった。昭和十八年頃には、この後ろの機関銃にやられるのを避けていた。これがよかった。

坂井　昭和十八年頃は非常によかった。

ジョンソン　ところが、昭和十九年の搭乗員はそれを避けることが下手になった。

坂井　それは、ちょっと角度をつけさえすれば、ほとんど当たらないんだが、馬鹿正直に向こうの爆撃機の真後ろについて、進行方向と平行に飛ぶから命中率が高い。

ジョンソン　当時のパイロットは、私たちが飛んでいると、こういう（手真似よろしく説明）角度でもって上がってきて、爆撃機の真ったただ中へ突き進んでくるが、我々にはとっても怖くてできないようなことをやっていた。

坂井　搭乗員が若いから、基本訓練通りにやっていたんですよ。
ジョンソン　我々は後ろからやられても強かった。で、本当いったら、下から入って射って、それからスーッと下へ逃げたら困った。そこに弱点があったんだけれども。
坂井　それはわかってましたよ。
ジョンソン　ときどき下からきていたが、たとえば我々が知らない間に一機下からやられて、編隊から離れて行くことがあった。
坂井　私なんかもほとんど下からやった。
ジョンソン　当時、急降下爆撃機の後部の機銃砲手はよく射たれて死んだが、パイロットを殺すことは難しかったはずだ。

危なかった坂井機

坂井　ところで話はかわりますが、ガダル初日に出てきた急降下爆撃機は、ＳＢＤドーントレスだったたか、それもアベンジャーだったたんですか？
ジョンソン　ガダルへ最初に行ったのはＳＢＤで、アベンジャーがきたのは、ずうっと後で、昭和十八年です。
坂井　私も初めからそう思ったんですが、そうすると当時、私がやられたのもＳＢＤの編隊なんです。（当時の飛行帽を出して）ここに弾丸の痕が残っているが、私はその日にグラマンのワイルドキャットを二機落として、それから小隊長の方へ合同しようと思って高度を上げ、高度を四千メートルぐらいとったときに、左の方からパンパンと射たれて、私の頭の一フィートぐらいのところに大きな穴があいた。ヒョッと見ると断雲の間を縫いながらSBDが飛んでいる。その旋回銃が私を射って降下しながら逃げたんですね。私はしゃくにさわって〝この野郎〟というので、真後ろへ入ってすぐ下の方から射ち上げたところ、一撃でピラッと落ちた。

それからずうっと東の方を見ると、八機の編隊がいるんです。その編隊の恰好から見て、日本の編隊じゃないし、私は敵の戦闘機だと考え、これはしめたと思った。そのとき、私の列機が二機いたんですが、それを引き離して、部下の列機二機がくるまでに、八機いるから四機を二機ずつ串ざしに自分で叩き落としてやろうと思って、ぐんぐん近寄っていった。事実、その頃までに、三回ほど二機いっぺんに落としたことがあったので、そのときも欲を出し、戦闘機だとばかり思っていたから、ぐんぐん近寄って行った。

ところが、最初は開いていたその編隊が、だんだんと縮まってきた。それでもまだ戦闘機だと思い込んでいるものですから、向こうが戦闘機であれば、こっちは後ろに二機しかついてないから、すぐ分かれて私の方に向かってくるはずですが、なお編隊を組んでいるというのは気がついてないなアと思った。私はあくまでも戦闘機だと思い込んでしまっているから、これはしめたと思って、千メートル、八百メートル、六百メートル、五百メートル……とぐんぐん近寄っていった。今までそういうことをやったことはないのに、早く射ってはもったいないから、ということで、二百メートル付近から百メートル以内に接近した。そうして、その時にじっと見たらSBDで、その八機の機銃が私の方に向いていた。
〝しまった〟と思ったが、もう逃げられないし、これは相打ちだと思った。それで体当たりするようなつもりで、大体五十メートルから三十メートルぐらいまで接近して、そこで引き金をひいた。その前に後ろの機銃が射ちはじめましたが、私の予想どおり、一番左の二機が火を吹いたのと、私がガンとやられたのが同時だった。そこで完全に失神してしまって、海面スレスレまで墜落した。そのときに私は、今まで何十機というアメリカの飛行機を叩き落としてきたが、とうとう因果が自分にめぐってきたかと思ってあきらめた。（笑声）
しかし、それでも約四時間半かかって、苦心惨憺ラバウルへ帰ってきましたが、そのときに両眼と頭をやられたために半死半生でした。
ジョンソン　怪我したのは、その時だけですか？
坂井　大きい怪我はそれだけ。しかし、その時もラバウルへ帰ってきたし、飛行機はこわさなかった。
ジョンソン　そのほかの時はぜんぜん怪我しなかったんですか？
坂井　いや、そのほかに空中戦で四回負傷していますが、それでも運がよくて、十年間のうちに全然飛行機をこわしたことはないし、事故を起こしたこともなかった。そのとき血を止めたのが（当時の白いマフラーを出して）この布きれです。ところでジョンソンさんは負傷されたことは？

ガ島上空で負傷しつつも、ラバウルに帰投した坂井一飛曹

ずいぶん多かった零戦

ジョンソン　私はブーゲンビル島の橋をやったときに、ずうっと下まで降りていったために、下からの高射砲で射撃され、その結果、自分は顔を全部やられた。そのときにはバッとやられた瞬間に前が真っ赤になって、なにも見えなくなった。そうして、木の梢すれすれまで落ちたけれども、ようやく片眼をあけて操縦し、四十五分ぐらいそのまま操縦して、基地へ帰った。

坂井　それじゃ私と同じようなことをやっているんですね。(笑声)

ジョンソン　ところがSBDドーントレスは速力がないんですよ。

坂井　しかし、いい飛行機だった。

ジョンソン　そう、落とすのには難しい飛行機であったし、急降下の目的は十分に達せる飛行機だった。

坂井 僕らがやってみて、戦闘機に攻撃されるときの編隊のチームワークが非常によかった。

ジョンソン （笑いながら）ベリグッド。

坂井 編隊訓練はよほどしっかりやられたらしい。

ジョンソン だいたい、一方から零戦がこうやって（手真似で説明）きたら、その方向へ角度を向けて、ガーナーがみんなそっちへ射てるような体勢にする。

坂井 その点はたしかに上手だった。

ジョンソン しかし目標物の近くへ行くと、ファイターが上にいて、我々は真っ直ぐ進まなければいかんわけですが、零戦の方は行動範囲が狭いために、ぐっと廻ってくると、そういう弱味というか、つらいところがあった。

坂井 しかし、零戦があの沢山いるところへSBDの編隊がくるんですから、非常に勇敢だと思いましたね。

トーマス たしかに当時の零戦の数は、アメリカから見ても随分多かったように思った。

ジョンソン だから大分恐れていた。

トーマス ところで、零（ゼロ）ファイターは高度はどのくらいまで飛べるんですか?

坂井 だいたい一万メートルですが、一番性能がよく発揮されるのは三千メートルから五千八百メートルぐらいで、スーパーチャージャー（過給器）が二段になっていた。

ジョンソン コルセアにもスーパーチャージャーをやっていた。

ガ島上空で負傷、意識朦朧としながらもラバウルに単機帰投した坂井機

坂井　それでジョンソンさんは、そのときの負傷の結果、病院へお入りになったんですか?

ジョンソン　ノー。基地へ帰ってただ手当を受けただけで、あとで最前線の診療所へちょっと行きましたが、その次の日には戦闘に出なければならなかった。で、自分の飛行機は、零ファイターとずいぶん遭遇したけれども、一度も零ファイターの弾丸は当たったことがなかった。しかしながら地上からの高射砲が当たって、飛行機を壊したことはたくさんある。大体、われわれの経験では編隊から一機でも離れると、その飛行機のまわりへ零戦がきて喰ってしまった。

坂井　ジョンソンさんはいつ頃まで戦闘に参加されたんですか?

ジョンソン　自分が戦闘にあたったのは

昭和十八年と十九年で、昭和二十年になってからアメリカへ帰って訓練の方にたずさわった。

坂井　それじゃ、硫黄島へは行かれなかったんですか？

ジョンソン　硫黄島へは戦後行ってみました。しかし、戦争中は行かなかった。そうして、私はその後、朝鮮へも行った。

坂井　朝鮮のときはジェット機ですか？

ジョンソン　自分は一九五二年以後は、ジェット機をやっています。

坂井　ミグとやりましたか？

ジョンソン　当時は、自分は写真偵察機を使っていたから、ミグがきたら機首をかえして帰ってきた。

滞空時間十二時間の記録

坂井　また話は変わるんですが、最後のころは別として、戦争の初期から中期ぐらいにかけて、私たちはラバウルからガダルまで平気でやっていたが、アメリカの飛行機は進出距離が非常に短かったんですね。あの頃はどうしてあんなに短かったんですか？

トーマス　ガソリンをそれだけしか積まなかったんです。

坂井　結局、防禦装置が重いために、積めなかったんではないでしょうか？

トーマス　いや、最初のＦ４Ｕコルセアはドロップタンク（増槽）がなかったが、後になってドロップタンクができたので、長くなった。しかし、それでも大体五時間半か六時間が限度だった。日本のはどうだったんですか？

坂井　僕らは八時間から九時間でも平気でやれた。（トーマス、ジョンソン両氏の驚いた表情）

トーマス　当時、ムンダの近くからラバウルへ行って帰ったことが一度あったが、帰ったときには、もうガソリンはなかった。

ジョンソン　私もやっぱり編隊でもって、ムンダからラバウルへ行ったが、帰るときにはガソリンがなくなって、五機か六機不時着したのがあった。

坂井　零戦は燃料をたくさん積むというよりも、燃料の消費量が少ないんです。

ジョンソン　小さいエンジンだから。

坂井　たしかに馬力が小さいということもあったけれども、燃料を一滴でも少なく使おうという訓練をやった。零戦が強かったのも、滞空時間に余裕があったので思うようにできたからです。それでも使い方の上手、下手によって、ずいぶん差ができたんですが、私の最低記録では一時間に六七リッターという記録をつくっている。だいたい普通九〇リッターですね。

ジョンソン　ベリグッド。

トーマス　われわれの方は、最大限節約して八七リッターで、普通にやっていると一時間に二一〇リッターぐらい要る。

ジョンソン　普通コルセアの方が一時間にどうしても一九〇リッター要った。ＳＢＤの方が大体平均して一一五リッターくらいだった。最初はＳＢＤもあまり大きくなくて、ガスタンクとドロップタンクの両方はやれなかったけれども、後ではエンジンが大きくなって両方運ぶことができた。

坂井　僕は太平洋戦争の始まる前から、非常に遠距離進出する予定で、燃料の節約をやったんですが、私のレコードで十二時間飛んだ経験がある。それでもまだ燃料が残っていた。それで開戦当時の搭乗員は、これはどこまで飛べるかわからないというので、非常に意を強くした。

ジョンソン　アメリカ側でもパイロットの技量がさがったということが問題になった。ことに雲の中へ入ると難しくなるし、どうしても雲をうまく飛ぶことができなくて、そのために失った飛行機がずいぶん多かった。

坂井　その点は日本も同じで、南方で天候不良のために帰ってこれない飛行機が相当あったし、これには一番悩まされた。

ジョンソン　それでラバウルへ攻撃に行って、基地まで帰れなくて、途中のいろんな飛行場へ不時着しなければならなかったこともあるし、また、燃料が足りなくなって途中の飛行場までも行けないで、水の上へ不時着しなければならなかった例がたくさんある。たとえば零戦が追ってきたときに、基地の方へ向かわないで、アメリカの基地から離れた方向へ行くと、射ち落とされなくても帰ってこれない。そのために不時着して失ったことも多かった。

二四〇〇浬を無着陸で
坂井 それから、現在、私は飛行機乗りをやめましたけれども、今のジェット機のパイロットに対して一番同情するのは、飛行機は日進月歩どころか、時々刻々進歩しているのに、一つだけ退歩している点がある。それは滞空時間の少ないこと。いいかえれば非常に燃料をくい過ぎること。これがジェット機の弱点じゃないかと思うんですがね。
ジョンソン そんなことはないですよ。いまは相当時間いられるようになった。
トーマス 空中にいる時間は、普通の飛行機にくらべたら短いけれども、距離的にいったら延びている。
ジョンソン 私は六時間空中にいたことがあるけれども、大体は二時間か三時間ぐらい。しかしカリフォルニアからフロリダまで横断するのに、この間、二四〇〇浬の距離を途中でぜんぜん燃料を補給しないで、戦闘機で一気に飛んじゃった。また最近できた新しいのは、五万フィート以上の上空へも上がることができる。
坂井 ジェット機とプロペラ機と比較して、どちらに愛着を感じますか?
トーマス ジェット機の方が飛行するのにたやすい。
ジョンソン それに気圧が調節してあるから、中にいても震動がないし、一時間に一八二〇キロも飛ぶが、それでいて普通の飛行機と同じだ。しかも温度をボタン一つで合わせることができるし、音は後ろへ逃げて行くから非常に静かです。
トーマス 普通の飛行機だったら、あれを合わせたり、これを合わせたりで、とにかく調節するものが多い。ところがジェット機は操縦桿ひとつ持っていれば、ことが足りるというくらいに、非常に操縦席の前に機械が少ない。

坂井　昔の飛行機とくらべて疲労の点は？

トーマス　ジェット機は、低空を飛んでいるときにはGが多い。ところが上空を飛んでいるとGにならないから、とにかく真っ直ぐ行って、あまり疲れない。

ジョンソン　戦争中と比較すると、ジェット機は翼の厚さがとっても薄くなっていますが、翼の強さはすばらしい。

坂井　なるほどね。ところでみなさんは一九四三年から飛行機に乗りはじめて今日まで、十五年間乗りつづけておられるんですから、文字通り航空のベテランというわけですね。それではどうも、今日は有難うございました。

※本書は雑誌「丸」に掲載された記事を再録したものです。執筆者の方で一部ご連絡がとれない方があります。お気づきの方は御面倒で恐縮ですが御一報くだされば幸いです。

単行本　平成二十六年一月　潮書房光人社刊

NF文庫

空戦に青春を賭けた男たち

二〇一八年十月二十三日　第一刷発行
著　者　野村了介他
発行者　皆川豪志
発行所　株式会社　潮書房光人新社
〒100-8077　東京都千代田区大手町一-七-二
電話／〇三-六二八一-九八九一(代)
印刷・製本　凸版印刷株式会社
定価はカバーに表示してあります
乱丁・落丁のものはお取りかえ致します。本文は中性紙を使用

ISBN978-4-7698-3091-7　C0195
http://www.kojinsha.co.jp

NF文庫

刊行のことば

第二次世界大戦の戦火が熄んで五〇年——その間、小社は夥しい数の戦争の記録を渉猟し、発掘し、常に公正なる立場を貫いて書誌とし、大方の絶讃を博して今日に及ぶが、その源は、散華された世代への熱き思い入れであり、同時に、その記録を誌して平和の礎とし、後世に伝えんとするにある。

小社の出版物は、戦記、伝記、文学、エッセイ、写真集、その他、すでに一、〇〇〇点を越え、加えて戦後五〇年になんなんとするを契機として、「光人社ＮＦ（ノンフィクション）文庫」を創刊して、読者諸賢の熱烈要望におこたえする次第である。人生のバイブルとして、心弱きときの活性の糧として、散華の世代からの感動の肉声に、あなたもぜひ、耳を傾けて下さい。